BIG PLANS

The Allure and Folly of Urban Design

"Sorely throb my feet, a-tramping
city pavements (Ah, the springy
sod upon an upland moor!)"

Stoll

国外城市规划与设计理论译丛

大 规 划

——城市设计的魅惑和荒诞

[美] 肯尼思·科尔森　　　　著

游宏滔　饶传坤　王士兰　译

中国建筑工业出版社

著作权合同登记图字：01-2003-8163号

图书在版编目（CIP）数据

　　大规划——城市设计的魅惑和荒诞/(美)科尔森著；游宏滔，饶传坤，王士兰译.—北京：中国建筑工业出版社，2005
（国外城市规划与设计理论译丛）
　　ISBN 978-7-112-07940-7

　　Ⅰ.大... Ⅱ.①科... ②游... ③饶... ④王...
Ⅲ.城市规划－设计　Ⅳ.TU984.1

中国版本图书馆CIP数据核字(2005)第152178号

Big Plans: The Allure and Folly of Urban Design/Kenneth Kolson

本书经广西万达版权代理中心代理，美国The Johns Hopkins University
Press正式授权我社翻译、出版、发行本书中文版

策　　划：王伯扬　张惠珍　董苏华
责任编辑：董苏华
责任设计：郑秋菊
责任校对：李志立　刘　梅

国外城市规划与设计理论译丛
大规划
　——城市设计的魅惑和荒诞
[美] 肯尼思·科尔森　　　著
游宏滔　饶传坤　王士兰　译
　　　　*
中国建筑工业出版社出版、发行（北京西郊百万庄）
各地新华书店、建筑书店经销
制版：北京嘉泰利德制版公司
印刷：廊坊市海涛印刷有限公司
　　　　*
开本：787×1092毫米　1/16　印张：15¼　字数：300千字
2006年2月第一版　　2016年7月第三次印刷
定价：52.00元
ISBN 978-7-112-07940-7
　　　　　（28837）
版权所有　翻印必究
如有印装质量问题，可寄本社退换
（邮政编码100037）

谨以本书献给
简 （*Jane*），阿曼达 （*Amanda*） 和西奥多 （*Theodore*)

不做小的规划，因为小规划没有激奋人们热血的魔力，而且很可能无法实现。制定大计划，瞄准崇高的目标并为之工作，深信高贵合理的画面一旦被记录下来就永不消亡，且在我们死后依旧永存，并不断保持以显示自身的存在。

——丹尼尔·伯纳姆（DANIEL BURNHAM）

目　录

插图目录

致 谢

　　充满偶然性的学术发现对于学识的积累，有不可低估的助益，我职业生涯中较好的一段时间所从事的教学任务和科研活动最终促进了此书的出版，这过程时断时续，迂回曲折。

　　1975年我在罗马的约翰·卡伯特国际学院（John Cabot International College）度过了一个学期，在此期间一个看似很简单的问题一直在我的脑海里盘旋，这个问题与维托尔德·雷布琴斯基（Witold Rybczynski）所著题为《城市生活：新世界中的都市期望》（1995）的书中关于巴黎的问题很类似："为什么我们的城市是这个样子？"从那时起我就一直在思考美国城市究竟应该怎样合理地发展——尽管美国化的欧洲城市正在缩小城市个性间的差异。根据我接受的专业训练，一开始我倾向于认为那些问题从本质上说都是政治问题。继而认为即使不是纯粹的政治问题，也是一种深层次的政策问题，最多掺杂一些必须考虑的美学尺度。随着研究的深入，我的思路开始发生变化，有了新的发现，而这得感谢我的朋友和助手们提供的线索。

　　20世纪70年代末到80年代初，海勒姆（Hiram）学院的许多同事和学生——约翰·斯特拉斯伯格（John Strassburger）、米歇尔·斯塔尔（Michael Starr）、大卫·安德森（David Anderson）、查尔斯·麦金利（Charles Mckinley）、戴夫·弗拉图斯（Dave Fratus）、斯蒂芬·扎博尔（Stephen Zabor）、托马斯·帕斯卡雷拉（Thomas Pascarella）、托马斯·赫利（Thomas Hellie）、玛丽·雷金斯（Mary G.Ragins）、保莉特·盖亚（Paulette Gaia）和朱莉·西曼（Julie Seaman）等与我一起进行了雷布琴斯基问题中的一些方面的研究，并将研究成果应用于俄亥俄州东北部的社区建设加以验证。斯特拉斯伯格和雷金斯向我介绍了历史保护运动以及约翰·布林克霍夫·杰克逊(John Brinckerhoff Jackson)、约翰·施蒂尔格 (John Stilgoe) 的作品。从斯塔尔那里，我得以领略罗伯特·文丘里 (Robert Venturi) 天才的折中主义思想。承蒙海勒姆区域研究项目赞助，我有幸在克利夫兰 (Cleveland) 规划局实习，由此得以接触克利夫兰公共图书馆、西部保留区富有历史意义的社区、凯斯西部保留区 (Case Western Reserve) 大学图书馆、还有谢克海茨 (Shaker Heights) 博物馆。针对这些对象的研究形成本书第3、4、5、6章的内容基础，早期的草稿看起来与克利夫兰的诺曼·克鲁姆霍尔茨 (Norman Krumholz)、亨特·莫里森 (Hunter Morrison)、约翰·格拉博夫斯基 (John Grabowski)、埃里克·约翰尼森 (Eric Johannesen)、帕特里西亚·福尔雅克 (Patricia Forjak) 和沃尔特·利迪 (Walter Leedy) 等人有着不同程度的共鸣。后来的校订反映了我日益坚定的判断，即19世纪的城市缺乏规划，20世纪的城市又饱尝过度规划之苦。这种观点被某些市政当局看成异端邪说一点儿都不奇怪，但是我们仍有必要坚持这一观点，毕竟在21世纪初期美国的发展协会 (Growth Association) 中应该有城市政策的争鸣。

除了在俄亥俄州得到的友好帮助，我还欠下了其他人情——匹兹堡 (Pittsburgh) 城市规划部门的保罗·法莫尔 (Paul Farmer)；法国埃夫里 (Evry) 新城的安德烈·达马尼亚克 (Andre Darmagnac)；荷兰艾瑟尔湖开拓地 (Ijsellmeer Polders) 发展委员会的昆拉德·凡·德·瓦尔 (Coenraad van der Wal)；华盛顿特区一批年轻规划师，他们在20世纪90年代之初于乔治敦 (Georgetown) 大学参与了我的课题。最近几年我又深深受益于马里兰大学帕克 (Park) 学院大学荣誉 (University Honors) 项目的激励性环境，在那里我的学生中有来自马里兰州格林贝尔特 (Greenbelt) 和哥伦比亚 (Columbia) 的市民和雄辩的批评家。人文学科的国家基金从1985年以来长期资助我的研究项目，使我两次得以抽身研究哥伦布地理大发现以前的北美城市，第2章的内容即来源于此。在国家人文学科基金这个让我的研究得到很大帮助的组织中，其管理者理查德·埃克曼（Richard Ekman）、吉尼维尔·L·格里斯特（Guinevere L.Griest）、杰瑞·L·马丁（Jerry L.Martin）、詹姆斯·赫伯特（James Herbert），还有小梅纳德·马克（Maynard Mack Jr）等人对于鼓励个人研究奖金制度化都有一致的看法。玛戈·威尔斯·巴卡斯（Margot Wells Backas）和埃纳耶特·拉希姆（Enayet Rahim）尽其所能地帮助我，对此我深表感谢。我也受到其他合作者的启发，他们证实了在很好地完成公共服务工作的同时，教育和研究可以是一项有益的补充。

本书成型于1998年，当时我是伦敦大学美国研究学会约翰·亚当斯会员（John Adams Fellow at the Institute of United States Studies, University of London）和大英图书馆美国基督教研究中心（Eccles Centre for American Studies at the British Library）的成员。提到后者是为了表达一种诚挚的感谢：大英图书馆恰巧是第9章的主题。非常感谢我的几位编辑：乔治·F·汤普森（George F.Thompson）、弗雷德里克·R·斯坦纳（Frederick R.Steiner）、兰德尔·琼斯（Randall Jones）、朱莉·麦卡锡（Julie McCarthy）和南茜·特罗蒂克（Nancy Trotic）。最后我向那些深受庞大的权威规划之苦的家庭和朋友们致意。我相信我的资助者们会将这本书看成是对我的前期投入的部分报偿。在此我强调一点，本书中所有的观点、发现、结论和建议都是作者本人的观点，并不代表国家人文基金会（NEH）或美国政府的立场。

导　言

　　奇妙的是，有关城市课题（城市的本质以及城市兴衰成败的决定因素）中最有影响的两部著作都是在1961年出版的。第一部，刘易斯·芒福德（Lewis Mumford）的《城市发展史》，在长达30多年的时间里有着广泛的影响，作者芒福德在文化主题上有大量的著述内容，涉及艺术、建筑、文学、城市主义等等，该书是这位著名学者的经典巨著。《城市发展史》一书是对自伊甸园到韦林（Welwyn）田园城市等人类社会形态模式的全面回顾。其中令人印象最深刻的一个观点［柏拉图式的乌托邦空想家的危害和"从希波达摩斯（Hippodamos）到奥斯曼（Haussmann）"[1]这样的总体规划师所造成的危害等量齐观］增强了芒福德的声望，也为他赢得了与其对手罗伯特·摩西（Robert Moses）[2]的论战。

　　但是芒福德针对特定的总体规划者的责难并没有在根本上否定社区规划的重大意义。相反，他在另一些书中更为热情地赞美了目的明确的社区规划，并将其与历史上的一系列政权加以类比（比如希腊城邦、中世纪社会、新英格兰殖民地的小型神权政治以及罗斯福新政时期的绿带新城），而这些政权都热衷总体规划并实施对个人自由的种种限制。比如说芒福德对阿姆斯特丹黄金时代的观点，就认为所有荷兰城镇成功的奥秘在于权威的市政当局，特别是诸如水源管理委员会（Water Catchment Boards）等等所施加的有效控制。简而言之，阿姆斯特丹的荣耀不是来源于市场资本主义，而是来源于国家规划管理的强化。为避免世人的误解，芒福德后来在《城市发展史》一书中认为埃比尼泽·霍华德（Ebenezer Howard）的田园城市概念的伟大归结起来就是与经典城市自由主义的对立：

最重要的是，基于对城市协调和城市统一结构的认识，霍华德强调城市发展的决定权必须由代表公众利益的权威机构控制，只有当权威机构拥有组合、划分土地的权力，并据此规划城市、控制建设时序、提供必要的服务时，城市发展才能获得最好的效果。然而现实中城市发展机构很快被私人投资商掌握，包括投机者和自住所有者都介入了私人建筑业，而无论私人房地产业、私人商业主多么深谋远虑和具有公众意识，在其处理个体建筑物、商业网点、个人住房方面都不可能营造出一个和谐的有意义的整体城市。只有当私人业主毫无规则的极限营建造成巨大的混乱，并发展成为严重的社会问题后，城市管理者才意识到他们原本有责任为所有居民都创造良好的生活条件。[3]

1961年的第二部巨著是简·雅各布斯（Jane Jacobs）的《美国大城市的生与死》，这部书对"不规则的私人效应"[4]就没那么大的敌意。雅各布斯将注意力放在合理的多样性、富有活力的街道、多元用地类型、年代久远的建筑，以及经济增长和循序渐进的适应性等方面，并声称过去美国城市的建设（包括最微不足道的家庭传统在内，但不包括城市规划师的作用），套用罗伯特·文丘里的一句话说就是基本上是正确的。[5]通过鼓吹由获得解放的个人兴趣带来的城市多样性和有机的城市组织，雅各布斯对当代规划业界的风气进行了无情的抨击，并专门起了一个绰号"光辉的田园城市之美"，以此来针对权威的勒·柯布西耶（Le Corbusier）的方盒子建筑、霍华德的反城市的绿带、理查德·莫里斯·亨特（Richard Morris Hunt）的学院派古典主义的倒行逆施。雅各布斯是那种"百无禁忌"的坏孩子，她喜欢以一种让人难以忍受的方式提出无懈可击的主张，自然而然地，她那些令人印象深刻的论点就很容易被人别有用心地曲解误导。比如，拥挤是好的，分区是坏的，公园是危险的，孩子应该在街上玩耍。她坚持对城市规划和"放血"这种原始医疗活动之间进行直接比较。很多读者惊异地发现，雅各布斯并不满足于攻击诸如罗伯特·摩西（Robert Moses）这样的规划界的弱者，事实上她的目标还包括那些更睿智的书呆子，比如"英雄般的蠢货"[6]霍华德，还有芒福德。

《城市发展史》和《美国大城市的生与死》都得到了（美国）国家著作奖（the National Book Award）非小说类作品的提名，尽管前者也被一致公认是成功的，但是雅各布斯书中尖刻的批判看起来已经对芒福德获奖的荣耀构成了冲击。在《纽约客杂志》（New Yorker）上，芒福德指责"雅各布斯夫人"缺乏"历史知识和学者的严谨"[7]，他把她说成一个天真的人（naïf）（就像一个在纽约住了50年的人对一个国家著作奖获得者说，而这个斯克兰顿人从没……）[8]，他指责她的头脑装满了美国城市的暴力犯罪的威胁，并公开批判她否认城市可以是一件艺术品（"佛罗伦萨、锡耶纳、威尼斯还有都灵的市民注意了！"）。[9]总之芒福德贬斥《美国大城市的生与死》一书是"直觉和敏感性，成熟的判断和女学生式的吵闹的混合物。"[10]姑且不论芒福德好为人师的、放肆的和性别歧视的攻讦是否公正，好奇的人们仍然可以体会到他非常赞赏雅各布斯对自由和多样性的讴歌，还包括她对规划红线和僵化设计的富有激情的批判，对人性尺度和有机增长的深刻欣赏，对集权和管制的无情斥责。非常幸运，除了在从事规划时热衷于独裁和管制之外，这个人（芒福德）终其一生都在做善事。

事实上这两本书有很多共同点。比如说芒福德和雅各布斯都认为在城市生活中，以行人视角所见的才是最重要的。如同在伊丽莎白剧院前排的观众一样的，芒福德和雅各布斯都想从近处来看，并通过听觉、味觉、嗅觉来感知事物。

让我们来看看普通的城市人行道，从雅各布斯的观点来看，"它们的边界作用，它们的使用者就如同城市舞台上的野蛮人角色。"[11]这个观点来源于她对城市的一种感觉：城市与乡村和小镇最大的不同点在于有更多的陌生人。她观察到陌生人与城市街道和人行道之间的互动，一种毫无掩饰的行为，并认为这种行为的活力是判断城市健康与否的衡量标准。

在旧城脏乱的表象之下，老城的任何地方都在成功运转，并以一种不可思议的方式保持着街道的安全和城市的自由。这是一种相当复杂的秩序，其本质是人行道使用的多样性带来了经常的视觉进程。这种秩序是完全由运动和变化构成的，尽管它是生活而不是艺术，我们仍然可以将其想像为城市的一种艺术形式，并且与舞蹈相比较——不是那种每个人同时踢腿，协调一致地旋转、弯腰的机械的舞蹈，而更像是这么一种复杂的"芭蕾"：演员各自舞蹈而最终构成一个奇妙协作又富有秩序的整体。城市人行道上演的"芭蕾"从来不会彼此雷同，而且在任何一个地方都充满着即兴创作。[12]

芒福德可以对雅各布斯鼓吹城市街道的"杂乱和缺乏规划的自发偶然性"[13]加以嘲讽。但是这并不意味着他对这些事物的魅力缺乏体验。相反地，他非常了解健康的城市肌理所富有的朴实美感。请看他对中世纪生活的描述：

> 大体上，中世纪的城镇不仅仅是一种刺激性的社会综合体；它同样也是一种富有活力的有机体，而不像其破败的外表所展现的那样。那里有令人讨厌的冒烟的房子；但是那里也有中产阶级房屋后的花园散发的花香；因为芬芳的花草在这里广为种植。那里的街上能够闻到牲口棚的气味，但这种气味在16世纪逐渐地减弱了，与此同时马和马厩的数量却日益增长。那里也会有春天果园开花的芳香，或者是初夏从田野上飘过来新割稻谷的气息。[14]

在《城市发展史》一书中，芒福德让我们同时聆听修道院的单调圣歌和社会底层挤牛奶女工的口哨声。他陪同我们游历古代雅典的市集广场，使我们迷失在那些眼里只有城邦的主人，却视自己为无物的市民中间。他对古罗马过度乐观的享乐主义的描述足以使我们有亲临古罗马大竞技场的感觉。他驱策着巴黎工业化时代早期的马车，而我们得以乘坐它们。最后当我们来到19世纪（对此他在其煌煌巨著里花了3/4篇幅来描述），芒福德在我们的鼻孔里充斥了库克镇（Coketown）里有害烟雾的恶臭。阅读《城市发展史》是一种类似游览内脏的经历，能让你回忆起《大白鲸摩比·迪克》（Moby Dick）里关于鲸鱼脂肪的鲜活描述。想想看，梅尔维尔（Melville）竟是芒福德最喜欢的作家之一。

雅各布斯的美学感觉与芒福德非常类似。她注意到："城市是纯粹的物质世界。"为了理解这句话，我们应该下决心"观察实实在在的事实而不是热衷于形而上学的空想"[15]，就像笛卡儿在"抱怨并不是所有法国的城市都是按照一种经过深思熟虑的完美形式建造的"[16]时候想的那样。问题在于"从柏拉图到埃比尼泽·霍华德……哲学家和城市规划师已经沉迷于完美城市并且以设计人类生活为主导思想不断地推出新的设计"。[17]这种思想已经在大量奇特的城市设施中表现出来——比如古代威尼斯共和国的新城帕尔马·诺瓦（Palma Nuova），而且还遍及街道各处。就像约翰·布林克霍夫·杰克逊（John Brinckerhoff Jackson）所认识到的"真正阻碍我们观察能力和导致交通堵塞的事实"很可能来源于"建筑师或工程师的美梦"。[18]这种美梦的问题在于抽象的形象"限定了社会的内涵，不是从它那里继承也不是在一定程度上顺从它。城市公众机构不再决定城市的规划，规划的功能相当程度上顺从于政府机构权威的意志"。[19]

在这本书里，形而上学的空想通常被称为"大规划"。每个人都知道它们不易见效。首先，人们制定的大规划互相竞争，这就意味着选取其中任何一个特定方案都要求有一个判别的尺度。得到实施之后，它们通常会有非故意的恶果，或者说是有意识的但却没公开说明的后果。大规划自身包含着自我毁灭的机制。它们存在导致自身必然崩溃的根源。

我在本书中将论证大规划通常是枯萎、无能的（简而言之——乌托邦化），与此同时，它们仍然在极其危险地鼓动人类不断迸发出无法实现的激情和期望。21世纪初，现代主义富有自信的优势复兴促使规划师成为"精明增长"的代言人，每个存在产业"锈带"（Rust Belt）问题的大都市都艰难而急切地寻求解困之道，采用钛合金标志性建筑成为一种远不是那么闪亮的可选方案——"天极（Zenith）作为下一个毕尔巴鄂（Bilbao）"*。我们称其为无

---

* 1997年10月开幕的西班牙巴斯克自治区首府毕尔巴鄂市古根海姆博物馆是采用褶皱的钛合金外表的后现代主义风格建筑，好奇的人们从世界各地涌来参观，带动了这个垂死的老工业基地的重生，这个个案成为旧工业城市复兴的经典而被经常引用。本书作者似乎并不认同这样的理念，称其为无用主义方案。——译者注

图1　帕尔马·诺瓦（Palma Nuova）1593年威尼斯共和国建造的一个新城镇，这张来自布劳恩和霍根堡地图册的图片由于城市关系和秩序的原型表达式而一再被重印。勒·柯布西耶以其特有的方式论断帕尔马·诺瓦属于"思维强权支配平民的黄金时刻"

用主义方案。

　　在本书中我将经常性地讨论"必要的规划和不可规划之间的边界"。[20]请允许我急切地加以解释：当我强调失望和消极心理（破灭的希望、折断的翅膀、失落的进取心）时我并不是想唤起对工程和技术挑战的注意，尽管在它们自己的领域内这是十分重要和有趣的。我也不关心通常意义上的政治的负面效应。让我感兴趣的是，人类的天性如何催生规划然后又厌弃规划的本能，在这一过程中所呈现的诱惑和反抗的反复，同时伴随着永远近在咫尺的外在强迫意志。[21]因此，本书相当大的篇幅将用来描述人类偏执和奇想的必要性——有如点缀在充斥着变数的世界中不可估计的常量，时而导致我们灭亡，时而给我们指出得救的希望。

同时我还有一个与《古拉格群岛》(Gulag Archipelago)一书中的亚历山大·索尔仁尼琴(Alexander Solzhenitsyn)有关的故事要讲。长话短说,在莫斯科的地方党代会上,包括党的领导人和很多显要人士在内的听众在每一次提到斯大林的名字时候必须立即起立并使劲鼓掌。问题在于为了使掌声停下来,必须有人最先停止鼓掌,于是,在那个昏暗的小礼堂里,在领袖无知无觉的情况下掌声持续着——6分钟、7分钟、8分钟!他们骑虎难下!把事情搞砸了(their goose was cooked),他们不能停止直到心脏病都快发作了……还必须在脸上装出充满热诚的表情,他们相互绝望地看着,地方领导不断持续地鼓掌直到瘫倒在地被担架抬出去!……即使到了这个时候,剩下的人们还是不敢……后来,在持续鼓掌11分钟后,造纸厂的厂长作出一个事务性的表情并坐了下来。于是,奇迹发生了,普遍洋溢的、难以言状的热情哪里去了?因为一个人,其余所有人都解脱了并坐下来。他们得救了![22]

然而,索尔仁尼琴提到,当晚那个造纸厂厂长被逮捕了。

这出悲喜剧的另一个解读是:我们被自己的惰性挽救,同时被自己的美德毁灭。毕竟热月党人的集体签名导致巴黎的舞厅再次开放,意识形态色彩暂时淡漠,使得恐怖的魔鬼又被装回了瓶子里。至于我们准备好临时的对策并不是说我们的惰性应该得到鼓励,仅仅是因为必须这样做,我们的本性似乎决定了人类的不完美性有着特定的作用。否则,我们无法解释站在翡翠(Emerald)城城门外的人们为什么要为堪萨斯(Kansas)的救赎而祈祷。

找出差异并不总是那么容易。请留意这么一部电影《欢乐谷》(Pleasantville),在这部幻想影片里,一对20世纪90年代的兄妹沃德·克利弗(Ward Cleaver)和琼·克利弗(June Cleaver)被误送到20世纪50年代的黑白电视剧的剧情中扮演一对夫妇。没过多久这两个90年代的孩子就开始通过性、摇滚、种族意识,以及女权运动来破坏欢乐谷的宁静——尽管影片的看点在于他们通过抗争周围讨厌的人来重新确立自己内心原本已经丧失的纯真。在影片结尾,我们年轻的主角们已经树立起自己的观念和行为规则,并且可以说战胜了他们曾经的迷茫。在这个过程中,欢乐谷分界线两侧的角色都明白了这么一个道理:完美可能是优秀的对立面。

另外一个例子也能说明问题。让我们回到插图看看!在沃尔夫·冯·埃卡特(Wolf Von Eckardt)一本未得到重视的著作中有两幅设计图,是勒·柯布西耶在1926年为法国佩萨克(Pessac)的一个工人新村设计的住宅。我们看到的是纯粹的现代主义模式:全部是简洁的直线和水平构图,覆以一个平屋顶,用灰泥粉刷,色调朴实。冯·埃卡特同时也提供了居住者按自己的意愿对房子进行改造之后的图片:房子前部用整齐的栏杆围出一个前院;房子的前窗挂上了窗帘;屋顶改成了坡顶,因为原先的平屋顶无疑会渗漏;原来的小院被封闭起来,做成一个单坡顶的小屋,以储藏园林工具,等等。作者特别强调,这些改造都不是规划的一部分,而是本土化的具体体现。就像J·B·杰克逊(J.B.Jackson)写道的,本土特征"并不热衷于提出一些通用的设计原则;它是非常偶然随意的;它仅仅是对环境的一种适应——社会和自然都是如此——并且随着环境的改变而改变"。[23] 关键在于,房屋的设计者——不管是在法国、堪萨斯,还是在欢乐谷——有必要预见到本土特征的介入,而不是指望他们的奇思怪想能强行地得以实施。冯·埃卡特将这一点表述得更为有趣:"如果人们不能合法地改变他们现代化的居住地,他们就以故意破坏的汪达尔人作风来抗争。"[24] 在房屋上体现的道理对于城市和战舰波将金号(Potemkin)是同样适用的。

我举勒·柯布西耶的工人住宅的例子并不是想说热月党人的激情归根结底是无政府主义的。请注意在弗吉尼亚州雷斯顿(Reston)的希克里丛林社区(Hickory Cluster)发生的令人鼓舞的故事,这个社区是以20世纪60年代的新镇围绕着一幢老房子建造起来的。在建筑师查尔斯·古德曼(Charles Goodman)的设计中,希克里丛林社区有一个建造于车库顶端的现代化广场。古德曼的设计体现出这样的理念"社会中的人们必须相互合作相互帮助,这样社会才能够成功",他的意思是在这个居住用地的开发中"更多合作的可

PESSAC BEFORE   PESSAC AFTER

图2 勒·柯布西耶的工人住宅。佩萨克（Pessac）住宅经过房客们涂鸦和艺术破坏行为（Vandalism）前后的对比

能性远比那些让大多数美国人感到舒适的居住要素来得重要"[25]。希克里丛林能够吸引和教育市民更多地致力于公共福利的说法最近受到了针对古德曼设计核心思想争论的质疑。这个广场一开始就没得到很好的利用；最后彻底衰败了。当那个停车场在 1998 年备受指责的时候，希克里丛林90户居民中的54户（他们中的大多数人不使用公用的停车场或广场）拆除了那些围护结构代之以普通的院子。《华盛顿邮报》报道说："那54户业主耗资50万美元来使那个耗资120万美元的工程有可能得以实施，其余款项来源于银行的一笔贷款和业主委员会的资金。"[26] 换句话说，业主们采取了联合行动：以每人11200美元的代价来推翻一座标榜着社区运动理想的纪念碑。本土化卷土重来。

但是人们会产生这样的疑问：本土特征如果不是来自通用的设计原则，那么它从何而来？从某种意义上说，就像发生在佩萨克建筑里的那样，本土特征就来自对方便性的简单追求：如果你没有一个棚子，你把园艺工具放在哪儿？但本土化也源自事物应该被这么处理或应该看起来就是这样的一种感觉，因为它们已经被这么处理和看起来这个样子有很多年了。这是不是沃尔特·白哲特（Walter Bagehot）所说的"沿习之饼"（cake of custom）呢*？读者或许会回忆起在艺术历史课上有关古希腊建筑元素的退化的内容。在建筑的上部低于檐口的位置是檐壁，由交替出现的柱间壁和装饰花纹组成（见图3）。前者的外形是矩形的，图上看起来是空白的，

---

* 沃尔特·白哲特（Walter Bagehot）：《经济学人》总编，19 世纪英国著名政论家。——译者注

但通常都有装饰。后者包括一组细长的垂直图案，这些图案把三个水平的图案连接起来，我们称之为三垄板。在古时候，希腊神庙都是用木材建筑的，这种构造就很容易理解了。三垄板是由木条或钉板组成，它们起到固定柱上楣构的作用。钉板的末端，有水滴状凸出物被称作珠状饰（guttae）从底端伸出来。当希腊人用更为耐久的材料来建造神庙时，就不再需要这些多余的构件了。但多立克柱式神庙如果没有这些构件的装饰就会显得光秃秃的。在那个时代人们已经开始不仅仅关注事物的实用性了，他们形成了一种理念———一种非常强烈而复杂的理念，其精神一直延续至今。

有关形而上学的幻想和世俗物质现实之间的关系还有一些很重要的内容值得关注：它们倾向于互相融合。几年以前，《纽约书评》（The New York Review of Books）刊登了一篇有关前苏联和人民经济成就展之间关系的文章，这个成就展是在莫斯科郊区的一个类似主题公园的地方举办的，缩写名字叫"VDNX"，也许更为人熟知。作者杰米·甘布里尔（Jamey Gambrell）宣称那个展览是"完美的社会主义国家的实验室模型，因此理所当然地被作为'祖国的微缩图'"。最后这个展览被提升为"苏维埃国家的曼陀罗"，"被赋予了无以伦比的优秀品质"，因此任何"在那个展览上的事物都被认为

图3 美学的力量：位于帕埃斯图姆的海神尼普顿神庙，展现了尽管没有实际功能但是被认为是极为必要的多立克柱式构件

是存在于那个国家里的，反之亦然"。最终，VDNX 发展成这样一种美学，通过它不仅可以表达苏联的意识形态，并且可以使人们继续在那个枯萎的躯壳里生存下去。甘布里尔写道："在某种程度上 VDNX 的虚拟前景强化了斯大林式的唯物主义，根据这种理论描绘一种可能出现的事物就足够了。"甘布里尔将其总结为"仿佛蓝图本身就可以产生出现实"。[27]换句话说，抽象的蓝图和模型本身就具有"代理性"，即使它所表达的抱负最终不可能达到。这些可能会使人们回忆起伊塔洛·卡尔维诺（Italo Calvino）对蓝图城市"费多拉"（Fedora）的讽刺：

在费多拉的中心，那个灰色石头建筑的城市里，矗立着一座金属建筑，在这座建筑的每个房间里都有一个水晶球。每个水晶球里都可以看到一座蓝色的城市，是另一个不同的费多拉的模型。这座城市如果因为种种原因不能像我们今天看到的那样，这些就是它可能拥有的形态。在每个时代，都有人看到当时的费多拉并且为其勾画一幅理想城市的蓝图，但当他构筑了城市模型之后，费多拉就已经不是当初的样子了，这种状况一直持续到现在，一种可能的未来只能成为玻璃球中的一个模型。

陈列这些水晶球的建筑现在是费多拉的博物馆：每一位到此参观的居民，都选择与他们的意趣相对应的城市模型，仔细地审视它们，想像着他们在看到种种城市景观时的反映，汇集了小河水流的水池（如果它没有干涸的话），从高耸的有顶棚的建筑顶端俯瞰为大象保留的大道（现在被城市放弃了），从扭曲的螺旋形的高塔上滑下的乐趣（这个想法从来都没有一个赖以实现的基础）。[28]

抽象的理想并不只是难以理解，他们往往是自我否定的。芒福德向我们描述了城邦的荣耀如何发展成一种自我陶醉的以至于妨碍了古希腊发展出有效运作模式（例如某种联邦制度）以解决他们更重大的政治和外交问题。与此相似，州际高速公路系统这一现代自由和理性的纪念碑也曾经被认为是要把美国郊区扼死的建筑藤蔓。即使是科学的成功也往往伴随着讽刺。请注意 20 世纪脊髓灰质炎恐怖大流行的部分原因在于卫生条件的改善：微生物曾是到处存在的，因为某些原因在这个病毒发育的早期感染并没有达到致病的威胁，随着卫生条件的改善，细菌致残和致死的可能性减少了，它们潜伏起来，而直到病毒进入青春期或成熟以后才爆发致病。[29]这是一个高尚行为导致非故意恶果的经典案例，由此可以看出在我们这个世界里并不是好的行为就不会受到惩罚。

这本书很大的一部分都是有关于虚拟蓝图的——建筑图纸、三维模型、水彩画、鸟瞰图、地图、沙盘和数字化的计算机图形——以及它们的创造者表达狂想的方式和唤起接受者或者"消费者"想像力的方式，这些蓝图都很有诱惑力，因为它们都具有明显的乌托邦特征。我将论证这些蓝图都夸大了人类事务中理性的角色，尽管他们含蓄地承认最终依靠的还是美学原理，但其表现出的力量却具有强烈的非理性甚至是本能的特征。事实上这本书最基本的目的就在于将注意力从那些光辉的蓝图以及他们孤独的创造者——从维特鲁威（Vitruvius）到弗雷德里克·劳·奥姆斯特德（Frederick Law Olmsted）的这些主宰了正统的城市规划历史的人身上移开。关键不是要剥夺天才的荣誉，而是引入平民百姓来平衡规划的力量，老百姓往往能够简单地发现解决复杂问题的有效方法（举例来说，自发地资助巴黎热月党人的舞厅或在巴西利亚的郊外建筑可爱的棚户区），与此同时向早该作古的形而上学的狂想有条件妥协——甚至达到自我否定的程度。本书的目的也不是让人们停止梦想。关键在于那些准备把自己的幻想付诸实施的人要谨慎，同时花他们自己的钱。

我最后要谈一谈本书的计划和结构。从地理的角度讲，本书包括了西欧和北美的很大部分。从年代顺序的角度讲，涵盖从公元前4000年到伦敦千禧穹顶的漫长时代。有时候我面对城市模式的巨大样板，比如说贝聿铭（I.M.Pei）的埃瑞维欧（Erieview）；有时候我又专注于城市肌理的记录，甚至细到一条独立的街道或一座建筑物。本书论述的问题，将会总是亵渎神圣，其范围从正式的里程碑式的论述直到即兴的临时的观点。因为我希望让人们知道城市品质中不归因于正式规划的那一面，所以我介绍了一种非线性的成分，来模拟城市发展历程中自发性，甚至偶然性的作用。

为了与迄今为止已有的建筑范式相适应，我们也许应该说本书的目的不是建造一栋新的大厦，而是通过谦虚地在既有的大厦建筑基础上给砖墙进行学术性的勾缝来稳定它。我坚信有一种折中的办法能同时给予芒福德和雅各布斯两人以荣誉，同时我也希望接下来的事就是使《城市发展史》和《美国大城市的生和死》能够同时被研究。

第1章
通往图拉真广
场的滑稽事件

1972年西北大学古典学部（classics department）的詹姆斯·帕克（James E. Packer）在刚刚完成了一项古罗马[1]港口奥斯蒂亚（Ostia）的艰巨研究之后，就着手研究图拉真广场，这是一个由大马士革（Damascus）的阿波罗多罗斯（Apollodorus）为图拉真皇帝设计，并在公元2世纪的头几十年内建成的公共建筑群。图拉真广场包括两座对称的图书馆（一座用来收藏希腊典籍，另一座收藏拉丁文著作），另外还有令人印象深刻的巴西利卡和庙宇，一座纪功柱和一个供公众集会的广场。与广场相邻的是一座多层商业设施——图拉真市场。乔治娜·马森（Georgina Masson）意识到"它建成后立即成为古典时期世界的奇迹之一"，她在罗马经典导游指南中写到：图拉真广场"即使在罗马帝国的新首都君士坦丁堡建成后仍是如此"。[2]帕克告诉我们：4世纪晚期的一位历史学家阿米亚诺斯·马尔切利诺斯（Ammianus Marcellinus）"总结了古典时期晚期的观点并称其为'宏伟的整体……难以言状并且再也没有一个凡人能将其模仿'"。[3]

在了解了图拉真广场在历史上和建筑

上的重要意义之后，人们也许会猜测帕克接受这项修复任务时一定具有雄厚的学术基础。但是他的经验仅仅来源于奥斯蒂亚（"特别是还完全没做成"）[4]，帕克对这一点非常清楚。实际上，就像古罗马诸多历史遗迹一样，图拉真广场从未被正确地研究过。有关这处遗迹的少数值得信赖的文献比如塞维鲁皇帝（Severus）时代的罗马大地图（Forma Urbis），都被严重地损坏了，或者是遗失了。有很多同时代的描述，也有很多钱币学上的史料。帕克被特许清理、测量和调查这处古迹，其面积相当于12个足球场，另外还要对留存遗迹进行仔细的登记备案。1997年在经过25年的研究之后，他出版了《罗马图拉真广场：对古迹的研究》。这是一本篇幅极大的巨著，得到了建筑师凯文·李·萨林（Kevin Lee Sarring）的协助，内容还包括了萨林和帕克合作的详细规划，此外还附有吉尔伯特·戈尔斯基（Gilbert Gorski）创作的精美的全彩效果图。评论家对限量发售的价值600美元的"豪华"[5]图书极尽赞美之辞。

那套图书向人们展示了"天下独一无二的构筑物"[6]，它是具有纪念碑意义的独特而高贵的建筑，更是值得效仿的公共空间：

> 图拉真广场具有帝国广场的特征，是罗马最北端的、最繁华的也是最后的开敞空间，这些开敞空间向市民提供了长达一公里的部分遮盖的步行道和公共艺术的展示场所。这个广场是图拉真赐予他的城市的最华美的礼物，并且有可能是行人得到过的最大的步行场地（至少在当时是如此）。它设计为一个没有尾声的广场序列的高潮。没有任何一位君主或独裁者（即使希特勒在其宏伟的柏林规划中也没有做到）曾经为其臣民提供如此富丽堂皇的休闲空间。也从来没有任何富强的共和政体曾经以如此庞大的资金来获取过荣誉和公众的愉悦。[7]

就像盖里·威尔斯（Garry Wills）观察到的那样，这是"迄今为止最伟大的城市体验之一"，现在"借助詹姆斯·帕克艰苦的意象恢复工作和吉尔伯特·戈尔斯基（Gibert Gorski）的精彩描绘，使我们能够神游图拉真广场……结果是戏剧性的"。[8]

借助先进数字技术的扩展,《罗马的图拉真广场》中的影像是如此扣人心弦。就像《高等教育纪事周刊》里提到的那样,帕克在盖蒂 (Getty) 艺术历史和人文中心找到了高科技合作者,同时得到加利福尼亚大学洛杉矶分校建筑学院的协助对图拉真广场的效果图进行数字化,"以建立一个虚拟现实的图拉真广场",这项技术"将允许对场景的近距离观察"[9]。帕克解释道,因为以上原因他书中含有一些"粗糙的地点":

为了筹备月底在新盖蒂博物馆开幕时的图拉真广场展,博物馆决定建立三维计算机模型来表现修复后的古迹。由于这个模型允许展现清晰的广场各部分的影像,我的合作者,建筑师凯文·萨林 (Kevin Sarring) 和我得以将我们对各种各样有争议的重要地区建筑的复原进行修正和优化并表现在计算机模型中。这些变化不仅促使图拉真广场的组织结构得到进一步的整合,同时也创造了一个吸引人的人工三维场景。这是过去 1500 年内都无法做到的事情,参观者能直接体验图拉真优雅建筑的壮丽,并且能够非常生动而迅速地体会这一"雄伟的复合建筑体"何以能给阿米亚诺斯 (Ammianus) 留下如此深刻的印象并且得到了同时代人的热烈评价。21世纪初的技术使古罗马最伟大的建筑成就之一得到了真实的再现。[10]

如果说计算机图形仅仅是给人深刻的印象,显然太轻描淡写了。这些作品都非常清晰地展示在那些参加 1997 年 12 月 3 日国家艺术美术馆举办的公众演讲的人们面前。帕克的介绍主要是针对其中一张图片的背景,它原本看起来只是一种静止的装饰,却突然开始"运动",这令观众大吃一惊。沙伦·韦克斯曼 (Sharon Waxman) 在华盛顿邮报的报道里写道,博物馆的参观者也有同样的反应,"他们大吃一惊,目瞪口呆"。[11]

这个展览为了达到类似于"计算机化的时间穿梭效果"[12]采用了"为飞行模拟开发的技术以及好莱坞的特技效果"。根据帕克的说法:

这是一个主要的突破。向学生或其他任何人介绍古罗马建筑的真实状态时所遇到的最大困难在于这些建筑已不复存在，或者只留下一些废墟。人们对环境全方位的感觉来自空间穿越，光，运动和当你穿越一个空间序列时感受到的阴影状态。

计算机效果图能够让你以一种虚拟的方式去感受建筑的原始序列，阴影关系和外观。你可以躺在人行道上仰观建筑，或者从顶上俯视它们。计算机模型允许你看到建筑建成后的外观，一切材质和装饰都很逼真。[13]

在国家美术馆的这次演说中，帕克通过计算机图像展示了所有的建筑立面并时而放大中楣或其他的一些建筑细节。随后他陪同听众们来到巴西利卡的二楼来鸟瞰整个建筑群。他们"走"过广场并穿越了一个柱廊。这时有人问道："我们走的地面是什么材质的？"作为对他的答复，帕克降低我们虚拟视线的高度使我们清楚地看到了大理石台阶。然后他抬高我们的视线让我们重新"站"起来了。每一个细节都很精确，没有"模糊点"，并且计算机模拟的三维场景的真实感是很强的。[14]当我们上楼之后，倚着栏杆俯瞰广场时，就可以自己决定是翻转三维模型来研究一下罗马拱顶的构造技术，或者考虑这个特定的生态位里应该布置什么样的雕塑，或者放大仔细观察紧挨着我们肩膀的图拉真纪功柱。在盖蒂博物馆举办的展览也取得了类似的效果，用韦克斯曼的话说，我们到那儿"游览"了一趟。

这一切都发生在摆满了真实的图拉真广场文物房间里的一张大屏幕上，那些文物包括了堂希安（Dancian）的躯干雕像，他是众多被图拉真征服的人之一。那里还摆放了从建筑中楣上拆下的有翅膀的狮子的雕像。参观者穿越图拉真广场的感觉，就像常看电影的人在类似《星球大战》这种科幻电影里飞越未来城市上空一样。参观者虚拟地进入柱廊的门廊，横穿宽阔的庭院和一条柱廊再穿过一座两层楼的巴西利卡。色彩和材质都非常逼真，它们都是从真实遗迹的大理石样本或是类似万神殿这样现存的古迹上采集下来再扫描到计算机里的。[15]

　　帕克创造的以及后来在盖蒂中心应用的虚拟场景给人这样一种印象，这是一位天才创造了引领潮流的时尚，帕克认为事实上这个广场反映了各种建筑遗风的影响，"从埃及和美索不达米亚大尺度的神庙，东方希腊化的市场和圣地，北方边境上早期的皇家军队的军营，到公元1世纪意大利北方的城市建筑"。按照帕克所认为的，"所有这些古老的原型都影响了享有盛誉的图拉真广场的形式，当然这其中还包括当地庞培（Pompey）戏院和屋大维娅（Octavia）柱廊、和平圣庙、奥古斯都（Augustus）广场的柱廊"。实际上，他坚信这个复合体不应该和其周边的城市肌理割裂开来认识，因为它是作为"一系列帝国广场的一个成功的高潮"来规划的，并且作为原先的市政广场罗马（Romanum）广场的延伸部分。图拉真和阿波罗多罗斯创造了这样一个美妙修辞："整个一系列广场都作为一个整体来设计和建设，放在一起之后，成了神庙，公共广场和柱廊的非协调性组合。"整个图拉真广场看起来是这样一种事物：

　　　　构思于同时代的文学作品。那就意味着尽管其自身具有纪念碑意义，但它是由各种相似的部分组成，这些部分之间又存在着相互协调的关系。这些部分成就的总和超过了各自的成就。就像我们看到的该规划及其巨大的尺度都直接来源于和平神庙，但是细小的元素也组成了主要的视觉参照。半圆形竞技场的大理石铺地对比奥古斯都广场的侧面柱廊带来了一定的变化，东侧和西侧的柱廊以及巴西利卡拥有精美的屋檐，它们精确地勾勒出柱廊的位置，丰富了阿米利亚（Aemilia）巴西利卡的立面。（在罗马广场）也许庞培剧场后柱廊顶部的雕塑也起到了类似的作用。[16]

　　此外，图拉真广场还成为了图拉真为自己宣传的工具，赞美他作为将军和皇帝的美德同时着力神化他，图拉真广场也成为罗马政治体制自我炫耀的工具，因为阿波罗多罗斯的宏伟设计"延续了古代共和国时期和后来的帝国时期的恢弘大气的建筑风格。因此，图拉真广场宏伟的纪念碑（以及它们纪念的重大事件）被理解为不仅是伟大历史的革命性突破而且是古老的美学（隐喻地说也是政治）模式取得的最新的艺术成就"。[17]

当帕克考证建筑原型和皇帝的政策如何影响了图拉真广场时，他的计算机图形就起不了什么作用，因为它们在精确模拟建筑物质实体的同时难以从文字上表述其意义。为了理解图拉真广场层次丰富的意义，我们需要这样一种图形，从上面可以清楚地区分出埃及风格和美索不达米亚风格，同时能够将这些风格与当地建筑的形式及自吹自擂相区别。同时我们还需要这样的覆盖叠层图，从上面可以知道哪些部分是"原有"的，以便与修缮过的部分相区分，或者可以看出哪些修缮是借鉴其他类似古迹的，而哪些是纯粹的假想。标准的历史古迹保护做法是以原有部分为基础，这就要求修复工作保证能从外观上容易地辨认出古迹的原有部分和修复部分。无疑这种方式在用于像图拉真广场这样支离破碎的古迹时是很成问题的。

关键在于，帕克的计算机图形与他的叙述相比过分地简单化了。它实质上更多地是用来哗众取宠而并无多大的学术意义。这些历史保护目的要求在盖蒂"令人惊掉下巴"[18]的图像以外做更多的工作，这些图像已经引来了大批激动的批评者。沙伦·韦克斯曼说道：

> 在一篇严厉的评论中，《洛杉矶时报》的艺术批评栏目指责展览的举办者贬低古代艺术。"再见吧，崇高的艺术，欢迎你，高科技。"克里斯托弗·奈特（Christopher Knight）嘲讽道。"计算机化的演示完全是一种基于现代视角的故事，类似于拍摄电影电视时所用的有轨拍摄车的视角……与其说这是一个艺术展览，不如说它是一个那种你在会议中心期望看到的形式比较高雅的产品演示……这里炫耀的不是古代艺术，而仅仅是盖蒂信托基金的团体活动。"[19]

为了使其观点多少显得更优雅一些，帕克书中的图像以及那些被盖蒂熟练数字化的图像，都让读者从历史上的广场开始看起（这些广场延续着历史文脉的遗迹；多层的中世纪广场和如今的碎石场）并从上俯瞰帝王广场的柏拉图形式。但是人类（无论是古代人和现代人）生来就被赋予了有限的综合理解柏拉图形式的能力，创建的图像如果传递这样的抽象意义无疑会使人迷惑，"就像太阳令肉眼感到晕眩那样"。[20]像肯尼斯·伯克（Kenneth Burke）已经解释过的那样，"确立一种抽象的理念和建立遵循这种理念的实例并让我们眼见为实是有区别的。概括地说如果图像基于丰富的想像，那么它就不会仅仅体现一种理念，而是包含了大量的原则，这些原则如果被化约成单纯的概念等价物，就不免会发生相互矛盾"。[21]

公元112年的图拉真广场完全真实的快照，即使是那些完全真实地反映了皇帝和他的建筑师意图的图景也不能构成整个罗马城市景观中这一重要节点的全貌。我认为（希望能够避免臣服于过度的后现代主义）即使将《图拉真广场》作为一本权威著作出版，它也不能告诉我们想要知道的一切，这适用于所有的人类文化遗产，它的本源、它的成果、它的认同，这些怎么可能随时间而改变？怎么可能调试到另一种状态？如此等等。我并不认为主要问题是科技水平的高低。因为即使数字时代的尖端技术被用于描述城市肌理的有机成长，其结果也只具有参考意义。问题的实质在于帕克借以表达他的研究成果的图像还有盖蒂的那些计算机图形皆缺乏微妙的历史感。

作为罗马帝国市政中心的一个主要部分，图拉真广场肯定在很多世纪里具有重要而复杂综合的用途。它必然受到周边环境和偶然因素的影响——随着政治象征的变迁，随着其他宗教被基督教排挤，随着周边邻居的变更，随着帝国的分裂，还有随着那些被很快遗忘的皇帝的纪念碑被征服者改造和劫掠。任何真实的城市都是特定时间点上各种城市景观竞争妥协所呈现多样性的复杂综合。因而人们想知道西奥多里克[Theodoric（公元454—526年）]统治期间图拉真广场的真实情况，马森报道说图拉真广场在那时候还非常完好，或者在7世纪初，"罗马人都还聚集在那里（可能是其中的一个图书馆里）听罗马诗人维吉尔（Virgil）的朗诵"[22]，类似地，计算机模型也很难告诉我们"中世纪"时期图拉真广场或者是其被遗弃在伊曼纽尔胜利（Victor Emmanuel）纪念碑阴影下的废墟的状况。[23] 通过他的散文，帕克给予我们很多有关图拉真广场的知识，但是他那些华丽的效果图对于表现这些活生生的生活体验却无能为力。

图4 吉尔伯特·戈尔斯基（Gibert Gorski）所画的罗马图拉真广场乌尔比诺巴西利卡会堂重构图

人们也许认为帕克的图像和盖蒂的数字化模型不能表现图拉真广场在各个时期的功能仅仅是一个很小的缺陷，对其提过分的要求是毫无理由的。但是帕克的中心观点在于这个广场要作为整个城市的一个有机组成部分理解，并不是为艺术而艺术。这一点是至关重要的，尤其是对罗马的古迹而言——因为从"建筑意义上来说，罗马是一座不断被再造的城市"。"这么多世纪来"罗马"不是保存在真空容器里的文物"。[24] 马森说："罗马人毫不留情地推倒旧建筑建起新建筑，人们对古迹毫不关切，罗马的家庭主妇将洗好的衣物晾晒在帝国的遗址上，高贵的文艺复兴风格的别墅和宫殿在废墟上拔地而起，有些遗址上种上了玫瑰花，华丽的巴洛克风格喷泉和广场在古老的马戏场的遗址上建起来，罗马的儿童在其间踢足球和跳格子（hop-scotch）。"马森认为罗马人（"令人感到震惊和恐怖地"）以完全冷漠的态度"对待他们的历史遗产"。她的观点可以从打着"S.P.Q.R."*铭文[25]的检修孔盖和垃圾卡车上得到印证。另一位敏感的作家提到"在罗马这样一座将其悠久的历史作为最世俗的现存条件加以认知的城市中，人们平凡而幸福地进行日常生活"。[26]

图5 1999年穿过图拉真广场所见的图拉真市场以及后面的现代公寓

令人印象深刻的是罗马作为一个不断被再造的城市的事实经常在考古学发掘中得到印证。图密善（Domitian's）的圆形竞技场和纳沃纳（Navona）广场在同一个地层。在老的犹太人聚居区，一排文艺复兴建筑的尽头出现了"古典柱子的柱基，这些是著名的屋大维娅（Octavia）柱廊的废墟，从远处的铺地尽头冒出来"。[27]人们学会了发掘这些层叠的历史遗迹来解读深埋在地下的历史；举个例子，一座古代的神庙长出了巴洛克风格的钟楼，这是当代宗教挽救了古老异教帝国废墟的典型例子。而再往下肯定还有更多古迹。

坚毅的罗马朝圣者能从地下搜寻出城市（urbs）的遗迹。比如说，在圣克莱门特教堂（San Clemente）的巴西利卡礼堂中，朝圣者进入这个巴洛克教堂仅仅是为了寻找三个埋在地下的基督教堂，在它们下面还有拜日教（Mithrais）的中心和1世纪时一位叫做克莱门特（Clement）或克莱门斯的罗马市民的房屋。在最底下的地层中，罗马城大引水道系统（Cloaca Maxima）古老引水渠的水流声似乎清晰可闻，圣克莱门特教堂事实上是根深蒂固的城市肌理复杂性"相当奇异的例证"[28]，它使我们想起英国作家伊夫琳·沃的小说《旧地重游》（Brideshead Revisited）中对本土风格的赞美："我永远热爱建筑，不仅把它作为人类的最高成就，更是将其视为这样

---

* "S.P.Q.R."为"Senatus Populusque Romanus"的缩写，意为"the Senate and People of Rome"，即"罗马元老院与人民"。——译者注

图6 不断生长的城市：罗马圣尼古拉教堂（S.Nicola in Carcere）。一座建筑在三座公元 3 世纪以来的古代神庙基础上，有着古怪立面的教堂。在其后面可以看到基于古代马尔彻里（Marcellus）剧院建造的中世纪的住宅

一种事物，在最终成熟的时刻，构成它的各部分脱离了它的影响并臻于完美，不再拘泥于它的最初设计风格，以其他方式……甚至比最伟大的建筑师的作品还要精美，我热爱那些历经很多世纪默默成长的建筑，凝聚了每一代人的智慧，时间抹去了建筑师的骄傲和凡夫俗子的愚行，也完善了工匠们粗陋的营造。"[29] 很明显，这种本土风格的遗存（装饰在所有尚未将历史夷为平地的城市中）与帕克及其合伙人所创造的计算机建筑重构是截然不同的。[30]

我们来看看罗马的近郊，我和 20 多个活跃的大学生在那里度过了 1975 年的冬天。我们住在离图拉真广场不到半英里的一个小旅馆里，图拉真广场的中心看起来像一个邻里社区，但是时间一久我们就会发现这是一个用途十分综合的地区。我们住的旅馆就是相邻的修道院经营的，有一些附属设施可以共享。紧接着就是一幢公寓建筑，其底层是出售酒和油的商店。在拐角处往西有一家低于路面的机械商店，沿街走下去还有一家零售杂货店、一家肉铺、一家木匠作坊，以及一家面向本地居民的旅行社。相同方向再往前一个街区有两家小饭馆。近处有一家"酒吧"，老板是一位老是拿我蹩

脚的意大利语开玩笑的绅士（大多数时候是很友善的玩笑）。在街道的尽头，靠近一家小古玩店的旁边，一个男人在修摩托车。

我们住的小旅馆北面的街区居住着相对高收入的人们，其中的一座建筑是大使馆。往南大约一个街区是公寓建筑，还有一座古代教堂和帝国时代留下的纪念碑。在众多的文化和商业设施中只有两样能引起旅游者极大的兴趣：果菜店总是进很多的电影片子，并把《国际先驱论坛报》(International Herald Tribune) 放在醒目的地方；古玩店有英语和日语两种语言的标签。

这个邻里社区的人口密度肯定非常高，因为几乎所有的建筑都有3—4层，并且沿着狭窄的街道密密麻麻地排列。各种各样富有罗马特色的赭色彩妆的公寓建筑都留有经典的中心院落，有的还设有本地居民的停车位。根本不可能确定这些建筑是什么年代建造的，因为从建筑风格上说它们都是某种乏味的古典样式。我猜想其中一些可能年代久远，但大多数都是在19世纪建造的；几乎所有的建筑都经过一次以上的修缮。

邻里社区里有很多孩子。放学后穿着校服的男孩和女孩都在街道上踢足球，看起来无拘无束。那里也有很多老人，其中一些人整天泡在酒吧里，尽管从来不点什么酒水。在我的记忆中，这个邻里社区是一个生机勃勃的地方，行人如织，往来的自行车、摩托车川流不息，停放的汽车也非常多，而16世纪的意大利风格也因此丧失。我还知道一个很阴凉的地方，夏天人们可以在那里乘凉。就像简·雅各布斯说的那样，尽管繁杂吵闹却让人感到安全。我们住在那里的那学期，从未听说在附近有犯罪发生。当然有一件事又另当别论，我的两个学生天黑后在毗邻大竞技场 (Circus Maximus) 一座绿色的非常偏僻且臭名昭著的雕塑附近宽阔的马路上被人持枪抢劫。雅各布斯肯定对此早有预料，这些学生如果读过她的书，就不该去那里。雅各布斯好像曾经和我们一起在罗马度假，好像也看到了我们住的那个邻里社区，就像她所钟爱的纽约格林威治村 (Greenwich Village) 的哈德森 (Hudson) 街道，符合产生城市多样性的四个标准：被分成了细小街区的城市分区里人口密度很大，新建筑和旧建筑混杂其间，其中也产生了各种遵循各自时序的城市活动。[31] 没有任何方法可以真实模拟该邻里社区的生动场景，原因非常简单[这使人回想起肯尼斯·伯克（Kenneth Burke）有关真实事物和它的"概念等价物"之间的关系的论述]，这种城市景观基于一种自相矛盾的原理，而这正是它富有魅力的秘密所在。或者我应该说，这曾经是它富有魅力的秘密所在，对这个邻里社区而言，就像大多数罗马的历史古迹中心一样，在过去的25年内它们被逐步可悲地贵族化了，变得毫无生趣。

图7　洛杉矶盖蒂中心
鸟瞰

　　回到图拉真广场。我要说的是，由于古老原型和本土化内容的淡化，帕克书中那些华丽的图像和盖蒂的计算机三维模型也许并不能给我们再现图拉真广场的本来面貌（就像图拉真和阿波罗多罗斯设想并实施的那种面貌）；这种面貌在历史上持续了很久，但最终因为时间的磨洗而不复存在，现在它们只是一堆乱石和废墟。而在历次修复中修复者们却只在乎他们自己的价值观和热情，还有他们所热衷的建筑模式。帕克重复了19世纪的前人的作为，自以为在图拉真的乱石场上恢复了基督教堂或高雅华丽的宫殿。[32]我认为帕克将其个人的片面认知强加于这个地方。注意他叙述时所用的词汇比如"几何的"、"简洁的"、"朴素的"、"无修饰的"，还有他的以下论述，图拉真广场的"真实风格"从本质上说就是奥古斯都时期的公共中心。对帕克来说图拉真广场"简洁雅致的建筑装饰"表达了"类似奥古斯都广场的朴实古典的风格"。[33]请注意最富野心的现代主义设计总是同样用这些特定的词汇来形容，这是不是一种巧合呢？

在帕克教授通往图拉真广场途中发生的滑稽事件是，他的终点却是勒·柯布西耶的"光辉城市"——或者，说得更确切一点，就是洛杉矶的盖蒂中心，这是一座耗资40亿美元的园区，被描述为"校园，巨大的银灰色裂口，意大利石华灰"，"建筑围绕着一个集会广场布置"。"园区有一个显眼的入口"一个作为"园区和城市形态之间的联系体"的水平构筑物。盖蒂中心被设计成白色，以利用阳光，"白天反射这耀眼的日光，下午散发出阵阵的暖意"。这一点很重要，建筑师理查德·迈耶（Richard Meier）对建筑材料的选择部分地基于这样的认识：石材"经常与公共建筑相联系"。[34]尽管我根本不想贬低帕克教授在图拉真广场的研究中取得的巨大成就，但是盖蒂中心看起来与图拉真广场一样，将被描述为一座需要注解的综合体，再也不会被凡人模仿。

第 2 章
古代北美洲
"消逝的城市"

1814 年探险家亨利·布拉肯里奇（Henry Brackenridge）站在离今天的伊利诺伊州东部圣路易斯（East St.Louis）不远的古人类聚居点的废墟前说道："多么伟大的土建工程啊！"他承认自己"受到某种震撼……那种感觉与看到埃及金字塔时的感觉并无不同"。[1]

布拉肯里奇并不是惟一注意到古代密西西比盆地人类社会的公共中心与古埃及的建筑有某种相似特征的人。这种相似性曾经给美国的开罗（Cairo）、伊利诺伊、孟菲斯和田纳西的缔造者们留下深刻的印象。在 19 世纪，人们普遍认为这些宏伟的土构建筑遗迹是徒步来到美洲的犹太人、威尔士人（Welshmen）、维京人（Vikings），甚至是火星人（Martians）的杰作——或者是一个已经消逝的被称作"垒土者"的种族。后来，真相终于大白，这些巨大的土构建筑是由那些曾经严重阻碍美国拓疆的印第安人的祖先营造的，于是在殖民者眼里这些土构建筑一下子失去了所有的魅力和神秘感。直到最近，学者们才重新考察了这些土构建筑，并开始进一步论证这是被占优势的欧美文明胡乱破坏和系统性掩埋的"消逝的城市"残余部分。[2]但是论证古代北美洲先民的建筑成就被种族主义者贬损及消灭与证明这些古代土台中心事实上是城市并不是一回事情。我们需要证据的支持。

我们将从卡霍基（Cahokia）这个地方开始，就是让布拉肯里奇感到震撼的地方。[3]卡霍基看起来是一个被称为密西西比人的土著部落的史前文明中心。这个文明兴盛于公元900—1300年，其活动区域从佐治亚州一直到俄克拉何马州和威斯康星州，它的繁荣基于发达的玉米种植业和广袤领土内的贸易网络。密西西比人留下了大量的历史遗产，其中最重要的是高大土台集中的中心区，该中心看起来像是这种文明的政治和宗教中心。[4]卡霍基的祭祀土台是美国境内最高大的印第安土台，顶部建有首领住所，也是哥伦布地理大发现以前西半球第三高的建筑。这些建筑有助于评估密西西比人文明的成就，公元1000年，卡霍基大约有15000个家庭[5]，其规模可能比同时期的伦敦还大；直到18世纪末在美国国土内再也没有规模超过它的城市。卡霍基被描述为"一个政治、宗教、商业和艺术的首都"，它的中心被称作太阳之城，是商人和官僚的聚居地，这些人在一种"空前富足和强大的"[6]复杂的经济中扮演着关键的角色。

卡霍基共有120个土台。密西西比人的聚居点都典型地拥有一个广场或者是一个公共空间，通常是作为大土台的附属设施。[7]据说美洲土著的广场是一个举行仪式的场所。同时它也是人们玩"强击"（chunkee）这种游戏的场所，这种游戏包括使用标枪和石制圆盘的技巧。探险家威廉·巴特拉姆（William Bartram）认为这些古代废墟有其他用途："那个低陷的被白人贸易者称作大院子的地方，很像后期甚至当代印第安人用来烧死或者虐待那些已被宣判死刑的俘虏的类似设施，场地的四周有一圈土台，有时是两圈，后面一圈比前面一圈高，作为观看这种悲惨场面时观众的坐位，就像观看游戏、表演和舞蹈一样。"[8]

在卡霍基神庙集中的中心区，广场和辅助建筑都由一道精心制作的栅栏与普通的居民区分开，以隔离普通老百姓（hoi polloi）和政治宗教领袖并使后者得到保护。[9]通常统治者的房宅都是"宏伟圆形的建筑"，建在大土台顶端的平台上。[10]考古学发掘找到了四座木结构建筑物的遗址，在不同的时代建造或重建，蒂莫西·R·波基塔特（Timothy R.Pauketat）谨慎地将其称作"环形标志纪念碑"，但是有些人将其称作"木质石阵"，并认为其用途是记录太阳历中的春分、秋分和夏至、冬至。[11]如果否认以人作为祭祀牺牲品的可能性，任何一种有关卡霍基的解释都是不完美的。斯图尔特·J·菲德尔（Stuart J.Fiedel）对72号金字塔有这样的描述：

图8　卡霍基的土台遗址，伊利诺伊州，由劳埃德·K·汤姆森德（Lloyd K.Townsend）绘制。是大约公元1150年从北俯瞰卡霍基中心的场景，可以看到双子土台，近处可能是一个墓葬场所，在远处是大广场，其对面矗立着祭祀土台

50具年龄在18至23岁之间的年轻妇女的骨骸被整齐地埋在72号金字塔附近的坑里。没有任何暴力屠杀的迹象，但这些妇女看起来很像是被事先扼死的。附近还躺着四具男性尸体，其头颅和手均被砍掉。这场大规模的人祭是为一位成年男性举行的，其尸体躺在一个有20000个珍珠贝制成的平台上。他旁边放着其他几个人的残肢和包裹过的尸体。作为这种丧葬仪式的另一部分，另外几个地位更高的人（三个男人和一个女人）被埋葬在附近。[12]

从密西西比人中叫纳奇兹（Natchez）的族群活动可以收集到一些72号金字塔的资料，金字塔上记载着他们的活动。纳奇兹族主要居住在农庄里，只有在举行各种仪式的时候才来到城镇中心，包括每月举行的庆典和更为盛大的葬礼。纳奇兹族的社会是等级森严的，整个族群由男性统治，然而贵族头衔却由妇女承袭。这样随着一些被称为孙（Sun）的贵族子弟被要求与一些平民或"臭蛙"（Stinkards）*通婚，一种"精英的轮替"[13]就出现了。大庄园最主要的建筑是一座平顶土台，这个土台顶端建有一座木结构的神庙，神庙的密室里燃烧着永不熄灭的圣火；被允许进入的人将沿着一条从土台底座开始延伸的台阶登顶，这种台阶是密西西比文明标志性的建筑符号。1725年，附近的罗沙里堡（Fort Rosalie）基地的法军代表团目睹了军事首领刺蛇（Stung Serpent）的葬礼。看起来在"伟大的孙"或其军事统帅死亡之后将其妻子和仆从扼死以服务其来生是一种很正常的做法。然后，领袖的住房被付之一炬，"土台被垒砌到一个更高的高度，并在上面矗立起其继任者的住宅"。[14]因为即使是一个地位比较低的"孙"死去，其葬礼也会有与其地位相符的规模，勒·佩奇·迪·普拉兹（Le Page du Pratz）令人信服地指出："纳奇兹这么一个拥有如此众多王子的文明存在这样不人道的习俗是极具毁灭性的。"[15]

密西西比人的社会是高度组织化的[16]，因此我们没必要惊讶于其完美的城市用地布局。约翰·A·沃索尔（John A.Walthall）认为位于亚拉巴马州芒德维尔（Moundville）这个密西西比人聚居点是"一个精心规划的社会……那里有居民点，有公共中心，也有聚集了陶器制造，珍珠加工，藤席、藤篮编制等门类的手工业区。几个固定的地点被用来作为游憩区，大型的公共建筑位于公共广场的北侧。居民区位于分隔墙和广场之间并接近河流的弧形狭长地带内"。[17]芒德维尔有很多环境设计的证据，包括人工湖，考古学家在这些湖里面发现了无数的鱼钩。

佛罗里达州的土台中心，包括威廉·巴特拉姆（William Bartram）考察过的皇家山岗（Mount Royal）遗址，在规划上呈规整的几何形态。低陷的"大道"和堤道从中心广场呈放射状向外延

---

* The commoners at the bottom of this social hierarchy were called roughly the Stinkards
社会底层的平民被粗鲁地称为臭蛙。——译者注

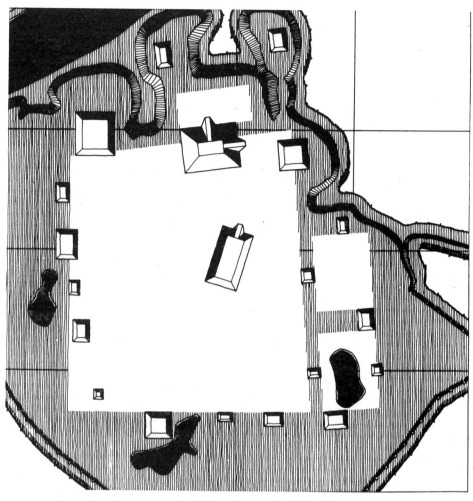

图9 威廉·N·摩根
(William N.Morgan)
的亚拉巴马州密西西
比人聚居点芒德维尔
的复原

图10 芒德维尔的土台
之一，1995年

伸，将人工土台、岛屿和各种自然地形连成一个整体。[18] 其与巴洛克风格在某些方面的相似印证了威廉·N·摩根的观点，他观察到"垂直和水平方向上穿越空间的运动似乎是很多史前美洲文明的主要元素"。[19]

密西西比文明在欧洲探险家和殖民者到来前很久就已经开始衰微了。在卡霍基，14世纪的某个时刻所有建筑的建造都同时停止了；这个时刻距离欧洲人登陆还很早。气候变化和生态破坏通常被作为密西西比文明衰亡的原因。疾病和战争可能是另外的原因。菲德尔提出了一种更为世俗的假说，他认为始于1200年左右的大豆种植导致了一场食物革命，使得当地人能以一种较小的人口密度聚居，由此削弱了那些宗教和政治中心的重要性。[20] 这些美洲土著是否具有城市生活，这一点尚存争议，而密西西比人只是他们的最后一支后裔而已。

美国西南部，以玉米种植为基础的阿纳萨基（Anasazi）文化于公元850—1130年在圣胡安（San Juan）河盆地度过了他们的全盛时期。在这个时期一个叫做查科峡谷（Chaco Canyon）的城市以其对水的控制或农产品的过剩或贸易的发达，或者以上各方面综合的原因显示了自身的卓越。像琳内·塞巴斯蒂安（Lynne Sebastian）写道的："这个时期的考古学发现包括复杂精巧的公共建筑，一个通达的、工程质量优秀的交通网络，还有显示在广阔领域内的水资源控制技术的证据。同时，还有活跃的贸易网络存在的证据，这个贸易网络囊括了本地的产品和远自太平洋和海湾还有中美洲的货物。"[21]

出于我们的目的，"查科现象"促成了这个时期八座位于峡谷北部和四座位于相邻台地经过规划的城镇或印第安人村庄的建造，这的确都是伟大的建筑。这些建筑都是由石材加灰泥涂抹并配有必要的多达200000件之多的木质构件建造的，它们所需的木材全部从75英里远的森林里运来。有人认为查科的建筑几何内涵"为符合天文学秩序而明显地经过精巧组织，比如主墙朝向主要的天文现象"，而且整个查科峡谷城镇体系内部城镇的整体布局都严格地符合某种几何规划。[22] 就如菲德尔所说："每个城镇，包括数千间连续的房间（最高达到四层的高度），围绕着中心广场层层展开。其中最大的一座印第安村落叫博尼托镇（Pueblo Bonito），占地1.2公顷（3英亩），含650至800个房间。这是一座经过规划的建筑综合体，外形看起来像个巨大的'D'。"[23]

在峡谷的南部有至少200个可以确认的村庄，并且有证据证明来自峡谷的人迁居到超过100英里的很远的地方。查科殖民地，或称"外层"，根据菲德尔的说法，我们能够从其D形的外形和整齐的石材质感以及大地穴这种特有的建筑风格轻易地辨认出来，而这些建筑形式都模仿自峡谷城内印第安人聚落。[24]查尔斯·雷德曼（Charles L.Redman）认为"大聚落事实上只是小聚落的简单复合"，这种复制模式通常是缺乏复杂社会结构的表现，但他同时也承认"不仅中心城市和周边次中心出现的大型建筑是公共中心的表征"，而且还有"更大型的，也许是跨区的公共建筑存在的证据"。[25]

从城市形态方面来说，查科最引人注目的结构是其道路系统——其延伸很远的形态只有从航拍照片上才能看清——从气势上看简直就是罗马。通常有30英尺宽的主干道在遇到障碍时不是改变规则的线性而是转成阶梯和平台。塞巴斯蒂安认为："这些笔直的工程质量优越的道路将外围城镇相互串联起来，并最终使整个道路系统汇聚于查科峡谷。"[26]考虑到当时不存在有轮的车辆，菲德尔认为这种道路系统的重要性在于其象征意义——是"查科社会政治体系的统一强盛的具体表现"。[27]

引用了约翰·M·弗里兹（John M.Fritz）[28]的学术成果，雷德曼认为："查科峡谷宏伟的建筑看起来像是依据一个综合规划建造的，采用了对称布局和重复细节修饰的手法。"这样就会导致两种主要的后果："第一，只有那些掌握特定知识的人才能设计这些重要建筑的结构；第二，当居住在这些建筑中并在其中举行各种仪式时，居民们就会被迫遵循特定的行动路线并看到特定的景观，这一切都服务于事先的设计预期。弗里兹猜想，这些建筑朝向上的区别是为了在地面上模拟宇宙中天体的等级差别，由此强化人群中两个主要阶级的差别。"[29]

出于一些仍未知晓的原因，从 12 世纪开始查科地区的文明逐渐地衰微了。对查科作为物质产品再分配中心印象深刻的人认为，12 世纪随着一个重要的墨西哥文明前哨大卡萨斯（Casas Grandes）的建立，查科与中美洲之间的贸易伙伴关系遭到破坏，由此导致查科的衰弱。[30] 塞巴斯蒂安强烈反对这个"再分配中心"理论，他指出，一大批宏伟的建筑工程在 1090 年以后开始兴建，"而这是农产品严重减产的一个时期"。为什么？她倾向于认为是干旱破坏了查科中心作为"神灵之间的媒介"信誉，因此"10 世纪后期的大型建筑现象可以被看成一种绝望的政治策略"。[31]

考虑到雷德曼的阶级分异论，我们也许不该对查科内部存在激烈的派系之争感到吃惊——这种斗争主要存在于政治领域，但也在建筑上得到体现。这种"政治赞助集团之间的斗争是 11 世纪查科峡谷最主要的政治活动形式。从考古学意义上讲，这种竞争也许在建筑形式上表现得最为清楚。但是对重大宗教仪式的赞助地位的竞争有可能吸引来自广大盆地的参与者，这也许是另外一种可能。竞争的结果就导致了公开展示甚至使用各种'贵重'和奇异的物品比如鹦鹉、铜钟、绿宝石、贝壳等"。[32] 由此会让人们想起刘易斯·芒福德关于中世纪晚期托斯卡纳（Tuscan）人内部出现竞争的描述。[33] 当然，在所有导致查科文化衰微的原因中，战争（内战或者其他）决不可能被排除。[34] 南加利福尼亚大学的考古学家斯蒂芬·勒布兰科（Stephen LeBlanc）认为，今天西南部的印第安人都是一场持续了几个世纪的阿纳萨基（Anasazi）部族战争的"幸存者"。[35]

另外一个拥有城市规划传统的史前美洲土著部族是霍霍卡姆（Hohokam）。菲德尔写道："大约公元前 300 年随着墨西哥移民在蛇镇（Snaketown）的殖民，基于发达的灌溉农业的村庄生活显然传入了吉拉（Gila）河谷地区。"[36] 霍霍卡姆文化成熟于大约公元 200 年并在停滞期（900—1175 年左右）和经典期（1175—1420 年）盛极一时。霍霍卡姆文化的成就集中表现在一个宏大的运河系统，这个运河系统穿过亚利桑那州南部的沙漠把水从遥远的地方——部分水道长度超过 15 英里——引来。灌溉造就了一年两熟的农业，这显然是一个高产的农业生产方式。霍霍卡姆文化的人们种植玉米、大豆、各种各样的谷物，南瓜，还有棉花；实行火葬；制作一种独特的浅黄底红色花纹的陶器；并且开辟了与黑曜石、贝壳等珍稀物品产地的贸易。

霍霍卡姆文化的城镇往往是高密度的永久居民点。前古典时期的建筑类型包括球场，金字塔形土台，和围绕中心广场层层展开的居住组团，一种具有明显的"中美洲特征"[37]的经典布局模式。"在各地发现的球场都具有同样的形制说明当时存在着有关如何建造球场、何种形式才是正确的以及在其中举行活动的意义等清晰的概念。"[38] 在霍霍卡姆球场中进行的球赛的模式可能表达了远自中美洲的古老的宇宙观念，但是这些观念也会在其他的宗教活动中得到宣示。[39] 在停滞期晚期的某个时刻，曾经作为文化传承者的球场的地位被大金字塔形土台所代替。戴维·格列高利（David Gregory）认为："金字塔形土台在规划设计上都要求做到具有良好的空间和视觉可达性，同时它们可能是举行特定的（宗教的仪式？）活动。不管这些活动是什么，现有证据显示无论是金字塔形土台还是与之相联系的建筑在停滞期都不是通常意义上的居住场所。"[40]

奇怪的是，金字塔形土台在经典期经历了一次自身功能的变化。在 13 世纪前半叶，已建的金字塔形土台被重新加以改造修缮以使其在外观上更为"宏大壮观"。另外，"早期的金字塔形土台都由栅栏和围墙与周围的建筑分开，在经典期，金字塔形土台和其周边建筑被围墙围合在一起。"[41]正如戴维·威尔科斯（David Wilcox）观察到的，"住在金字塔形土台顶部的人不再是普通人。"[42] 这样，"有史以来第一次，在霍霍卡姆文化的村落里出现了社会阶级分异的建筑表征。"[43]这也许是地区政治秩序重构的结果。

传统对霍霍卡姆的研究特别是关于菲尼克斯盆地发展的研究都以核心——边缘（core-periphery）的课题为焦点。然而最近的研究却置疑霍霍卡姆文化的人是"种植玉米并相互协作开凿运河的和平主义者"[44]的观点。现有研究结果的矛盾，主要体现在以下争执：一些研究人员认为"在运河与大河的交汇处"住着一位权威人物并和平地控制着运河沿线的水资源和经济生活。但是在菲尼克斯东部的霍霍卡姆聚落遗址，考古学家格兰·赖斯（Glen Rice）并没有发现任何中心性的财富和权利的痕迹。与此同时，他在霍霍卡姆城镇中心巨大的金字塔形土台顶部的建筑中发现了成对出现并对应布置的公共议事堂。他认为这另一个王位的发现，标志着存在两个或更多相互独立的首领。另外一些霍霍卡姆文化的城市有两个或更多的金字塔形土台，每一座都有一位领袖占据。有些考古学家声称"水上的冲突事实上决定了"霍霍卡姆文化的社会形态。[45]尼尔·索尔兹伯里（Neal Salisbury）指出人种学方面的证据，皮马（Pima）印第安人和帕帕高（Papago）印第安人（被认为是霍霍卡姆人的后代）的传说证实了霍霍卡姆文化有一种暴力的结局。[46]确实，这场战争被证实就几乎意味着考古学的结论将被完全颠覆。[47]另外有些研究人员开始关注西南部明显的食人行为的证据。[48]

往前追溯密西西比东部的公共建筑，有两个丛林民族值得关注。阿登纳（Adena）人是一个以狩猎和劫掠为生的民族，兴起于大约公元前500年，建造锥形的墓葬土台和泥土围墙，使用陶器，住在临时棚舍里，并从事原始的农业。考古学者认为他们比霍普韦尔（Hopewell）人活动的年代要晚几个世纪。两个民族都具有等级分明的社会，广泛活动于现美国东部和加拿大。公元前100年左右，阿登纳文化和霍普韦尔文化合并为一种文化。[49]

霍普韦尔人的文化兴盛于公元前200年至公元500年，他们建立了一个庞大的贸易网络，从安大略进口银器，从威斯康星进口铜器，从怀俄明（Wyoming）进口黑曜石，从切萨皮克（Chesapeake）海湾采集鲨鱼牙齿，从大烟山（Great Smoky）采集云母，从高尔夫海滩采集贝壳。霍普韦尔人是渔民、猎人和采集者；在俄亥俄州，他们在西奥多（Scioto）河的冲击平原上种植谷物。山胡桃是霍普韦尔人食物中很重要的一部分。[50]霍普韦尔人将墓葬土台的概念发展为一门艺术的同时也发展为一种科学技术——几何学。注意以下一段从有关俄亥俄州霍普韦尔土台的文章摘录下来的文字："在旧城32公里范围内有四座相似的土建筑，每一座都呈329平方米，直径524米的圆或作为主要部分的直径235米的一个圆。尺寸的严整和方形边角的精确表明建造者使用一种标准的长度丈量工具并掌握了精确的方形、八角形和其他几何形放样的方法，堪称在缺乏精密仪器的前提下艰难完成的完美作品。四个不同城镇的布局都根据特定的地形，尤其是水体的情况而各有变化。"[51]

令穿过俄亥俄山谷的欧洲殖民者目瞪口呆的巨大的圆形、方形、八角形构筑物（由分级的道路或堤坝连接）大多数都是霍普韦尔人的杰作（见图11）。霍普韦尔人的墓葬地由土制围墙围合，围墙内部有土台矗立在围墙的开口处。这些围墙最早都是仪式性的，后来被阿登纳人的葬礼仪式继承。两种文化都建造宏伟的金字塔形土台，其中的很多在中西部，特别是威斯康星州得以保存——尽管最壮观的金字塔形土台是俄亥俄州南部的巨蛇像。

也许是因为阿登纳人和霍普韦尔人在其墓葬中心倾注太多的精力，我们对其居住的城镇社会倒了解不多，也许是些非常朴实无华、半永久的村落。当然在这些城镇中心会有手工业者；霍普韦尔人的工匠们不仅掌握实用的技艺而且在某种程度上还是极富想像力和乐于创新的艺术家。部分地归因于霍普韦尔人主要在沿西佛罗里达的海岸线发展繁荣，很久以后又在俄亥俄衰微，科学家认为在古代印第安人和更为发达的密西西比人之间存在着一种进化联系。密西西比人有时会将霍普韦尔风格的金字塔形土台整合到他们的建筑群中，加入大斜坡等特征鲜明的建筑元素，这些事实往往被解释为一种文化上的继承，并且由此否定了中美洲文化通过文化传播或移民而带来影响的论点。

关于阿登纳文化和霍普韦尔文化还有一件事情我们尚未弄清，就是他们是美洲东北部原生的民族还是外来的民族。当然，对古风（Archaic）时期晚期似是而非的先驱文化的证实会强化本土起源的观点。在公元1200年前，波弗蒂角（Poverty Point）在那里至少还部分地起着重要作用，这种重要性延续了500年。波弗蒂角和路易斯安那州的其他印第安城镇遗迹也许可以为研究那些玉米文化之前的、并非完全定居的，同时其城市化生活也存在争议的

图 11　斯奎尔和戴维斯描绘的俄亥俄州纽瓦克（Newark）地区的霍普韦尔建筑群

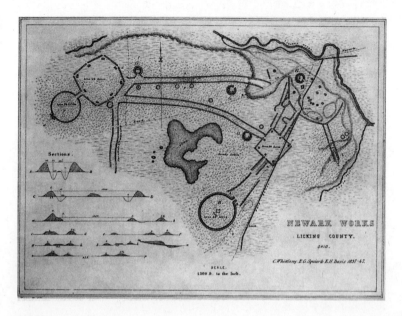

文化提供机遇。[52]

荒弃在路易斯安那州东北角梅肯河（Bayou Macon）河滩上的波弗蒂角的考古学意义在20世纪50年代以前一直不被人重视，当时航空图像使当地人搞清了一直令他们迷惑的地形。后来的测量和发掘证实了一个古代聚落的存在，其形式呈一种半圆形的梯田状——类似希腊的露天剧场——分为六层围绕一个巨大的广场层层展开，此处有可能是举行政治、宗教仪式的地方。[53]波弗蒂角的人们从事商业，从距离超过600英里远的产地进口货物。那里没有玉米；这个从事打猎和采集的族群的主要作物是葫芦和南瓜。

波弗蒂角的人们建造的最为宏伟的建筑是一座基地长宽尺寸约为640—710英尺，高度达到70英尺的土台。有人认为这是一座参照飞翔的雄鹰的造型建造的土台，但是这纯属猜测。建造这座土台和其他一些土质建筑的泥土应该是装在篮子里徒手运送的，每次50磅左右；国家公园署（National Park Service）的考古学家估计这项手工工程至少需要500万个工时的劳力。从这样的数字来看，与哥特大教堂等其他宏伟的古代建筑物相比较，建造这些土台的文明势必是更为发达和组织严密的。而从其他计算的结果看，这些土台看起来就逊色多了。根据布莱恩·M·费根（Brian M.Fagan）的计算，5000个勤劳的普通人在200天之内就可以建成卡霍基（Cahokia）的祭司金字塔形土台。[54]

波弗蒂角不像是一个永久的定居点，但是在很长一段时期内每年特定的几个月总有很多人生活在那里——也许多达2000人。就像克拉伦斯·H·韦伯（Clarence H.Webb）写道的，那里没有"房屋建筑的直接证据"，但是毫无疑问地也存在着高强度的居住生活的痕迹。举例来说，聚居点的东部，靠近梅肯河的地方，出土了大量的烹调器具，包括烧制过的泥土球、石制容器的碎片和陶器碎片；根据韦伯的说法，这些"表明烹饪在人们的活动中极受重视——这是家庭生活的重要特征"。当波弗蒂角的人们学会制作陶器的时候，他们还没有将其发展为各种各样的壶罐和容器，他们在一种陶土的瓦罐中来烹煮食物，在这个过程中要用到上文提到的泥土球。韦伯认为这是"波弗蒂角文化的一个特点"，与此同时注意到"在南大西洋和从卡罗来纳州到路易斯安那州的海岸线上的古文明刚开始掌握制陶的技术"。[55]

在波弗蒂角遗址出土的文物显示当时已经有了相当程度的社会分工。在遗址西南部出土了大量的尖细刀具和磨制器具，这"意味着这里是从事特定活动的场所，有可能是男性艺术家加工兽骨、鹿角、木器的场所"。令人诧异的是，被推测是用作仪式用途的装饰性、奇异的物品在遗址的各个地方都有发现。遗址的西部被证实是"大量珍珠和宝石的生产作坊，进行抛光作业和穿连，普遍认为这是该区与举行仪式的土台毗邻的结果"。[56]

因为古印第安文明祖先和后来的阿登纳（Adena）文化以及霍普韦尔文化差距太遥远（无论是地理上、时代上、美学上、词源学上），波弗蒂角被认为是就像费根说的那样，"孤立和神秘的"。[57]然而最近在路易斯安那的研究解释了还存在着更多古老而神秘的文化；[58]其中称为沃森·布拉克（Watson Brake）的一个文化，年代在公元前3400年——整整比波弗蒂角早了2000年。

沃森·布拉克（Wastson Brake）是11个土台组成的建筑群（事实上形成了一个环），"生活在其中的是一些猎人，他们在适当的季

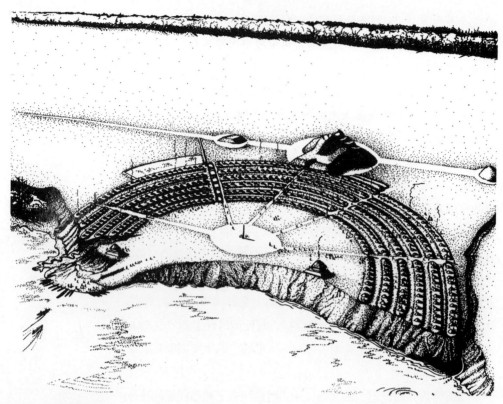

图12 路易斯安那州
的史前人类居民点波
弗蒂角遗址

节收获水中的物产并采收后来成为东北美主要作物的植物的果
实。"[59]虽然这个遗址规模很小,研究者已经发掘出了数量可观的鱼
类和贝类残骸;其中一个土台内就发现了超过175000片兽骨残
片。对发掘的植物种子研究后发现,"不存在因农业耕作而导致植
物品种进化的迹象"。这意味着这些植物种子是被采集的,而不是
种植的。沃森·布拉克与波弗蒂角相比还有一个很大的不同点在
于,不存在对外贸易的痕迹。对我们而言,在沃森·布拉克最有价
值的发现是在建筑方面:

类似沃森·布拉克这样经过规划设计的大型土构建筑群在管
制和组织上显然已经超越了随季节而迁移的猎人的能力。波弗蒂角
被认为是一个例外,其广阔的贸易网往往被作为高度发达的社会经
济组织的证据。我们的数据说明,拥有稍微简单的土台建筑群的文

化先于波弗蒂角文化1900年就繁盛于东南部。这些中古社会不仅在东南部建造了宏伟的纪念性建筑，并且已经开始栽培选育野生植物并使其成为后来东北美洲广泛种植的农作物。[60]

沃森·布拉克是一个特别重要的古文化，不仅因为它提供了研究波弗蒂角这个看起来像是最近突然冒出的古文化的线索，而且因为它将北美的人类定居生活的历史向前推进了至少1000年，而此前圣西蒙（St.Simon）岛和萨佩洛（Sapelo）岛的贝壳环一直被认为是北美最古老的公共建筑。[61]

本书史前文化的公共建筑的历史追溯至沃森·布拉克的年代，尽管土著建筑的历史一直可以上溯至大约公元前5500年的伊利诺伊州科斯特（Koster）遗迹。然后，大约公元前8800年的印第安人宿营地也许会成为研究城市的学生们的兴趣点，因为这些宿营地是广泛分布的福尔瑟姆（Folsom）文化的集聚点，这些人因为各种社会和经济的原因来到这个宿营地。[62]

我们说了那么多是想说明什么呢？当然，认为古代美洲文化的聚居点比我们曾经提到过的各种文明的聚居点更为古老，多元、复杂是很公平的。[63]但是能否将上面提到的人类聚居点称作城市就是另外一件事了。20世纪30年代戈登·蔡尔德（V.Gordon Childe）提出了区别那些确实经历了"城市革命"（是的，蔡尔德是一位马克思主义者）的发达社会和那些没经历过"城市革命"的相对不发达社会的标准。[64]蔡尔德的方法包括十个标准："（1）高密度的人类聚居点；（2）生产活动的专业化；（3）由领袖控制的过剩资金；（4）具有纪念性意义的公共建筑；（5）社会阶级的分异；（6）精确记录的系统；（7）书写；（8）伟大的艺术风格；（9）长距离的贸易；（10）国家体制。"[65]在1972年，帕特莉西亚·J·奥布赖恩（Patricia J.O'Brien）在《考古学家》杂志上发表了一篇重要文章，在文章里他将蔡尔德的十项标准应用于卡霍基（Cahokia）——前哥伦布时期最重要的古文化。

奥布赖恩得出的结论是卡霍基符合第1，2，3，4，5，9条标准，但是第7条（严格意义上说）显然不能满足，另外，她认为"有关第6条和第8条标准的数据还不完备"，第6条精确记录系统和第8条伟大的艺术风格。这样，尽管她不愿将卡霍基（Cahokia）称为"城市"，她仍认为"密西西比文化正在经历城市化的历程"。——然后她马上补充说："根据在卡霍基的发现密西西比文化很快就走向衰微而不是向更高的水平发展。"[66]假定奥布赖恩的结论是正确的，那么柴尔德提出的难题就不会在任何一个古代北美洲的人类聚居点的遗址得到解决——斯派罗（Spiro）不行，蛇镇不行，博尼托镇、切利考斯（Chilicothe）、波弗蒂角都不行。沃森·布拉克（Watson Brake）就更不可能了。

当然，人们可以对蔡尔德的标准提出置疑。霍普韦尔的工匠们制作的陶土笛子和芒德维尔（Moundville）的贝壳领饰可能恰好符合这种人的欣赏趣味。霍普韦尔和密西西比人的土台建筑群也是如此，尤其是当现代艺术家和考古学家将它们重新描绘之后。然而这些笛子和领饰以及土台就构成了伟大的艺术风格吗？很难这么说，我们中的大多数人对这种伟大艺术比对20世纪30年代的艺术知道得更少。我们可能更关心文化方面的要求，也关心文化在不发达文明中相对简单的艺术表现，比如表演艺术，口头的或非口头的交流方式。

我对我们认识其他文明的能力并没有那么强的信心，同时我认为前哥伦布时代印第安古文明的数据太少，因此应该把蔡尔德判别古代聚居地的标准降低一些。比如，罗杰·肯尼迪（Roger Kennedy）在《隐藏的城市：古代北美文明的发现和迷失》（1994）中指出在土台中心和城市之间并没有本质上的共同点。早年受蔡尔德的影响很深的一批学者，会断然否定这样的观点，认为土著人（比如霍普韦尔人）是训练有素的几何学家、泥瓦匠或园艺师，他们的文明会复杂到足够产生出城市。对刘易斯·芒福德来说，他曾经对城市和简单的人口集聚之间的区别进行过深入的思考，他坚持认为我们"应该全面地认识城市的本质，而不是仅仅看到围墙后面集聚的永久性建筑群"。[67]换句话说，与其说城市是一种物质现象，不如说城市是一种文化。

但是，显然，这种场景（一个高密度的永久性的人类聚居地，附近还有土台建筑群）是非常有吸引力的，肯尼迪对此非常清楚，于是他将劳埃德·K·汤森（Lloyd K.Townsend）早先创作的如图8所示的绘画作为其著作封面的装饰。再来看看这副吸引人的画面。中心左侧的广场上有一群人，在巨大的纪念性建筑的陪衬下显得非常渺小，看起来像是在玩"强击"（chunkee）游戏和进行其他活动。也许在土台的顶部有木结构的小神庙，陡峭的屋顶上覆着茅草，在晨光照耀下，看起来像一组井然有序的太阳能集热器或卫星接受天线。祭祀土台矗立在远处，背景是一大片精心修剪过的树木，路标塔融入整个场景，使人回忆起圣安德鲁老球场（The Old Course at St. Andrew）。也许艺术家对夏特尔（Chartre）草皮印象深刻。整个画面看起来十分讨巧，用了一个经过处理的场景来避免下面这种指责（当然，在目前反种族歧视的影响下，只有最不重视"政治正确"的人才会有这样的指责）：住在这儿的是群野蛮人，无论是贵族还是平民。简单讲，汤森美化的画作，有利于肯尼迪的论点，他认为一种近来由于种族主义和贪婪而被漠视的光辉的文化遗产，正有待我们去重新认识，大卫·麦卡洛（David McCullough）的溢美之辞强化了这个论点："前哥伦布时代的美洲是富裕、伟大的，比我们中的大多数人和大多数历史学家想像得更让人惊奇。"这是一种非常美好的场景。麦卡洛、肯尼迪和汤森在我们看到的证据并不足以支撑结论的时候就把所有的美誉都给了前哥伦布时期的美洲土著。

汤森无疑是最早开始在绘画中美化前哥伦布时期美洲土构建筑的人。这种传统在19世纪被斯奎尔（Squier）和戴维斯（Davis）发扬光大（再看看图11）。就如戴维·J·梅尔策（David J.Meltzer）在最近再版的《密西西比山谷中的古代纪念性建筑》——史密森尼（Smithsonian）协会出版的第一部著作——指出的那样，斯奎尔和戴维斯认为霍普韦尔的土构建筑"是精确的圆形和方形"，这显示了他们对"圆形数字和方形角落的偏好"。[68]以下梅尔策的文章解释了这一切在他们作的图中是如何得到印证的（注释出自原文）：

比如，道路的延伸——于是打破了墙的阻隔——串联了霍普韦尔遗址（图版X）和古代建筑（Ancient Work），自由乡镇（Liberty

Township）（图版XX）。因为斯奎尔和戴维斯认为围合的墙必须"不被打断"，他们就将他画成这样（古代纪念性建筑，p.27）。墙体和其他的土构建筑被描绘成具有均匀的厚度，尽管这只是暴露了平板印刷的局限性。他们自己偏好厚薄不一的墙。只有在偶然的情况下他们允许一些模糊现象的存在，至少在描绘土构建筑的时候。比如靠近伯恩威尔（Bourneville）的石砌建筑被假定有一圈环形的围墙，尽管其形态相当不规则，在有些地方消失了，并且乍一看如同山顶上裸露的岩石（古代纪念性建筑，pp.11—12）。总之，他们对自己辨别自然地物和人工构筑物的能力非常自信。（古代纪念性建筑，p.34）[69]

威廉·N·摩根（William N.Morgan）的著作在这方面与之非常相似，尽管摩根对他在介绍古代印第安土构建筑时遵循的原则表现得十分明确坦率。摩根说图像的"精确性"基于几个方面，其中一个方面是"线性清晰，史前艺术家正是遵循这一点展开艺术创作"。[70]换句话说，他对芒德维尔的描绘（见图9）部分地基于事物的这种线性清晰性，就如图13中的石雕盘，它在摩根的书中用一根线来表示。无论如何，摩根的绘画是非常优秀的，他的方法似乎忽略了人们对精确工艺的不同感知（石头或贝壳与泥土的区别），并在这个基础上夸大了古代印第安人设计和建造的精确性。

作为负责任的表现，摩根也注意提醒他的读者不要在他绘制的图片的细节中进行太多的推测。除了一些随三条线和水道而来的特权之外，还有对"精确的方形边角和正交的土台"的置疑。摩根试图解释他是如何从现存的证据中提取有用的内容来用于对遗迹的再现——据说从图9—图10。当摩根以一种确信无疑的方式叙述方形角落"在中美洲的古文明遗址的规划中已经有明显的先例"，或当他兴冲冲地指出"这种风格尚未被应用于美国东部的古文明遗址"时，读者并没能消除他们的疑惑。在这一点上，他认为："到乌斯马尔（Uxmal）、帕伦克（Palenque）、霍奇卡尔科（Xachicalco）、科潘（Copan）或其他中美洲遗址去参观的旅游者在缺乏对复原的古建筑的印象的情况下可能很难理解那些仍然零乱的看起来只是一些土堆的古建筑遗址。"[71]事实如此。但是像"可能"这样的用词，强调了"印第安土台可能的形状如何在现场得以辨识"这样的问题，但同时它忽略了作为建筑材料，石材和泥土的巨大差异[可以简单地比较一下图10和你印象中任何一座特奥蒂瓦坎（Teotihuacan）的神庙建筑]，由此更加强化了那些关于"隐藏的城市"的神话。摩根认为中美洲文化和古代美洲中西部和西南部的关系是激烈的竞争关系，而中美洲文化的状况似乎与此矛盾。有些方法可能会强化

图13 芒德维尔（Moundville）铭刻手掌中的眼睛主题的石圆盘

"相似性"同时产生无疑会被很多人看成"家族"类似性的假象，看起来有足够的理由来避免这种方法的产生。公平地讲，虽然其方法有局限性，摩根还是一位谨慎而严肃的学者；比如他绘制的波弗蒂角遗址的鸟瞰图绝不会加上天空中翱翔的老鹰。

有人担心计算机图像软件在史前北美城市形态的研究中的应用只会强化对城市发展水平的夸大。比如说，在辛辛那提大学的历史遗迹电子化复原中心（CERHAS），"正在数字化地复原俄亥俄的古代景观"，"包括复原许多土构建筑群"。[72]就像汤森的绘画和摩根说的精确的几何图形那样，历史遗迹电子化复原中心的图像是对印第安土台理想化的产物；圆形和矩形都完美无缺，所有边角都很规整，所有土台的顶部和广场都铺着百慕大草皮。也许这种精确性在人操作像素而不是泥土时是不可避免的，但是我认为这些计算机模型的产生只会强化对史前北美人类聚居地的虚假的夸大。

也许有人认为，从根本上讲，前哥伦布时代的城市形态是不是像斯奎尔、戴维斯、汤森、吉布森、摩根和历史遗迹电子化复原中心的学者们描绘的那样并不是最让人感兴趣或最重要的问题。也有人认为应该放弃蔡尔德的标准，因为它受到了过时的错误的两分法的影响，比如文明的／野蛮的，先进的／原始的。如果它们的鼓吹者们在将卡霍基描绘成图拉真广场的乡村版时不那么老练世故的

话，我也许会接受这些观点并认可"隐藏城市"的理论假设。

为什么北美拥有一个富裕、伟大、令人吃惊的史前城市文明史有那么重要呢？在埃丝特·帕斯托里（Esther Pasztory）关于特奥蒂瓦坎的杰出著作中，她认为研究古代新大陆历史的学生们"有一种寻求可以真心热爱的'高尚的'（也就是'人文主义'的）前哥伦布时期美洲文明的强烈愿望"。因此他们把古代美洲人没能发明轮子的事实撇开，强调他们"用简单的石器和骨器创造了奇迹"。[73]这种对北美史前文明的持续的研究将会证实两个极端都是错误的（专注于缺点或是成就），这些错误最终会使我们远离历史的原貌，其实那些古代文明（就像古希腊文明一样），既与我们自己有些相似之处，但也有不少不同之处——而这些特征，无论同异，都往往是出乎我们的意料的。

第 3 章
城市美化运动
中的克利夫兰

　　让我们将北美是否拥有史前城市发展史的问题暂时搁置一下，无疑在殖民时代有大量欧洲城市规划传统被引入新大陆。正如约翰·W·雷普斯（John W.Reps）所展示的，殖民小镇的原型中所包含的内容远比希波达摩斯（Hippodamus）和维特鲁威的理论要更为丰富，甚至超过中世纪模式，这其中还包含了欧洲的边防中大量采用的"巴斯蒂德"（Bastide）城堡的形式。雷普斯的理论曾广泛应用于荷兰、西班牙、法国、英国在美洲的殖民地城镇建设，后来这种理论还被应用于那些更具冒险性的城镇，包括詹姆斯·奥格尔索普（James Oglethorpe）的萨凡纳（Savannah）规划和彭威廉（William Penn）*的费城规划，并对现代欧洲城市规划理念的产生具有一定的影响。弗兰西斯·尼科尔森（Francis Nicholson）天才的安纳波利斯（Annapolis）规划会使人情不自禁想起（尽管在某种意义上是模糊的）雷恩（Wren）和伊夫琳（Evelyn）在 1666 年伦敦大火后对伦敦重建的建议。[1] 这种毫无新意的规划显示

* 彭威廉（William Penn），基督教贵格会领导人、社会哲学家、殖民地领主。——译者注。

了绅士们是如何热心地将旧世界的理论应用于新世界的建设。当然，清教徒一直都热衷这么做。

马萨诸塞州的朴利茅斯（Plymouth）以及后来的清教徒种植园都致力于弘扬基督教爱的原则，这种乌托邦式的理想只能被认为是一种永远（至少在现代社会）不能完美实现的梦想。在清教徒的社会里，每一位自由人都共享土地和政权，虽然权利并不均等。契约暗示着自愿机制——争议通常在社区内部解决，而不是向更高的权力机构申诉，而这种机制同时也暗示了禁止的事情。私人财产是绝对禁止的，但是所有社区的成员都不是一起工作；显然，牲畜也是以同样的方式管理。在英格兰，这种社区的正式名词是"十户组"（tithing），其男性成员被称为是"十连保制（frankpledge）的成员"，这意味着每个人都必须为团体的行为负责。[2] 清教徒城镇部分类似城镇，部分又类似以色列集体农场奇布兹（kibbutz），既像一种乌托邦社会，又像中世纪社会的遗存。约翰·R·斯蒂尔格（John R.Stilgoe）告诉我们：这种社区非常像中世纪的景观（landschaft），它"既不是一个真正意义上的镇，也不是一个庄园或村庄，而只是一些挤在一起的农舍和其他建筑物，四周围绕着草地、牧场、农田、未开发的树林和沼泽。诸如盎格鲁－撒克逊的"十户组"和旧法国的"村镇"，这些词语都不仅仅是一种空间组织的概念，它还包括当地的居民以及这些居民彼此之间和对这片土地的责任"。景观作为地物景观与原野是有分别的，它表现了"一种自然和人为混合的模式"并因此而区别于完全人工化的"城市景观"。[3]

约翰·温思罗普（John Winthrop）1630年在亚尔伯拉（Arbella）宣扬的优美空灵的"山上的城市"同样也具有建筑的隐喻。然而用地布局形态和城市设计并不是清教徒们真正关心的焦点；他们的头脑中并没有诸如"怎样的村庄形态才是完美的"等先入为主的观念。[4] 对他们来说，城市规划不是一种城市艺术而是一种增进市民品德的手段。[5] 正如 J·B·杰克逊（J.B.Jackson）所言清教徒的社会组成就像是一种"超级家庭"。这种社会围绕一座"安息日集会堂"组织，使我们想起中世纪英格兰的类似布局，在这种布局中"家庭和村庄几乎是可以互换的词汇",社会阶级依据财产的多少区分,这与清教徒教会中依"长老、执事、管理者等阶级"相对应。会堂比教堂具有更多的功能:它是"学校",也是"辩论公共事务的论坛",既是"军营和武器库",也是"社区集会庆典的场所"。最重要的,会堂是一个维持和强调社会等级的场所。[6]斯蒂尔格摘要提到了一份1635年的材料,题目是《城镇秩序》,这是一位不知名的新英格兰人所著的,其中有这样的结论:"理想的空间布局……应该与神认可的社会等级相对应。"[7]

曾经有人论证最后的新英格兰城镇规划试验是康涅狄格州的"西部保留地"(Western Reserve),该工程曾被寄予厚望。所有西部边界模糊的传统殖民地中(1662年的大陆议会宪章将其西部边界限定于"南海"),只有康涅狄格州从大陆议会那儿争取到了一块穿越阿巴拉契亚的土地,它位于伊利湖南岸,长度大于120英里。1795年,康涅狄格议会将这块土地的所有权出让给康涅狄格土地公司,一个测量地形的辛迪加,并将土地划分为6英里见方的片块,以抽签方式签发给投资商。1776年摩西·克利夫兰(Moses Cleaveland)[一位耶鲁大学的毕业生,州民兵部队的将军,还是坎特伯雷(Canterbruy)的律师]率领的测量队在离伊利湖几百码远的地方规划

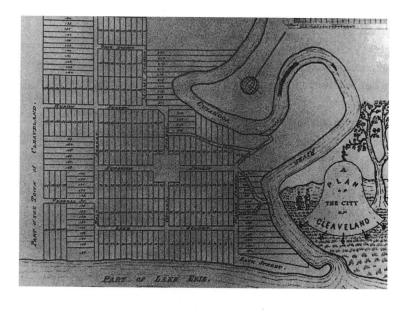

图14　1796年赛思·皮斯(Seth Pease)的克利夫兰地图

了新康涅狄格州首府，该地点位于凯霍加（Cuyahoga）河口；这是克利夫兰惟——次亲临此地。[8]

　　一些西部保留地的居住设计直接拷贝康涅狄格州的模式。但是，另外一些却很有独创性。比如在美索不达米亚（Mesopotamia）的特兰伯尔（Trumbull），这个被列入国家历史地区名录的城镇是围绕乔纳森·爱德华兹（Jonathan Edwards）（清教徒领袖乔纳森·爱德华兹的外孙）规划的一个大型的公共中心布局的。与美国西部其余地区不同的是，美索不达米亚的房屋往往建筑在相对独立的基地上，住宅被大片的绿色原野包围着；人们分享就业机会，并在附近的农场工作。但是斯蒂尔格所阐述的"居住在原野"的生活方式被传教士们强烈质疑，他们和约翰·科顿（John Cotton）一起宣称"有各种人类活动的社会远远优于独居的生活方式"，[9]这样我们就不会对早先西部的一些移民城镇"驱逐警告"的做法感到惊奇。一种源自新英格兰的殖民运动对产生这种现象有一定的影响。一个人如果被驱逐了，竟被剥夺选举权，在接下来的穷困日子里只能靠邻居救济。也有被教会开除的例子，这也验证了在那种社会里只推崇群体合作。[10]

　　看来康涅狄格州的乡民向西部保留地移民的过程中，在远离了清教徒的传统，并逐渐适应了（今天已成为美国特征的）标准的、狂热的、民主的个人主义的同时，他们更倾向于保持、复兴或寻求可能的形式来反映他们把社会和阶级作为事物的两个方面的观点——尽管弗雷德里克·杰克逊·特纳（Frederick Jackson Turner）这样的人并不认同。一些边界城镇仍具有轻微的社会保守主义的特征，因为他们认为这是理所当然的，另一些则小心翼翼地精心修饰。在克利夫兰南部35公里的塔尔米奇（Tallmadge），大卫·培根（David Bacon）建立了一个小型的神治政权，其规划呈星形分布，八条林荫道由建于1820年的联邦风格的中心大教堂向周围辐射。[11]即使在"守旧"[12]的康涅狄格州（那里直到1818年公理教会制仍是法定的教会制度）联邦风格看起来也有点过时了。然而大卫·培根对塔尔米奇的大规划情有独钟，这个计划中还包括他的母校耶鲁大学的一个分校。

　　克利夫兰的缔造者们也有类似的大规划。与美索不达米亚和其他受保护的村庄不同，它还有未经开发的自然的一面，那里有很小且位置较偏的公共广场，摩西·克利夫兰规划的框架完全背弃了这座城市清教徒的乌托邦之梦。由于缺乏一个本土的贵族阶层，却充斥着自由主义的公共机构，以及在任何领域都占有统治地位的简单的偿付金钱获得土地的制度，这座城市很快被塑造成了一座纯粹的资本主义的城镇。而且在早期克利夫兰与毗邻的佩恩斯维尔(Painesville)、洛雷恩(Lorain)、桑达斯基(Sandusky)竞争，甚至和俄亥俄竞争，穿越西部边界的凯霍加，以赢得湖岸的优胜地位。在那些时候，每一个"土拨鼠草场"(Gopher Prairie)都梦想成为天极城(Zenith)，同时每一个城市都有自己的马丁·许泽维茨(Martin Chuzzlewits)。[13]

　　一条运河拯救了早期的克利夫兰[这个设想来自一位叫做艾尔弗雷德·凯利(Alfred Kelley)的杰出银行家和政治家]，运河经由凯霍加连接了西部保留区和俄亥俄河，并由此提供了与遥远的市场的联系；后来，凯利还促成了通往克利夫兰的铁路的建设。[14] 今天在西部保留区，如果你是历史保护主义者，可以发现一个带有堆木场和维多利亚时期的商业街区的铁路城镇，再向前几英里，能发现希腊式风格的教堂和城镇中心礼堂聚集在一片废弃的街区，这是在经济大萧条时期流产的新康涅狄格保护计划的产物。从美学上讲，在争夺铁路的斗争中的胜者和败者的对比使我们想起一个颠扑不破的真理：发展往往是一个因祸得福的过程。在麦加(Mecca)或海勒姆·拉皮德(Hiram Rapids)这些繁荣一时又很快走向衰亡的新兴城镇中破产的人们则大概不会认同这一点。

　　在19世纪，克利夫兰整个城市的物质形态发展是由经济力量驱动的，政府极少干预。在19世纪50年代，大矿藏的发现和船舶运输业以及炼油工业的发展促使克利夫兰成为美国工业化初期的中心之一。尽管克利夫兰从未获得过类似芝加哥的公众印象，但直到19世纪中晚期这个城市仍旧传诵着诸如财富和霍雷肖·阿尔杰(Horatio Alger)的故事。总部位于克利夫兰的石油帝国的缔造者约翰·D·洛克菲勒(John D.Rockefeller)的故事却是千真万确的。洛克菲勒和其他一些技术或金融精英们——在克利夫兰诞生的马瑟(Mather)、奇泽姆(Chisholm)、韦德(Wade)、斯通(Stone)、布拉什（Brush），还有汉纳（Hanna）以及那些康涅狄格乡下人的嫡系子孙们——造就了刘易斯·芒福德称之为旧技术时代的城市 *（paleotechnic city），这也许是他们最不朽的遗产。

工业革命和城市革命带来的许多变化也催生了理查德·霍夫施塔特（Richard Hofstadter）归纳的著名的改革时代。[15] 新城市、新财富，还有一大堆新问题，这些问题聚集在一起从内部和外部都控诉着美国富豪们忽略了他们应该承担的社会责任。作出评判并不难。在克利夫兰，我们举一个日常的例子，从1886年的税制改革中漏网的改革者们遇上了同样的难题，腰缠万贯的约翰·D·洛克菲勒声称其财产只有3000美元；洛克菲勒没说他的马、车库、钢琴——甚至没说手表。[16] 在美国的城市中，一场旨在建立新政治的运动促生了一种基于城市道德概念的美国城市模式。这个过程在克利夫兰有一个具体的例子，那就是汤姆·L·约翰逊（Tom L. Johnson）的故事。主要是他在新财富运动中的作用，折射出这项不断发展的运动的复杂本质。

约翰逊出身低微，15岁就参加工作。当他17岁时已经是肯塔基州路易斯威尔（Louisville）有轨街车系统的一个负责人了。他发明了投币机，并用赚到的钱在印第安纳波利斯（Indianapolis）买了一条破产的有轨街车线路，并很快扭亏为盈。在1879年他买下了皮埃尔街（Pearl Street）线的特许经营权，是当时克利夫兰业已投入运行的八条有轨街车线路之一——当时很多城市都用特许经营的方式管理公共服务，有时未免有滥用此法之嫌。约翰逊的有轨街车帝国在克利夫兰迅速崛起、扩张，他还办了一家钢铁厂，后来成为美国钢铁公司的一部分。这个厂专门生产他自己发明的一种凹形的街车铁轨。为了赢得成功，他不仅必须紧跟技术进步的步伐（世界上第一条电器化有轨街车于1884年在克利夫兰建成），而且还发动了与克利夫兰商人和共和党人马库斯·阿朗索·汉纳（Marcus

---

* 芒福德将机器和机器文明的发展划分为"三个连续的但是也互相交叉贯穿的时期"（Mumford, 1934, p.109）：前科技时代（the eotechnic phase）（约公元前1000年—公元1750年）、旧科技时代（the paleotechnic phase）（1750年以后）和新科技时代（the neotechnic phase）（20世纪—）。——译者注

Alonzo Hanna）的长达20年的"拉锯战"。是特许经营制度（而不是像通常所说的那样是因为想在竞争中击败汉纳)使约翰逊步入政坛的。他是一位民主党人。[17]

马克·汉纳（Mark Hanna）的生活一开始也很不幸。年轻时,他与煤炭和钢铁巨头丹尼尔·P·罗兹（Daniel P.Rhodes）的女儿结婚,此人使他步入商界,并使他和他的公司后来的汉纳矿业扬名。他的公司在城市有轨街车领域的兴趣使其自然卷入当地政治；1880年的加菲尔德（Garfield）事件使其得以参与全国政治事务。他深信商人应该直接参与政治而不仅仅是"传播绿色"。他使GOP*在俄亥俄州找到依靠,由此作为"老板的老板"而名声大噪。姑且不论他有点糟糕的名声,汉纳在政治上并不是墨守成规的,比如他同情工会运动。[18]

随着约翰逊在1901年当选市长,城市开始面临革新和富豪统治的最后摊牌。但是汉纳在1904年去世,约翰逊也从未成功地建立起一个完全自治的交通系统；这在二战结束后才成为现实。[19]回顾起来,这场戏剧性的拉锯战还有约翰逊的花言巧语,听起来似乎是真正的革新运动,事实上却埋下了阶级斗争的祸根。然而这种新政治与阶级冲突的关系并不比其与公共利益的关系更紧密,在有理性的人看来,公众社会的整体利益完全可以对抗无止境的私欲膨胀。[20]大亨们尤其倾向于这种观点。

在我们看来约翰逊对生意没有什么异议；他自己就是个大生意人。他反对的是特权——特别是利用城市政府而获取特权（在这种情况下就是通过金融系统）以利于自己的发家致富。相应地,约翰逊的计划远远超出了城市有轨街车的领域。在地方自治实施之前,市政当局几乎不能调动资源,所以在提供公共服务方面也就无所作为；比如克利夫兰除了提供一套供水系统之外,其他什么也没做。约翰逊和他的信徒们试图改变这一切。事实上,他们在朝着从中央政府重新获取地方自治权的方向努力——根据安德鲁·D·怀特（Andrew D.White）[21]的说法"这在基督教世界是最糟糕的事情",在这些壁垒森严的领域里打拼,城市获得了本地照明系统的主导权

---

* GOP 为老大党（美国共和党的别称）。——译者注

[也就是70年后的慕尼（Muny）照明工程，丹尼斯·J·库琴尼奇（Dennis J.Kuchinich），为此在70年后备受煎熬；库琴尼奇总是将约翰逊作为他的"偶像"]。克利夫兰的改革者们还创建了市政垃圾处理系统；他们接管了街道清洁的工作；他们因城市第一个公共浴场[位于犹太人角（Jewish）]而受到好评；他们在城市远郊建立了肺结核医院。后来成为市长的伍德罗·威尔逊（Woodrow Wilson）和成为国防部长的牛顿·D·贝克尔（Newton D.Baker）在刑事领域采取了新政策（善行取代了工场里的棍棒）。[22]还实施了一个青少年计划。改革者们在公共图书馆开办了一所"单一税主日学校"，在那里他们鼓吹亨利·乔治（Henry George）的福音。在约翰逊执政的末期（他在1909年的连任选举中失败），克利夫兰被称为山上的城市，使人们想起温思罗普（Winthrop）的亚尔伯拉步道。根据林肯·斯蒂芬斯（Lincoln Steffens）的说法，约翰逊治理下的克利夫兰是"全美管理得最好的城市。"[23]

在约翰逊上任之前，就像城市历史所解读的那样，"大多数市民将城市规划仅仅看成是一种开辟道路，建造桥梁和营造公园的必要的工程环节。而维持城市健康、繁荣以及建造使市民愉悦的社区组织的功能却被忽视"。[24]

在城市的物质建设领域，改革者的梦想是弗雷德里克·劳·奥姆斯特德（Frederick Law Olmsted）倡导的著名的巴黎式"白色城市"和美国前卫建筑师们，包括丹尼尔·伯纳姆（Daniel Burnham）、理查德·莫里斯·亨特（Richard Morris Hunt）、查尔斯·麦金（Charles McKim）、罗伯特·皮博迪（Robert Peabody）和乔治·B·波斯特（George B·Post）的作品，这些建筑位于芝加哥，在世界哥伦比亚博览会期间建成。[25] 1893年城市美丽运动和后来的城市美化运动的可操作的原则都来自伯纳姆有关必须实施大规划的格言，因为"小规划已不能让人激情澎湃"。[26]我们不知道伯纳姆本人是否对把美国城市重新改造成真正的社区感兴趣，但是克利夫兰的革新家们却将此牢记于心。举个例子，约翰逊最亲密的朋友和最得力的助手之一弗雷德里克·C·豪（Frederic C.Howe）私下里有"建筑学意义上对一个城市应该是怎么样的完整的构想"。豪进一步说："我将其看成一幅图片。它并不经济、高效，并且当一个城市以社区建设为目标被加以规划、建造和构筑时，其中的经营手段深深吸引了我……那是一个单元，是一件有知觉的事物，并且具有明确的目的，在现实的基础上向前展望很远并对未来有所准备。在城市规划建议产生以前很久我就对克利夫兰的这一图景有充分的认知。"[27] 当然豪不是用建筑模式去揣摩城市的惟一一个人。J·B·杰克逊（J.B.Jackson）认识到："我们中的大多数人仍然喜欢用建筑思维来理解城市——形式上表现为街区体块，精心设计的建筑。"杰克逊认为对城市美化运动中的纪念性广场似乎可以这样加以解释，"即一种认为建筑尤其是古典建筑就是城市的主要部分的过时的认知"。[28]

城市美化运动，在克利夫兰被汤姆·L·约翰逊加以如此精确的定义，事实上决定了他的施政，以及在此过程中流露出来的超越杰克逊的党派信念的热情。[29] 在1895年和后来的1898年，克利夫兰建筑俱乐部赞助了一个旨在为克利夫兰公共建筑群提供正式规划方案的竞赛。时机非常有利，因为当时中央政府和地方政府都有进行改造建设的试验性计划。后来，在俄亥俄州法院通过了授权立法之后，成立了一个规划委员会以指导克利夫兰综合区的建设。委员会为约翰逊市长任命了三位顾问：芝加哥的伯纳姆和约翰·M·卡雷尔（John M. Carrere）以及纽约的阿诺德·W·布鲁诺（Arnold W.Brunner）。布鲁诺已经为公共中心东北角的联邦大厦做了规划设计。委员会史无前例的主要职责是"规划适合克利夫兰城市尺度的主要公共建筑并使其和其他附属构筑物沿主要道路构成合理序列"。[30] 豪将该规划的政治意义表达得非常直观：委员会的成立是"美国地方艺术事物向前迈出的一大步。堪与拿破仑三世的设计相提并论，他在奥斯曼男爵（Baron Haussmann）的协助下再造了整个巴黎……这是全国在民主倾向上最激进的一个城市，它勇敢地为城市发展的一个理念支付1000万—1500万美元。这足以将地方自治这一词汇进行重新定义"。[31]

综合区的规划建议在44英亩的土地上拆迁大量的建筑。公共建筑将围绕一个商业中心布局，延一个南北向的轴线布局并从公共中心最北端一直延伸到湖岸。那条轴线的南端将以两座建筑装饰——联邦大厦和克利夫兰公共图书馆，两座建筑都面向中央大道。

图15　克利夫兰综合区规划，丹尼尔·H·伯纳姆和其他规划委员会成员。从南侧湖畔的火车站上空鸟瞰至中央商业轴线尽端（顶部中央）的公共广场

商业中心自身就是一个500英尺宽的光荣广场，城市的正式入口，一种连接湖畔铁路车站和新康涅狄格城的核心的中介——公共广场。

综合区是严格地按照一种十字形的形式布局的，光荣广场呼应着中央广场，并有安大略街和邦德（Bond）（东起第六条）街护卫。安大略街位于光荣广场的西部并与之平行。将从公共广场起始并终止于凯霍加地方法院，该建筑建于可以俯瞰大湖的悬崖上。邦德街将通向一个新的城市会堂（这座城市从未拥有过自己的社区）。与法院维持平衡。一条东西向的轴线上点缀了堪与伯尼尼（Bernini）媲美的艺术喷泉，被认为是正式的景观区域。[事实上，从该综合区规划的管理者报告总结中可以看出它借鉴了欧洲一些类似规划，包括皇宫（Palais Royal）、协和广场的喷泉（Place de la Concorde）和菩提树下大街（Unter den Linden）]作为这样一个综合区的内容，建筑风格的统一就显得至关重要（这是来自倡导世界公平的光荣广场的教训）。[32]规划采用了一种单一的建筑风格——意大利文艺复兴风格——并且采用了通常的装饰要素（比如纪念碑式的、对称的、均衡的檐口线）致力于强化已有的公认的与白色城市最具可比性的实体的整体性："与任何有过物质存在的城市相区别，这个地区是一次性建成的，洋溢着一种激情，在一个时代、在同一个知识和艺术时代……无需追求任何渐进的理念演进，既定的建设日程没有受到任何新思想的干扰。整个工程看起来是一次性筹划并加以完美的规划且不再经历任何形式的演进发展和范围扩展。"[33]

克利夫兰综合区规划的关键点是规划中的火车站。那块用地本来早就打算用来建综合车站，后来被城市政府处心积虑地收回了，而且城市当局就铁路的权属与有关各方展开了旷日持久的争论。（在综合区规划公布之后，《老实人报》透露说约翰逊市长"声称……作为对这块高价土地的回报，铁路公司有必要做足够的让步。"根据报纸的说法，铁路公司发言人暂时没有发表评论。）[34] 很难想像有什么更能象征一个进步中的政府（当它坚持将原先的私人利益转移到公众利益中去的时候）将一个联合车站作为城市艺术作品的焦点。同时也很难想像有什么比总体城市规划条款更好的现实课程，使综合车站不是按照综合区规划的要求放在湖畔而是窝在公共广场的西南角。[35]

除去湖畔综合车站选址的失败之外，克利夫兰综合区规划在近一个世纪中仍然是除了华盛顿特区和约翰·诺伦（John Nolen）的威斯康星麦迪逊（Madison）之外惟一一个完全实施的城市美化规划。这个综合区规划，一个作为州级工业城市中心的宏伟的政府工程却留下了无尽的遗憾。

因为其巨大的尺度，设计的完整性只有鸟儿才能体会，而在地面上根本无从感知。位于街道两侧，人们可以欣赏轴线景观中的法院和市政厅，但那仅限于这个透视视角，该规划的其他部分——设计中占有更多分量的要素——却几乎不可见。从商城的行人路线上看，人们可以取得喷泉和花坛背景的良好视景，它们的正面朝向街道，也许它们就属于街道。后来主干道从东到西穿越了该规划地块，这是另外的变数。结果是，不管其抽象意义如何精妙，城市美化工程作为城市艺术并不成功。这可能就是刘易斯·芒福德提到的

"庸俗的城市美化运动"。[36]

更为重要的是，综合区规划之所以失败是因为它既不是公园，也不是街道，而是两者兼而有之，而且它从形态上和功能上都是孤立的。让我们逐点加以分析。

公园是游憩的场所。在一个炎热的夏日中午，喷泉在喷水，爵士乐队在演奏，路边摊（曾一度被城市取缔）在卖简易午餐，商城往往能扮演亲切成功的游憩场所。但是在另外一些时候，除非你要去玩足球、飞盘或轮滑，在商城里你几乎什么都不能干。不像在芝加哥大公园，那里没有通向大湖的便利的道路——甚至连通向能看到湖景的地方的道路都没有。对那些在星期天下午被吸引到伦敦摄政（Regent's）公园的成千上万的人来说，只要能躺在草坪上就满足了，那里连这个都很少。就像前任市议会议长乔治·福布斯（George Forbes）认识到的那样，大多数时间里，商城仅仅被看成"几个上面挑着凉棚的池子"。[37]这是巨大的商城长时间吸引着大量私人开发商的原因之一——与此同时这个城市却以贫穷闻名。

图16 这里没有"外乡人小路"20世纪早期明信片上的克利夫兰市中心湖畔火车站，由中心区规划委员会规划

如果说商城不能达到一个好公园的标准，可以肯定地说它也达不到作为一条合格的街道的标准。当克利夫兰人看着丹尼尔·伯纳姆的综合区规划图纸时，他们肯定看到大量的行人在光荣广场上行走，就像1893年世界哥伦比亚博览会时芝加哥广场上的人群一样。

但是在芝加哥广场中有展览馆，也有可以就餐的地方。一旦综合区规划将城市中心从商业活动的中心[通常是街道，具体地说比如欧几里德（Euclid）大街]隔离出去，当人们寻找视觉刺激、"细节治疗"、食物的时候，那些寻找机会的人会驾车离开就很正常了。人们肯定也会说，光荣广场也是伯纳姆设计的，他的同事们也没有提供到达火车站的人需要得到和看到的东西。他们需要J·B·杰克逊所说的"外乡人小路"之类的服务和不可缺少的咖啡，吃午饭的场所，还有酒吧、报摊、理发店、药店，还有便宜的旅馆，一系列为城市美化运动所不容却是城市方便宜人必需的要素。[38]这些偶然的非正式的因素，比如路边摊和爵士乐队的作用都对中心区规划的过度纯净、华丽提出了置疑，而克利夫兰综合车站为什么会另选他址似乎也可从中得到启示。[39]

城市美化运动不仅对"外乡人小路"中的下等酒馆充满敌意，对商业街道本身也是如此。但是健康的城市肌理，就像简·雅各布斯论证过的，是由小街区和足够的街道构成，而不是巨大的地块和宏大的建筑。实际上，她认为街道会自然而然地生长："城市中那些日渐成功和越来越有吸引力的区块中，街道从来不会被减少。与此恰恰相反。只要有可能，街道就会增加。因此在费城的利顿豪斯（Rittenhouse）广场和哥伦比亚特区的乔治城（Georgetown），原先的围墙都变成了有建筑立面的街道，人们也把它们作为街道使用。"[40]

城市独立整体设计思路真正的问题主要在于功能而不是形式；健康的城市肌理产生于综合的用途，而不是隔离。综合区规划却反其道而行之，造就了一个单一功能的街区，一个政府化的犹太人区（就这点而言与图拉真广场很相像）。没有空间用作商业、工业和居住用途——只有官僚主义。雅各布斯引用了当这种现象在华盛顿特区发生时艾尔伯特·皮茨（Elbert Peets）所得出的惊恐的认识：

简单地说，正在发生这样的事：政府资金正在逃离城市；政府投资的建筑正集聚到一起并从城市中隔离出去。这不是朗方（L'Enfant）的主意。相反，他想尽办法使两者结合，使他们能够相互服务。他布局了建筑、市场、国家科学院的位置、学院，还有位于最佳位置的国家纪念物，似乎把国家资金花在了各个不同的部分。听起来很顺心，听起来在建筑上也很有道理……

在这个过程中没有任何证据显示城市具有一种有机体和矩阵的特征，这些特征印证了城市的历史和情感……损失是双重的，既有社会层面的也有美学层面的。[41]

杰克逊总结了现代市政中心的悲哀。"包括了典型的大型建筑物，迷失在土地的巨大浪费和旗杆、战争纪念碑、喷泉的毫无意义的华丽中。"与具有"本地亲和性"的典型美国小城镇法院广场相比照，用杰克逊的话说产生了"一个判断美国城市规划中什么是错误做法的良好标准；市政意识已经脱离了日常生活，而在自己的小天地里孤芳自赏"。[42]

图17 "露着几个喷头的池子"：汉纳喷泉（Hanna Fountains），克利夫兰综合区规划，20世纪80年代中期

当人们真地来到商城参加公共会堂和会议中心特定的活动时（尽管雅各布斯·菲尔德的努力和摇滚名人堂的名声已经造就了一定的活力），在商城的严格规划中，那里只有一个主要的文化机构，克利夫兰公共图书馆。造成这种现象的原因之一是克利夫兰有一个另外专门的文化区，叫做大学城，在5英里之外。雅各布斯解释说"纯净的文化区"的概念始于波士顿：

1859年，某研究所成立了一个旨在"文化保护"的委员会，该委员会划出了一块用地作为"纯粹的教育、科研和艺术创作"区，这个运动伴随着波士顿作为美国所有城市的文化领袖的漫长的衰微过程。将无数的文化机构从普通的城市和普通的生活中隔离出去是不是造成波士顿文化衰微的理由，或者它只是由于其他原因业已注定的衰微的一个征兆，我们都不得而知。但有一点是确定的：波士顿主城区已经饱受缺乏各种综合城市功能之苦，特别是夜生活和生动的[不是展示（museum-piece）和往事（once-upon-a-time）]文化生活的缺乏。[43]

于是按照商城的规划，发狂的克利夫兰人或旅游者，能够花上一个星期游览艺术博物馆、塞弗伦斯音乐厅（Severance Hall）、自然历史博物馆、园艺中心、克利夫兰剧场、西部保留地历史社会（Western Reserve Historical Society），剧场广场、凯斯西部保留地（Case Western Reserve）大学[很快也将拥有自己的弗兰克·盖里（Frank Gehry）圣地]，其间不需要踏上市区一步，而只是呆在特定的商城。与此同时，大学城作为城市空间并不成功，这是如今克利夫兰精英们发起城市复兴运动的原因所在，这一个旨在为城市加入多样性和密度的精明计划："人们希望大学城能成为更适合居住的地方。一个被反复强调多次的规划的参与者表达了这样的愿望，他们希望采取具体的措施使大学城具有更多的居住功能。他们希望看到园区里正在崛起的令人振奋的高科技技术贸易能够真正繁荣。通常在街道上、在公园里和科研机构之间的空隙中人们都希望有更多

图18　艺术家描绘的效果图，克利夫兰大学城交通环岛，临近塞弗伦斯音乐厅（Severance Hall）

的户外活动空间。"[44]我们希望这些计划能够成功，但是对没有在一开始就将文化科研机构融入城市空间，人们除了后悔没有其他办法。

雅各布斯认为城市独立整体设计（她提到了"铁路、滨水空间、校园、高速公路、大型公园和普通公园"，再加上行政中心和未被商业污染的文化中心）不仅本身是有害的，也在其边缘产生问题，她所说的"边缘真空问题"。因为单一功能的城市区块"对大多数城市街道的使用者来说很容易形成城市街道的尽端路"，这些地区得不到充分的利用，这意味着它们将逐渐地衰微。事实上，雅各布斯提到大尺度的公共中心，特别是那些在其周边有多种用地功能限制的，"因为在用地强度很低的情况下它们的面积极其巨大，所以周长很长"。[45]也许不是出于巧合，当20世纪60年代城市更新运动在克利夫兰兴起的时候（见第5章），其整治的重点就在位于新区规划地块东面并与之相邻的濒临毁灭的城市片区。

总结：不是所有的美国城市都由贪得无厌的奸商经营。当清教徒式乌托邦主义者都被灌输康涅狄格西部保留区的城市规划时，克利夫兰曾被寄于厚望。在建城100年之后，克利夫兰的改革者们从山顶上重新勘察了这座城市，他们还请了几位当时全国最著名的建筑师来描述这种中规中矩的由纪念性的公共建筑组成的城市景观。新区规划目的是城市的行政中心。与城市会堂里积满灰尘的大规划不同，无论其设计者和改革派支持者的理念是否得到理解，新区规划（除了湖畔车站）真正得到了实施。很难找到比丹尼尔·伯纳姆和他的同事们画的效果图更具欺骗性的城市美化运动的图景了，新区规划如政治理论家迈克尔·沃尔泽（Michael Walzer）所说是"单纯的"却不是"开明的"城市空间规划。在实施过程中也暴露了正统的城市设计在操作上的局限性。

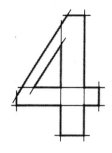

第 4 章
草坪边疆*的
乌托邦理想

20 世纪早期，大片郊区开始在克利夫兰大学城东部发展起来——其中一个地区叫做东克利夫兰，在约翰·D·洛克菲勒（John D.Rockefeller）的森林山（Forest Hill）时代开始日渐繁荣。另外还有一个案例，"被称为世界上最大的独立整体设计的居住区开发项目"[1]，该项目位于城市公交无法到达的远郊，面积达 1400 英亩，这个项目被称作谢克（Shaker）村，后来发展为谢克海茨（Shaker Heights）城。

这个项目是一个乌托邦式的社会，由联邦教徒（United Believers）组织——就是谢克人——的千禧（Millennium）教会中的北方联盟（North Union Society）在 1822 年创立。一开始（请注意他们独身主义的誓言），这块殖民地是相当成功的，但是它到 1889 年就终结了。几经转手之后，奥里斯·帕克斯顿·范·斯威林根（Oris Paxton Van Sweringen）和曼蒂斯·詹姆斯·范·斯威林根（Mantis James

* 肯尼思·杰克逊（Kenneth T. Jackson）：《草坪边疆：美国城郊化》（The Crabgrass Frontier：The Suburbanization of the United States），纽约，1985 年版。以草坪边疆来指代美国城市的郊区化蔓延趋势。——译者注

Van Sweringen）两兄弟的辛迪加最终于1905年买下这块包括谢克人挖掘的两个人工湖的用地。范·斯威林根兄弟是非常传统的人；像当时的大多数人那样，他们坚信私有财产的神圣不可侵犯。但是他们将大多数郊区城镇看成是不牢靠的宿舍区，他们还相信通过大规模的移民将一次性造就一个家园——有点像洛克信条（Lockean）*的政治文化——对保护和发扬中产阶级的价值观是不够的（"大多数社区只是自然形成的，最好的总是规划出来的"）[2]，结果他们的投机冒险比其他计划有着更高的目标（很自然，要牺牲一些个人自由作为代价）。

考虑到他们的地产价值的提升（"国家财富被愉快地从城镇中心转移到周边的一定地域内"）[3]完全依赖与克利夫兰市区的便利的交通，范·斯威林根兄弟在1916年不得不买下尼克尔·普拉特（Nickel Plate）铁路，以提供到市区的快速交通。早先，他们曾经买下公共广场西南角的一块地产（与联邦大厦在广场对角线上，综合区规划划出的一小块用地），他们打算在那里建城市间铁路的终点站。既然他们拥有了尼克尔·普拉特铁路，而湖畔综合车站尚未建造，因此他们扩展了他们的计划。在1919年1月5日克利夫兰的投票者们通过了在范·斯威林根拥有的公共广场边的那块地上建设综合车站。[4]

范·斯威林根就是在这个时候建造了终点站（Terminal）大厦。大厦高达708英尺，在很多年里是除曼哈顿地区建筑外全美最高的建筑。1930年立项后，这座摩天大楼在范·斯威林根铁道车站上空迅速矗立起来——但是它分为几部分施工以减少铁路振动带来的危险——并由此主导了临近和相关的建筑群，办公楼里入驻了这座城市里最强的商业公司索亥俄（Sohio）、汉纳矿业（Hanna Mining）、舍温·威廉姆斯（Sherwin-Williams）和共和钢铁公司（Republic Steel）等。一个堪称工程奇迹的城中之城[5]，这个项目影响了城市发展方向的变更，使城市发展方向由商城和湖畔重新回到公共广场、原来的行政中心和欧几里德大街上来，商业轴线由其引导。终点站大厦成为克利夫兰的标志

---

* 洛克信条（Lockean Creed）：生命的权利、自由及维持生活必需之财产的权力，以及让这自由的家庭单位透过它的爱和拥有成为在上帝所赐的土地上得以"长久"的担保者的重要性。这是基督教十诫里对于保障个人生命、自由和私有财产权利坚定的认可。——译者注

性建筑。其风头完全盖过了综合区规划所造就的景观。与之联系的轻轨线路即谢克快速路（Shaker Rapid）被证明是极其成功的实践，花园式郊区住宅也是如此。在1919年，谢克村人口为1700人；10年以后这个地方一跃而成谢克海茨市，人口达到16000人。[6]

　　谢克村很大部分是由F·A·皮斯（F.A.Pease）工程公司规划设计的。其负责人是威廉·A·皮斯（William A.Pease），有人认为他是一个"花园城市理念的鼓吹者"[7]；还有亨利·加里莫尔（Harry Gallimore），一个"英国故事的忠实听众"[8]，据说他经常选择英国书的名字作为街道名。[9]规划本身十分浪漫，尽管与弗雷德里克·劳·奥姆斯特德（Frederick Law Olmsted）在1873年为塔科玛（Tacoma）所作的规划没有任何可比性，那个规划被同时代的人认为是"最奇妙的城镇规划，没有直线，没有直角，也没有一块边角地。街区的形状就如同西瓜、梨或甜马铃薯。其中一个街区，形状像香蕉，长3000英尺被划分成250块用地。这个规划作为一个公园还不错，但是作为一个城镇就荒唐了"。[10]皮斯和范·斯威林根的规划整合了所有直或不直的道路，其中包括两条林荫大道，上面行驶着谢克快速路的卡车。

　　谢克村中明显的英格兰风格似乎参考了非正式的英国花园，而与正统的法国园林景观风格大相径庭。另外也参考了英国几个居住区广场的风格，比如布卢姆斯伯里（Bloomsbury）。还可以发现更多来自汉普斯特花园（Hampstead Garden）郊区和第一个花园城市莱奇华斯（Letchworth）的英格兰风格的影响；这两个城镇都是建筑师雷蒙德·昂温（Raymond Unwin）和贝瑞·派克（Barry Parker）的作品。

　　英国的田园城市运动是一位卑微的伦敦小职员的创举，他的名字叫做埃比尼泽·霍华德（Ebenezer Howard）。他的梦想归结起来就是一种以"自然美、社会公平、廉价地租、高收入、充分就业、低价格、不用流汗、纯净的空气和水、靓丽的住宅和家园、自由、合作"。[11]等作为标志的理想社会。回想一下前拉斐尔派（Pre-Raphaelite）关于生活的组织质量的论述，在那些理论里，技术从属于政治和美学，美国的花园城市倡导者们[刘易斯·芒福德（Lewis Mumford）是最值得提到、最雄辩、最执着的，不管就其个人而言还是就其所供职的美国区域规划协会而言都是如此]提出了一种城市模式，这种模式能充分亲近乡村田园、能够保持优秀的本土文化、能够通过公共权威协调个人自由所产生的分歧——所有我们正致力于保护的人性尺度和劳动价值。[12]

范·斯威林根兄弟撇开了霍华德有关如何在金融上使他的花园城市理念得以实现的论述（有关这个问题的论述参见第7章），而专注于该理论对于花园城市美好景象的浪漫描述以及一些象征性的符号，他们分发了宣传资料，其中描述了可能的美好前景。对于"谢克村民都是您友善的邻居"[13]之类的宣传从未有人提出置疑。范·斯威林根兄弟公司的宣传资料描绘了建筑，但是他们也推销了一种理念。比如题为《宁静的谢克村》的小册子的每一页上都印着某种优雅的乡村生活的极其精美的版画，并且都配有对乡村生活的赞美诗，比如下面这首：

> 沿着南面的墙
> 蜜蜂在欢度他的庆典；
> 一切都那么宁静——只剩下
> 胡麻树丛被风吹动的轻响。[14]

在那些出版物中，谢克村被描绘得浪漫到这样的程度，从山墙的方向望过去，连英国农舍的屋脊轮廓线都出现了。在其中一些插图中，他们看起来像是茅草屋顶的——泡沫般虚妄的神话。其中一页图片描绘了一座小木屋：令人感到似曾相识，好像是威廉·莫里斯（William Morris）或是凡尔赛的小村庄（Hameau），玛丽皇后（Marie·Antoinette）曾在那儿认真地表演搅拌奶酪——除了本地文化之外的任何东西都用上了。在谢克社区里，这种小木屋已经不像在早先的康涅狄格人中这么流行了；范·斯威林根兄弟公司并不指望未来的投资者们完全按照这种风格建造住宅。其中一张插图是当地的旅游业标志：终点站大厦，那个时候正在建造，在画中这座大厦奇妙地刺破代表谢克海茨的云雾，云雾中的建筑是股票经纪人帝舵（Tudor）豪宅悬浮在公共广场上空（见插图）。

看起来当中产阶级想在荒凉的高地上"实现这个规划"的时候，范·斯威林根兄弟似乎从来没被怀疑过，他们在特定的社会背景下看到了个人成功的曙光："在每家每户的门前都可以看到彩虹，对大多数人来说彩虹尽头的金盆就是谢克村。"[15]同时他们用高价土地来引诱那些与中产阶级的成功梦想息息相关的公共机构。谢克海茨城的很多教堂和谢克乡村俱乐部都是由赫赖因（Herein）选址的。首先，两兄弟深知教育是中产阶级生活中的重点。每一个邻里社区都围绕自己的小学而建。另外，一些大学和两所私人女子学校劳雷尔（Laurel）和

图19 俄亥俄州谢克村一座仿哥特风格的住宅

哈萨韦（Hathaway）都接受公司的邀请在赠与的土地上兴建分校；还有圣伊格内修斯（St.Ignatius）学院——现在是卡罗尔（Carroll）大学——由克利夫兰的西部迁移到海茨大学（University Heights）。但是两兄弟在促成郊区和技术案例研究所（Case Institute of Technology）和西部保留区大学（Western Reserve University）与这个郊区城镇的合作时却遭遇了失败，来自大学城的竞争长期存在。[16]

图20　谢克海茨乌托邦（彩虹跨越的地方："那里总是有欢乐，所有的道路都很宁静。"按范·斯威林根兄弟的方式营造的优雅的田园生活）

　　大规划——城市设计的魅惑和荒诞

在范·斯威林根兄弟头脑当中——就像在清教徒和改革者们中那样——拥有对社区的真实形态状况的全盘计划,他们也从未漠视长期的美国城市生活的基础。他们的谢克村正是基于普通的对于学校和财富的追求。通常,谢克村都被看成居住的城堡:"它大得足够独立和自我满足。不管时间带给它什么变化,不管商业如何模糊它的边界,谢克村都是安全的……永远都得到保护。"[17]范·斯威林根兄弟对美学很感兴趣,但是他们对住宅的社会功能也非常感兴趣:"难道你不能理解这种住宅对孩子们的生活会产生什么样的影响吗?难道个性和举止不在很大程度上基于他们居住的方式吗?然而,没有邻里服务的支持,家庭影响的负效应不是曾经很严重吗?"[18]

他们很小心地将居住和商业功能隔离开来(第一个分区法令于1927年实施)并且对高收入邻里和低收入邻里也做了隔离。通过一个据说能利用某种"自然"边界的空泛的道路规划——乡村俱乐部,原先的谢克湖和谢克高速公路的两条分支——他们得以建立层次分明的邻里系统。真正的不动产代理商的观点,从北到南依次是:正确路线的正确方位;正确路线的错误方位;错误路线的正确方位;错误路线的错误方位。尽管大多数谢克海茨(Shaker Heights)的土地是用作独立的住宅基地,其中一块地(错误路线的错误方位)被保留用来建造两户联立的住宅,公司坚持不能因此让这条路从外观赏就表现出与其他路的不同;事实上也确实看不出来。隐匿的联立住宅也是从昂温(Unwin)和帕克(Parker)那儿学的。

但是范·斯威林根兄弟主要依赖严格的建筑控制。他们抛弃了"做作"的维多利亚式建筑风格("损害周边房产价值的丑陋的住宅模式"),[19] 转而提出了一套自称为"强制历史主义"[20]的标准,"强制"这个词也许用得太过分了,因为根本没有遭遇任何反对——这也是他们在吸引志同道合的人组成一个社区这项工作中取得的成功的一个反映。但是不可否认,他们留给建筑师和住宅业主自身判断的空间非常小。风格的融合(英国的、法国的或"殖民地的")还有建筑材料的多样化(砖、石料、鹅卵石、木质框架)在所有的建筑细节上都相互关联。比如,如果你拥有一座砖砌的、殖民地风格的住宅,那么适当的建筑色彩就取决于所用的砖是殖民地砂土砖,还是蜂窝炉烧制的普通砖抑或是重烧的拱砖。如果是最后面那种砖，那么门窗就要粉刷成白色（不是象牙色），百叶窗要粉刷成暗绿色（与蓝绿色、深绿色或橄榄绿相区别）；适当的灰泥涂抹看起来很自然；屋顶就要采用暗绿的苔藓色的鹅卵石铺砌（不是有斑点或很粗的纹理的暗灰色的鹅卵石）。所有的搭配都要按规定完成。

如果有人在规划建造独立住宅的用地上建造住宅，你就必须严格按照这种预先的功能设定。除非有公司的允许，否则不能有任何附加，或作任何的改造。建筑都只能造两层高，面宽必须大于进深。主入口必须面对街道；供汽车行驶的通道必须在房子的特定一侧；不允许建任何附加的建筑（除非用于特殊的家庭用途或供佣人住宿）。可以在住宅前的草坪上布置乔木、灌木，甚至雕像和喷泉，"但是普通的花园里不能有菜地或种植谷物的田地……也不能有野草、杂树丛或其他不好看的植物"。不能养鸡，也不能养其他家禽和家畜，也不能设立油气井，不能设置公告牌和广告标志，也不能开办工场和商店，不能批发或零售任何"发酵的有酒味的液体"。只要是处于安全原因，公司保留"进入"那些不履行条款的物业并移除令人不快的"构筑物、物件或条件"。[21]

使范·斯威林根兄弟的郊区城镇看起来生气勃勃的社区生活景象（再次被拿来与早先的乌托邦相比较）暗藏着一种排斥性。很大程度上，这些都基本上得到了实施，但是在20世纪20年代中期，大约300名非洲裔美国人买下了附近的后来成为比奇伍德（Beachwood）郊区镇的土地，情况开始变得复杂了。公司耗资75万美元来移除包围在周边的高塔，而且这个事件看起来似乎更加强化了他们精心策划园林的本能。[22] 从那时开始，公司拟定的每一个协议都包含有一条旨在排斥黑人、犹太人和意大利人的条款："在出让方为出据书面许可的情况下此处出售的地产不能以占用、租借、租赁、赠与和其他方式变更，其所有权也不能转予他人。如果出让方愿意放弃这种权利并在出据申请的情况下才能占用、租借、租赁、赠与，上述操作在征得与目标物业相邻的物业业主和各个方向上5个用地距离内的物业业主的同意后也可以执行。"[23] 这些严格的条款只是在谢克村的第一批居民身上得到了实施——只是对那些直接和范·斯威林根兄弟公司交易的人。这种情况到了比较成功的一批业主时发生了变化,他们要求反过来和公司签订协议,因此那些条款可以被嵌入和转移。所有这些都在公司扩张时完成了。一项研究显示当公司的代理人向他们建议这项手续时,75%的业主能够接受。[24]

种族排斥的行为可能有悖于现代理念[25],但是一个强调归属感的社区,就必然强化边界——将内部的和外部的截然分开。这样说不是在诡辩,而仅仅指出真正的多元化——作为对虚伪的多元文化的否定——可以是完全使人厌弃的。那些习惯于否定这些事实的人也倾向于漠视在某种意义上种族排斥在任何社会中都不同程度地存在,而简单地认为是一件坏事。就像我们看到的那样,被像刘易斯·芒福德这样的改革者们鼓吹的雷德伯恩(Radburn)理念(见第7章,雷德伯恩理念包括:邻里单位的设定、人车分离的交通、以公园为邻里中心等)依赖于强化建筑标准的协议,另外FHA(联邦公路管理局)自己都承认他们用来"保护居住区发展"的措施最终"不幸地导致了严重的种族歧视"。[26]甚至致力于消除种族歧视和社会经济多元化的外部发展(比如哥伦比亚、马里兰)也依赖不同类型的各种控制手段。哥伦比亚已经不再容忍对百叶窗形式和邮箱颜色的严格限定了。[27]就像一位观察家指出的那样,这些社区的问题在于"试图使用背离美国精神的政府管制来实现美国梦想"。[28]

大规划的一个问题在于它们相互攀比。在谢克海茨的案例中,一个私人区域的大规划直接与综合区规划相攀比,改革者们的本土方案却遭到了失败。然而,正如我们所看到的,仅仅根据这一点就得出结论说粗糙的唯物主义催生了更为文明的社会是不可取的。美国郊区的发展经常被描述为"无序的蔓延",但是范·斯威林根兄弟开发的项目既不是无序的也不是无政府主义的。相反,这个项目邀请人们加入一个实行严格的控制管理措施的社区,和平的谢克(Peaceful Shaker)村的人们则渴望自由——"从与环境的繁重的情感中解脱出来、从公共责任中解脱出来、从传统家庭的苛刻管理中解脱出来;这是一种从严密组织的社会秩序中赢取的自由;最重要的是搬家的自由"。[29]这是那些大切诺基吉普(Jeep Grand Cherokees)和福特探索者轿车(Ford Explorers)正在公路上做的事情。

第 5 章
城市更新：臭
虫都扫清了

当范·斯威林根兄弟正在发展谢克海茨，并在这个过程中走运发财时[1]，城市规划逐渐地变得专业化了。规划在"拓宽马路，修建林荫大道以及规划市民中心"方面不再受到限制。[2]专业人员在欧洲寻求新的灵感，在那里，他们发现了区域规划，以及关于住房供给"个人投机"的各种抉择。[3]

在克利夫兰，城市理事会会员欧内斯特·J·博恩（Ernest J. Bohn）"曾彻底地研究过贫民窟"[4]。他认为可以"通过政府行动，就像在维也纳一样"，或是"像大多数德国城市一样，通过政府补助金"来为穷人提供像样的房子。[5]博恩为公共住房供给拟定了法令，并于1933年被俄亥俄立法当局（Ohio legislature）所采用。在美国，像这样的法令还是第一次出现。同年，他成为克利夫兰房屋管理局（Cleveland Metropolitan Housing Authority）的理事。这是另一个领先的机构，在那里，他目睹了全国第一个公共居住区——施达（Cedar）公寓的建造过程。博恩（Bohn）通过创建全国住房与再开发公务员协会（National Association of Housing Officials），领导了一次公共住房的宣传运动。同时，他为皇家建筑学院（Royal Academy of Architects）的前任主席及花园城市运动的先驱雷蒙德·昂温爵士（Sir Raymond Unwin）组织了一次巡回演讲，并和他同时出现在美国 NBC 广播的公众事件节目上，在国内广泛传播。

除了给未来的田园城市寻找基地[6]，克利夫兰的改革者还为城市规划委员会（City Plan Commission）寻求更多的权力。该委员会是1914年时为城市规划作准备而创建的，但还从未发挥作用。1942年，选民们赞成特许修正，给该委员会一个新的名字（用"Planning"代替"Plan"，是为了强调正在进行），一位规划主任和规划专业人员，以及扩大了的权力。该权力是为了防止"缓慢的潜在腐败"使城市遭到危害。[7]也有人提出增加计划的力度有利于在二战中获胜[8]，这一论点没有完全继续下去。博恩被任命为城市规划委员会（City Planning Commission）的主席，约翰·T·霍华德成了规划主任。可以确定地说克利夫兰到了综合规划的时代。现在这个城市完成了它的一般性规划["总体规划"（master plan）的说法被谨慎地避开了]。[9]1949年的一般性规划（General Plan）被描述成："一幅采用地图和表格形式的宽阔图片。它告诉我们为了使克利夫兰在1980年变得更好，更适合于人们居住，这期间几年我们主要应当做什么。一般性规划包括了城市规划中的所有主要项目：居住用地布局，包括住房形式和用地质量；商业用地布局；工业用地布局；娱乐用地布局；主干道；快速交通；沿湖发展；主要公共服务设施。该规划在上述的每个方面都研究了1949年的不足和障碍，并展望未来30年，用所有可能的判断，预测1980年的需求及满足这种需求的途径。"[10]

因为一般性规划（General Plan）在许多方面都比较综合，使约翰·霍华德的早期作品带有克利夫兰社区协会（Regional Association of Cleveland）痕迹的花园城市的梦想不复存在。这是为什么呢？部分原因是到目前为止，城市规划已上升到专业化的地位，适合在运动中考虑它的起源——但是随着规划的专业化，激进分子的理想主义逐渐蜕变成官僚主义的僵硬条框，就像美丽的蝴蝶退化成毛毛虫。另一个原因在于专业规划人员的进步。他们总体上不仅对乌托邦规划和社会的基本变革，而且对更有限范围内的实际设计和建设感兴趣。这些设计和建设是有组织的许可，并被城市领导阶层所接受。规划者们逐渐接受了这样的角色，期望发挥实际的作用，并在规划中为他们自己找到了合适的位置。[11]而且，实际的作用意味着修建高速公路，发挥法庭在突出领域和发放公共居住区和城市更新的联邦补助金方面的不断扩大的权力。就如雅典宪章（Charter of Athens）中写道的那样，这一设想同国际风格（International Style)的设计不谋而合，正如艾伦·B·雅各布斯（Allan B. Jacobs）写道：

雅典宪章（The Charter of Athens）可以在新的地方得以实现，像昌迪加尔（Chandigarb）及巴西利亚（Brasilia），也可以在旧城市中心得以实现。后者可能要清理大片不健康的环境，以一定的规模重建。反对将街道作为人们交流场所的呼吁声越来越强烈，而是将效率、技术、速度和信誉作为设计道路时首先考虑的问题。从建筑角度规则道路的做法被当成是根本错误的。最能体现这种规划的，应该是那种从高空拍摄的照片：在地平线上是一排高度相等的巨型建筑，或者是那种效果图，画着两个人坐在桌旁，俯瞰空无一人的"公共"场所。[12]

无论别人对这种规划存在什么看法，事实证明这在政治上是行得通的。

后来成为肯尼迪总统专管健康、教育和福利的秘书安东尼·J·塞利布雷齐（Anthony J. Celebrezze），在1954年议会通过联邦住房法令时任克利夫兰的市长。另外还有四个人在克利夫兰城市更新进程中扮演着重要的角色：博恩是城市规划委员会（City Planning Commission）的主席，同时也是城市公共居住区甚至全国（这一点尚有争议）公共居住区的创始人；詹姆斯·M·李斯特（James M. Lister）在霍华德1949年辞职去麻省理工学院（Massachusetts Institute of Technology）担任教授时接任规划主任；厄普舍·埃文斯（Upshur Evans），标准石油（Standard Oil）的前任董事，后来在克利夫兰发展基金会（Cleveland Development Foundation）鼓励个人投资的工作中起到带头作用；还有刘易斯·B·舒尔茨（Louis B. Seltzer），午后报《克利夫兰通讯》（Cleveland Press）的编辑。

城市更新的核心是公众和个人的合作，这使得埃文斯（Evans）可以将联邦的200万美元的基金作为资金投入使用。克利夫兰的方法被当作范例。按照克利夫兰的步调在全国展开城市更新，这是理查德·尼克松总统在一次华盛顿特别报道[在克利夫兰的阿莲·弗兰西斯（Arlene Francis）主持的电视节目中优先报导]中谈话的重点。他赞扬了克利夫兰发动政府和个人企业共同参与防止贫民窟的进一步扩展的行动……尼克松引用了他9岁的女儿对贫民窟的描述。他说道，最近一次带着女儿在华盛顿国会大厦附近的贫民窟经过，女儿问道："为什么这些男孩和女孩们得住在这又皱又旧的房子里？"尼克松说道，"在克利夫兰，人们已经意识到解决的方法在于联合起私有企业和资金，把本地的、国家的以及联邦的基金投入到地方性的改进规划中去。"[13]那一段时间，在市政厅（City Hall）或是在《克利夫兰通讯》（Press）都没有出现反对派。"克利夫兰可以在10年内赢得反对旧城破坏的战斗。这一预想是由规划主任詹姆斯·李斯特（James Lister）以及城市规划委员会的主席厄内斯特·J·博恩做出的。两人都说只要充分利用现有的联邦补助金和贷款，就可以在10年内根除贫民窟，已变得严重环境恶化的住宅区也可重新变得整洁。"[14]

舒尔茨担负起了寻求公众支持的带头作用。他强调这不是一场同贫穷的对决，而是同贫民窟的对决，这一提法诱发了人类的每一种形式的罪恶，包括贫穷。例如，在1954年12月31日，《克利夫兰通讯》断言："不妥当的住房是青少年犯罪的首要原因。"[15]一旦贫民窟被遣散，火灾、老鼠、结核病（包括犯罪本身）都能得到控制。博恩提供了解决方法："公共居住区是一次尝试，现已证实是有效的手段。"1956年5月14日，《克利夫兰通讯》的一位编辑声称："臭虫都扫清了。"[16]这一提议在克利夫兰尝试了多次，但最戏剧性的事情发生在一个名称为花园谷（Garden Valley）的项目中。

花园谷项目发端于克利夫兰发展基金会，是1954年联邦居住条令颁布后第一个公共居住工程。这一项目得到了联邦3941024美元的拨款，外加4676875美元的贷款。奇怪的是花园谷似乎并没有遭到太大的反对（除了非洲裔美国人的城市理事会表示要监督它的建造过程），尽管事实上至少有7000位居民从这里迁走，并且报道指出第一批住在花园谷的358户家庭中有132个家庭因付不起租金而被拒之门外。[17]没有人考虑过这132个家庭该如何安置，也没有人考虑过城市更新的法规如果不是为了住在这里的人，那又是为了谁。1959年7月，《克利夫兰通讯》调查了那些能够幸运留在花园谷的住户，不情愿地得出了这样一个结论：这项工程是"让人心酸"的工程。[18]但这一警告并没有减缓公共居住区的发展趋势。

使穷人居者有其屋并非城市更新的真实目的。这甚至也不是国家的目的。官方对城市更新的解释是去除"闹市中衰退的和已过时的部分，以保持经济增长的活力"。[19]而在操作程序上，关键是让公众获得私有财产，然后集资投给私人开发商。1959年末，克利夫兰发展基金会公布了一项由城市更新和住房部门推动的叫做埃瑞维欧（Erieview）的工程的初步发展计划。城市更新和住房部门建立于

图21 1964年4月20日，欧内斯特·J·博恩与伯德·约翰逊女士（Lady Bird Johnson）在河景庄园开幕式上。紧挨博恩的是安妮·M·塞利布雷齐（Anne M.Celebrezze），最右边是瑞普·查尔斯·万尼克（Rep.Charles.Vanik）

1957年，负责人是李斯特（Lister）。现在已经是国际知名建筑师的埃瑞维欧的规划者贝聿铭认为，市区以光辉城市（Radiant City）的方式发展将"把它恢复生机的影响传递给它周围的街区，像一块石头丢在池塘所泛起的涟漪一样"。[20]

贝聿铭建议埃瑞维欧的发展要分两个阶段：第一阶段主要是商业区，第二阶段是住宅。两个阶段合起来要减少道路（从44.6英亩到38.5英亩）、工业（从45.6英亩到7.5英亩）、公共设施（从18.0英亩到8.8英亩）和商业（从45.8英亩到32.8英亩）的用地面积，同时要增加居住（从5.6英亩到50.9英亩）、公园（从0.0英亩到20.5英亩）[21]的用地面积。所有这些都是有可能实现的，因为规划是逐步实现起来的，而不是一蹴而就的，并且还因为勒·柯布西耶提出的"像走廊一样的道路"（被认为是空间的浪费）所支持的大型街区也遭到反对。

埃瑞维欧位于公众广场（Public Square）的东北角，直接同综合区规划（Group Plan）毗连，沿着克利夫兰笔直的湖岸线一直从东第六大街延伸到东第十七大街。尽管这一位置被公认为"纯粹是房地产的选择"[是通过城市重建局(Urban Renewal Administration)的物贸部参照买卖双方的成交价获得的]，但在贝聿铭的一篇报告中被描述成"废弃的街区"，"既荒芜又破烂"，并且"有许多小而混乱的临时停车场，呈现出一片城市衰败的景象"。现存的用地布局方式（"各种不相关用地的大杂烩"）违背了现代规划的原则。贝聿铭的大胆规划（"毫无疑问是联邦城市发展规划下进行的最雄心勃勃的项目"）[22]标价2.5亿美元，其中1000万由城市负担。

贝聿铭报告中的鸟瞰图及标高都是惊人的。由钢结构和玻璃构造成的大厦矗立在高于地面的厚板上，这些厚板正好组合成一个希腊风格的图案。大量的街道将被景观所取代（"总数超过一半的土地将被用作草坪、林荫道以及公园"）。给整幅构图带来"雄伟和安静"气氛的是位于一个映像池尾端的四十层办公楼，那里曾是东十二大街。贝聿铭的报告避开了未来的（没提到是有条件的）紧张的精心构思："从整体的布局来看，埃瑞维欧不仅好看而且实用。低矮且长的天际轮廓线被高楼的垂直轮廓打破。种满行道树的居住区道路一直通往林荫大道及喧闹的广场。几乎每个转角都有草坪及街头公园。在南岸，比铁轨更靠近海岸线的地方，宽阔的有大片草地的台阶，第一次给这个闹市带来自然美景。"[23]

当贝聿铭的设计师们忙于筹备他们的绘图小组时，克利夫兰这个城市对每一幢建筑的位置选择进行了严密而又苛刻的调查。在237幢建筑中，有169幢——占71.3%，刚好达到城市更新资金的限制——是"低于标准规格"的。一般来讲，这个地区的建筑有五点不足之处。此外，破坏"在整个方案的地块中相当均匀地分布"表明每块地都"得夷为平地"。[24]城市更新委员会的成员威廉·L·斯莱顿（William L. Slayton）赞成议会通过1000万美元的拨款以及3300万美元的贷款。他解释道："正如进行城市更新是顺应天时地利一样，朝气蓬勃的、更艰巨的任务也是顺应天时地利。"[25]依照有机组织的相似性，列表提出需要进行"外科手术……破坏和退化侵入的地方，一切抢救的希望全被摧毁了"。[26]

后来，美国总会计检查官（Comptroller General of the United States）的一项调查表明，城市重建局（Urban Renewal Administration）对埃瑞维欧的投资"没有对建筑物的建设情况作充分的检查"。显然地，20%的现存建筑物是"不合格的，因为仅靠正常的保养无法纠正房屋缺陷"。另外80%的不符合"标准要求间距"。一座建成12年之久，估价8万美金的建筑仅因为"烟囱的尖端以及厕所的排气口这些不重要的违章"而被认为不合标准。其他一些看来合理的建

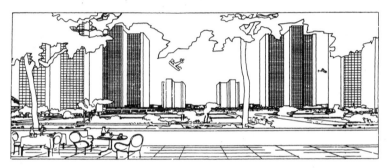

图22　20世纪20年代早期，勒·柯布西耶自诩的当代城市。从面向大中心站广场和公园的阶梯式咖啡店俯瞰"快速路"。深受这些图画的灵感熏陶，类似巴西利亚的设计者们，将会看到随着这些光辉城市而来的，是建筑工人搭建的临时棚户区，这就像是对自负的大师的无意识嘲弄

图23　埃瑞维欧：贝聿铭事务所公开的报告中的鸟瞰图。请注意左边的公共广场和终点站大楼，是连接综合区规划和林荫道商城的。难道一大片"枯萎病"地区突然直接连接综合区规划是巧合吗？

图24 什么？没有阶梯式咖啡店？埃瑞维欧塔楼，出自贝聿铭及其合伙人报告。前景的广场变成这样的拱廊

筑物，一幢估价62万美金，另一幢31万美金，因为"不兼容的用途"以及对周围建筑的"破坏作用"而被认为是不合标准。一幢根据总会计检查官（Comptroller General）估价为30万美金的高楼，因为"没有街道装载设施以及木头和玻璃面板的门达不到防火要求"而被认为是"过时的"。[27]他总结道："调查结果表明需要对克利夫兰城市现行的分类标准进行修改。"[28]

简而言之，由于刘易斯·芒福德和简·雅各布斯的痛斥以及马丁·安德森（Martin Anderson）的研究，联邦的推土机在其他城市也遭到同样的批判。[29]赫伯特·J·甘斯（Herbert J. Gans）于20世纪60年代中期将城市更新规划的完成概括如下："清除了贫民区，为豪华的房子和一部分中等收入的项目提供了空间并且为贫民区中的大学、医院、图书馆、商业区以及其他机构提供了便宜的土地。1961年3月，126000套住房被拆除，大约有28000套新的住房建立起来。"[30]在霍夫（Hough）的东街区，城市更新被称为"在实质上的停顿"，尽管到1966年夏季为止花费了1640万美元。美国审计总署（General Accounting Office）的一项研究表明，这个项目并没有开始建起新的住宅单元。[31]

因此着手进行了另一种形式的城市更新方案——这一方案与埃瑞维欧不同。霍夫（Hough）的暴乱导致4人死亡，46人受伤，还有187人被捕。财产损失更是达到上百万，地方的城市更新办公室被洗劫一空。1968年克利夫兰城市规划委员会的年度报告中并没有明确提到霍夫的那次暴乱，但谨慎地说道："要清除大面积的贫民窟，为低收入者建造像样的新房，（在1968年）简直比登月还难。"[32]

现在埃瑞维欧项目也暂停了。有几年——实际上有几十年——从它的临时停车场才辨别得出这里曾是风咆哮过的地方，而这正是城市衰退的标志。可以肯定，这个项目的不成功还因为强势的经济及民主压力。但也不可低估光辉城市（Radiant City）式规划的缺陷。埃瑞维欧和克利夫兰综合区规划（Cleveland Group Plan）一样，象征了另一种建筑形式——巨大而顽固的分离主义者："这种形式的建筑通常都用作公司或公共事务，有时作为住宅。它将自己从街道的从属角色中脱离出来。这些高大的建筑（办公楼、饭店或是银行）通常声明自己从不断的车流中独立出来，和其他同类的建筑一样，形成自我包含的复合体。它有自己周围的缓冲区，有自己的价值取向，自己的活动模式：办公复合体，购物复合体，运动和会议复合体以及校园。"[33]

　　贝聿铭关于克利夫兰规划的住宅部分（埃瑞维欧的第二期）并没有达到贝聿铭事务所预期的范围。无论如何，埃瑞维欧的场地上都没有建起"高耸入云的房子"（crumped-upped houses），也从来没有预想过花园谷式的住房项目。更确切地说，埃瑞维欧的实质是一个政府资助的搬迁规划，采用"奢华的公寓"的形式以便"把优雅、宽畅的极限同不匹配的城市、水岸和湖泊景观结合起来"。[从拨款中取出一部分而开放的圣劳伦斯海道（St. Lawrence Seaway）将为克利夫兰提供"中西部的鹿特丹"（Rotterdam of the Midwest）]补助金没有发挥作用。此外，埃瑞维欧对周围地区没有可辨别的"引导作用"——而那正是城市更新的主要依据。因为北面的湖和西面的综合区规划（Group Plan）交杂混合，牵连作用只会在东部和南部发生；今天，这些地区连续不断地成为"大师迟钝的枯萎病"（Great Blights of Dullness）。

　　有人争论道，如果埃瑞维欧加上居住部分，将会是对综合区规划（Group Plan）的改进。但是贝聿铭未对为什么任何人都想住在那里做出明确的或隐含的解释。从贝聿铭的文件的正文和插图，我们无法预知未来的承租者，当然，除非他们负担得起豪华公寓所需的昂贵租金，即使是在克利夫兰也如此。贝聿铭的报告中提到："要为建筑配上有序的和有吸引力的设备，还要为住户提供舒适的环境。"[34]但是住户的身份（在谢克海茨中所反对的住户的购买力和他们住在那里的动机）都没有泄露。也有建议将街区的学校转移到这个庞大的复合体中来，但是文件以其他方式对社区的合同表示沉默。这样的学校会成为克利夫兰公立学校的一部分吗？这么做又是出于什么动机？贝聿铭是打算吸引私立学校，为教堂和乡村俱乐部捐赠土地，还是想在公立初级学校周围设立街区（或是设立法院、迪斯科舞厅或者咖啡吧）？没有证据表明他这样做了。在这个社区，全体成员的条款（以及拒绝的原则）会是怎样？

按照定义，城市是高密度的地方。尽管到处是"交通堵塞"和"孤独的人群"，人们却认为这里充满了浓厚的人情味。埃瑞维欧是建筑界的庞然大物，几乎全被用作办公用途。既不拥挤，也不具有城市综合功能。从人类的角度来看，初级学校同升降机轴承的区别都是抽象的构思和实施。重要的是，今天埃瑞维欧里最生动的是拱廊（Galleria），一个玻璃外墙的零售处。建于1987年，取代了第24幅插图上所画的国际广场/映像池。拱廊不是埃瑞维欧设想的一部分；相反，它是顺应于再利用的启示，并且批判了贝聿铭的规划。[35]作为埃瑞维欧的休憩场所，拱廊缺少与城市活力有关的特性：夜生活，户外咖啡座，商店橱窗，街头音乐家，叫卖热狗的人——还有其他人。埃瑞维欧的未来居民也不能享受到像郊区一样的舒适生活：大房子，好学校，以及低犯罪率。

尽管《老实人报》（Plain Dealer）的乔治·康登（George Condon）在市民中起了很好的推动作用，但市民们对埃瑞维欧还是一无所知。意识到市政厅可能"成了最好的学术研究、报告以及曾给出的意见的存放处"，他建议在城中举行一次抽奖活动。贝聿铭报告的幸运买主，依照康登的说法："将得到一个设计师们设想的，埃瑞维欧一期（Erieview I）和埃瑞维欧二期（Erieview II）建成后的完整的模型。不为别的，纯粹为了娱乐。"[36]当然，这种娱乐只限于康登。贝聿铭报告没有被搁置起来。在过去的10年里，埃瑞维欧逐渐发展起来，但还没有达到一些人代表它所作出的承诺。这些人都是能从它的建立中获得金钱利益的人（建筑师、规划师、政客、房地产界的大亨、新闻编辑），不要提普通的百姓，他们既单纯又无知，被国际潮流引导着，对他们的家乡充满希望。由于埃瑞维欧没有像预期的那样"传播它返老还童的影响力"，因而当局又选择了另一个大规划的方法："2000年及未来的城市展望"。

近年来，一些宣传者，例如知名的"明日克利夫兰"（Cleveland

Tomorrow）委托另一个著名的建筑事务所——HOK有限公司，重新组织沿湖景观，加入新的具有吸引力及改进的公共入口。现在，规划设置了一幢蒸汽轮船博物馆，一个游船码头及一个通往加拿大的渡口，还有一幢体育综合大楼和新会议宾馆综合大楼位于丹尼尔·伯纳姆（Daniel Burnham）100年前为联邦火车站选址的附近。HOK事务所和汤姆森设计集团（Thompson Design Group）画了不少水彩表现图，又出了一本花哨的彩色宣传册，用以表现他们的规划方案。沿着欧几里德（Euclid）大街的空置的商店和咖啡馆将改建成住房。一项雄心勃勃的交通规划将有效地改变湖滨道（Shoreway）。这项规划将城市同湖滨分割开来，并最终在大学圈（University Circle）将闹市和文化设施联系起来。1999年开通的轻轨系统极大地方便了进入克利夫兰的中心区。[37] 在闹市中是否建学校还是个未知数。市民们被鼓动多支持利用卓有成效的部门"获得更多的土地来布置绿化广场、滨水设施、零售部、居住条件发展和工业公园"。[38]

"2000年及未来的城市展望"（Civil Vision 2000 and Beyond）的错误从宣传图片上就能看出来。有幅画面是"从沃伊诺维奇公园看到的北岸港口"（View of North Coast Harbor from Voinovich Park），描述了有对年轻夫妇推着婴儿车上栈桥。在那附近，一个女人正推着自行车在走，一个男人在公园长椅上休息，还有几个人在拥挤的港口倚栏眺望。画上所有人的脸显得很白。这幅画的背景是闹市区的很多著名建筑标识，包括摇滚名人堂（Rock'n Roll Hall of Fame）。另一幅画则是从东第九大街栈桥上的一张鸟瞰，这曾被当作正式风景画中的一件趣事。在栈桥上有一个圆盘传送带，许多快艇停泊在港口，在那还可以看到城市高楼的全貌，以及大群休闲的步行者；有人猜想他们是在徒劳地寻找弗兰克船长鱼店（Cap'n Frank's）。[39] 而另一幅画则对大湖科学中心（Great Lakes Science Center）附近的喷泉和旗杆作了特写。还有一幅（这幅是从鹰的视角）描绘了综合区规划的主轴终止于大量的会议中心（Convention Center）。有一个会议中心宾馆建在大商城的西边。同时，这两个建筑物使邻近的克利夫兰市政厅（Cleveland City Hall）和烧烤餐厅以及凯霍加法庭显得低矮。这就是汤姆·约翰逊（Tom Johnson）和丹尼尔·伯纳姆的城市意象。

除了汤姆森设计集团（Thompson Design Group）之外，"2000年及未来的城市展望"项目是另一个与之类似的中心城区开发的艺术创作。这些项目展示了克利夫兰在湖畔项目之后的蓝图，让人看到中心城区复兴的希望。有人提出了将乘客载往十七号大街的Playhouse商业街的电车路线的方案[但是无法与东部第九（East Ninth）商业街相比？]。还有人提出在克利夫兰诚信大厦（Cleveland Trust Building）前面布置路边的露天咖啡座。另外一个"从星球（Star）广场起始的东十三号大街和欧几里德大道"的方案显然受到了星期天晚上莱斯特（Leicester）广场的启发。多么现实？

当前的复兴项目将湖畔作为一个周末的度假场所，或者更精确地说，受到克利夫兰天气的影响，是一个夏日周末度假场所。在9月的劳工节和5月的阵亡将士纪念日之间，整整9个月，有多少个下午——不管晚上——有什么人会去克利夫兰的湖畔散步吗，或者去蒸汽轮船博物馆？在"2000年及未来的城市展望"项目中，湖畔被转变成休闲娱乐中心，一处开放空间（"一个旅游者的计划"[40]），具有游憩的用途。中心城区复兴的这些举措其原型来自詹姆斯·劳斯（James Rouse），他将波士顿的法尼尔厅（Faneuil Hall）市场区改造成一个"包含商业、旅馆、手推车流行服饰小商铺（small cart-boutiques）和街头表演等内容的城市综合商业区"[41]，后来那些项目，包括纽约南街海港（New York's South Street Seaport）和巴尔的摩的海岸公园（Baltimore's Harborplace）都广受赞誉。但是这是一个令人疑惑的概念。就像巴尔的摩人（Baltimoreans）发现的那样，一个海岸公园对带动周围城区的复兴起不到什么作用。很可能这种项目只是将财富从城市的其他部分集中到它们所在的地点或地区。对"2000年及未来的城市展望"项目来说，其中涉及到对免税和其他优惠政策的依赖没有得到明确的说明；纳税人会及时发现这些的。或者相反。这些项目应该由于以下原因得到支持：它并没有倡导建造高速公路和摩天大楼，并且它同情用的功能的混合，至少在原则上如此，如果人们天真地以为项目可以把人群带到这里来。

任何人都不能认为只有克利夫兰特别容易受湖畔有人壮观的蓝图的诱惑。在芝加哥，湖畔再开发项目已经受到了建筑批评家布莱尔·卡明（Blair Kamin）的吹捧，他在《芝加哥论坛报》（Chicago Tribune）上发表了一个获得普利策奖的综合报道（"自然没有赋予芝加哥壮观的岸线，但规划做到了这一点"）[42]，他将湖畔公园看成是在针对城市中心区衰弱的战争中的核武器。卡明向理查德市长发出挑战，要求收回被忽视的湖畔土地，这块区域享有盛名——主要是弗雷德里克·劳·奥姆斯特德（Frederick Law Olmsted）的遗产——有3000英亩的公园，29处海滩，还有8个港口，"年吸引大约6500万的旅游者"。他认为复兴密歇根湖畔的这个公共空间能够在所有方面改变这座城市：

——它可以弥合长期以来分裂芝加哥的种族鸿沟。

——它能使整个邻里社区免于衰败。

——它可以使我们的身体得到养息，特别是为老年人提供一个常新的平静的休憩场所。

——它还会具有积极的社会意义，使来自不同背景的人有机会聚集在一起，并相互欣赏对方。

——它不仅能纪念已故的总统和将军，也能纪念为建设这个国家承受过巨大困难的平民和妇女。[43]

"所有这些，"卡明保证，"都在我们的掌握之中。"[44]

由于并没有做很具体的努力来证明湖畔再开发"能够使整个邻里社区免于衰败"，或者为什么这些邻里社区的复兴不能由其他方法达成（或者为什么应该），这个观点是很值得推敲的。另外卡明也没能找到将在开发的湖畔和南部邻里社区相结合的途径。巨大的城市肌理不是自动形成的。除非边界得到非常精妙的处理，人的天性会将其看成一种界限。卡明如何保证这些不发生？如果可以弥合种族鸿沟和避免邻里社区衰败，那么就必须解释为什么这种方法比其他方法更加有效——比如社会收入的再分配。[45] 如果另一方面，卡明的真实目的仅仅是美化湖畔并使其成为更好的休闲场所中心

（虽然人们会说，可以用收得的用户费来自我养护，而这也并不会有什么问题），那又为什么会出现增加精神需要的广泛要求呢？

那些大规划的经验和巨额的资金[46]投入现在应该已经使我们有实力预防任何更糟糕的事情。滨湖再发展已经提升了邻近地段的地价和租金，结果许多美国的低收入非洲裔人或其他少数族群被迫逃离，茫然不知所措。新增加的贵族人群使邻近地块一块块由黑人居住区变为白人居住区，并产生许多严重的社会问题，诸如在一个隔离的城市中的种族问题。滨湖再开发能通过逐出所有非娱乐性项目[如卡明取消了梅格斯（Meigs）牧场项目]以及一些娱乐性项目（如他也想让"战场上的熊"项目下马），从而使这个单用途的区域变得更加单一化。有时这样能成功地提升地价并刺激相邻地段的发展，但这在损害芝加哥邻近地段利益时还能行得通吗？难道不良影响不应该消除吗？滨湖再开发是非常昂贵的；卡明辩称，在过去12年中，5亿美元的围湖工程财经预算是无论如何不够的。

但是没关系，对于大规模的滨湖再发展计划，以及对于公共住房的更新换代，政府都进行了强力的操控。据报道早在2000年，戴利（Daley）市长就与美国住房与城市发展署达成了史无前例的协议，按协议将投资15亿美元，基本上会拆毁"公共高层住房计划"修建的所有楼盘，这个高层住房计划被公认是全国最失败的一个公房项目。按照雄心勃勃的联邦城市规划，包含16000套分隔单元的51栋日趋破旧的高层将被夷平，代之为25000套新建或改良的住宅，这些住宅大多是散布于城市各处的低密度、价格不均的零售城镇住房。据美国房屋及城市发展部（HUD）的秘书安德鲁·M·科莫（Andrew M.Cuomo）称："芝加哥住房管理机构已经批准采取安全措施，来保护被替换住房的居民的权益，这些措施包括提供足够负担芝加哥房屋市场价格的保险，临时安置被替换住房的居民，并确保他们在符合公有住房或补助住房条件时能使用这些住房。"[47]到那时，毋庸置疑，公众住房方面所有的"臭虫"都将被扫清了。

第6章
倡导性规划的
奇特经历

当讨论并解决所有问题之后。贝聿铭的埃瑞维欧规划可能恰恰是另一个房产拥挤区。但人们想知道（毕竟他的主张拥有近乎全部的克利夫兰市民的支持）在其自负的规划中有多少社会科学的内涵（贝聿铭权威性地宣称，克利夫兰是生长发展的，它需要新的办公空间以及市区内的大量新住宅）。[1]正如其技术统治论的乌托邦理想，与弗兰西斯·培根（Francis Bacon）的新大西洋城一样古老，与勒·柯布西耶的光辉城市理想一样新潮。另一方面，城市复兴的惨败，由于1973年的一次全国直播的对圣路易斯（St.Louis）普鲁伊特－艾戈（Pruitt-Igoe）工程的爆破拆除而留下的深刻记忆撕裂了美国城市规划专业。

传统意义上，规划师们早已在法律、景观建筑或工程学方面都接受了正规的训练。他们在规划方面的兴趣已被宏大的城市美化设计运动或花园城市运动的日益开展所鼓励，所以倾向于克利夫兰的约翰·T·霍华德的说法，即规划与土地利用的模式优劣，与和街道系统、市政系统、公共服务设施的服务能力好坏相关的人口密度有关。[2]简言之，规划既是城市的艺术也是记录物质环境的科学。

尽管如此，到20世纪60年代晚期，年轻的规划师们不再相信单纯的技术主导观念。许多受到社会科学熏陶的人理所当然地认为，既然城市的策略凌驾于所有土地利用的政策之上[3]，那么城市规划者必然趋向于政治化，他们不应对此反感。相反，当规划师从技术统治论的神话中摆脱出来后，他们感到自由了，甚至忙于讨论最基本的政策问题，例如公正与平等的实践含义。美国城市规划师协会是一个主流的、相当保守的学会组织，但是由于越来越多学规划的大学生毕业后加入到这个协会中，所以"主技术"和"主政治"的两派人也形成了分庭抗礼的局面。

1938年以来，美国城市规划师协会的章程，就早已定义其职业目的是对城市社区及其周边区域、州、国家的统一协调发展进行规划，诸如土地的使用，以及相关测定的详细安排。在1967年，美国规划师协会年会对这个定义作了一次修订，把涉及"土地利用"的最后一个分句完全删掉了。这个用意是很明确的：要想扩展专业服务范围，就得排除对专业内容的人为限制，所以直接提到"土地利用"的这句话就删了。[4]城市规划的一个新概念出现了，现在被称为倡导性规划。平等性规划和政策性规划都可以从中引申出来。虽然这在学术圈流行起来，但它对地方性规划部门的日常实施工作却几乎没什么影响。

然而在克利夫兰，1969年诺尔曼·克鲁姆霍尔茨（Norman Krumholz）被任命为规划委员会主任，他宣布了一项独特的10年期限倡导性规划。部分是由于他雄辩的口才和创造力，以及他出身于新闻业的背景，克利夫兰在后霍夫暴乱时代一再将全国的注意力吸引到了规划措施上。克鲁姆霍尔茨主持工作年代的主要文献是《1975年度规划政策报告》[5]，它没有利用传统的地图和幻想性的建筑表现图，也没有土地利用测量资料等等色彩精美的种种鸟瞰图。文献完全依赖于黑白照片来描述克利夫兰市普通民众的生活：公交车、老年人、黑人孩子、主要街道、破碎的窗户，鲜明展现维多利亚结构风格的房屋等等。克利夫兰人曾经耳熟能详的综合区规划、艺术博物馆、克利夫兰交响乐团、埃瑞维欧的办公大厦等等，这次却引人注目地都没有提到。仅仅剩下一个终点站塔楼的苍凉一瞥。在规划政策报导中引证的权威人物是托马斯·杰斐逊（Thomas Jefferson），安德鲁·杰克逊（Andrew Jackson），伍德罗·威尔逊（Woodrow Wilson），富兰克林·D·罗斯福（Franklin D.Roosevelt），林登·B·约翰逊（Lyndon B.Johnson），卡尔·斯托克斯（Carl Stokes）市长，约翰·罗尔斯（John Rawls），和耶稣基督（Jesus Christ）等。1949年修订的总规划不再是规划注目的焦点(尽管它仍然是政府指导性的文件)，文献强调地方分权并宣称城市规划委员会最重要的任务是为从前鲜有或者说从来没有选择权的克利夫兰市民提供一系列更为广泛的选择机会。[6]在克鲁姆霍尔茨的领导下，克利夫兰的城市规划师们将成为城市无产者利益的代言人。

后来克鲁姆霍尔茨成为克利夫兰州立大学(巧合的是这所大学本身就是城市更新工程的产物)的一名教授，他将城市发展进程描述为对穷人特别是少数民族贫困阶层的隐性盘剥。克鲁姆霍尔茨声称，由于对于整个系统来说开发是地方流行病，城市规划师以及其他公共事务官员必须将注意力优先集中在贫困阶层的需要上，以便为他们提供补偿。克利夫兰倡导性规划的规划师们也因此不再强调对区划、土地利用和城市设计所给予的诸多关注，改变了规划师单纯为整体公众利益服务的不关心政治的技术员的形象。[7]从1938年到20世纪80年代早期工作于城市规划委员会的景观建筑师莱顿·K·沃什特恩（Layton K.Washburn）说道，尽管克鲁姆霍尔茨确实尊重年老的物质形态规划师的意见，但是他对他引入的经济学者、地理学者和社会学家所做的报告更感兴趣。[8]

传统的规划和倡导性规划的对比可以在克鲁姆霍尔茨对交通的解决中充分体现出来，这是一般性规划中最突出的当务之急。克鲁姆霍尔茨不再将注意力集中在交通高峰时的拥挤、自动出入口或对路边停车位的更大需求这些总体规划的关键性问题上，而是集中于那些约占克利夫兰家庭1/3比例的市民出行的问题上，这些市民没有私家车，出行靠公交车或出租车。在克鲁姆霍尔茨看来过度的郊区化和以铁路交通为中心来组织交通（当时87%的骑车者乘公交）而且克利夫兰市依赖交通人群的需要在总体上无法被满足应该由区域运输管理机构负责，随后该机构于1975年在大都市区域内将市政当局各种各样的交通系统联合起来。克鲁姆霍尔茨努力游说议员们降低运费并主张建立社区响应换乘站交通方式（车门对房门，一个电话就出动的服务），总的来说，不再倾向于地区交通机构在地方、地区和联邦范围上的铁路扩展计划。克鲁姆霍尔茨将其称为自己最伟大的成功。[9]

图25　终点站塔楼：一个克利夫兰天际轮廓线上的地标性建筑。倡导性规划意识到城市应该拥有的不仅仅是建筑和公共艺术

在他作为城市规划委员会主任的任期内，克鲁姆霍尔茨其他大的作为还包括对城市塔楼工程唱反调（最终不太成功），这是一个围绕着终点站塔楼部分组织的复杂市区发展规划，这一工程依赖于在经济上解决好联邦建设经费，减免税务，并扩大发展。克鲁姆霍尔茨在原则上反对减免税务，而建议城市开发者们自己为优化基础设施筹措资金。令他痛苦的是，最终他和他在城市规划部门的同事们竟被难对付的克利夫兰城市理事会主席乔治·福布斯[10]嘲笑为一群吵闹的狒狒。克鲁姆霍尔茨也同样反对克利夫兰的电子照明公司吞并汤姆·约翰逊（Tom Johnson）的市政照明发电厂，这场争斗无可避免地突显出市长丹尼斯·库钦奇（Dennis Kucinich）1979年可耻的失职。他建议过在汤姆·约翰逊（Tom Johnson）的旧结核病所和感化院[11]基址上建造一座新城，并称之为沃伦岭，但这个建议未被采纳。他也试图对城市那车辆数目可怜的出租车行业解除管制，但也失败了。

当然克鲁姆霍尔茨也获得了许多成功，他使州议会通过了一项法律议案，即简化偷漏税者和放弃财产的预先处理程序。他曾安排将城市中被忽略的湖滨公园迁移到州内，这项安排并不完全有益于环境卫生，这是州政府对于城市公园的第一次尝试。公园委员会本能地相应行动起来，立刻将所有的棒球场地迁出来（可能是为自然蔓延发展提供容纳空间），他还使城市的废品收集和分类处理的程序变得合理化；他参与阻止两条高速公路的建设，并提议不要通过一项弊端十足的区域规划政策。但总体来看，功过参半，甚至克鲁姆霍尔茨津津乐道的的克利夫兰市倡导性规划的经验，都很少被其

图26 倡导性规划关注日常生活的人间现实，墙上的标语指出："我们为克利夫兰骄傲。"采用这张妇人的照片似乎是为了显示她为她的家乡骄傲，但是她看起来脑子里还想着别的什么事

他城市的专业同行们了解和应用。但是他的模型终究还是召唤城市规划者们应具有只有很少公共执法人才具有的品质：激进，冒险，客观……而规划实践事实上是很谨慎和保守的。[12]

对于倡导性规划，克鲁姆霍尔茨倾向于"平等规划"或"政策规划"，而这两者是相悖的。一方面，它公然地具有派性，因为它无法全面反映所有公众的利益和客观性的建议。另一方面，一个公正平等的社会应该反映出高度的政治性（按照亚里士多德的理念）。于是，出现一种很奇怪的表述方法，在论述社区问题时从朴利茅斯到埃瑞维欧都作为一种通常的线索平铺直叙。但可能因为没有采用与大规划相联系的那些可视化图片来成功传达出其基本原则，它缺乏激情和说服力。事实上，情况的严重性远不仅此。就像在克鲁姆霍尔茨的政策规划报告中的图像所表达的，倡导性规划在结构上无法适配那些幻想性的表现方式。因此也无法期望其与某种支持性的宏伟结构工程相互比较。正如规划师迈克尔·索尔金（Michael Sorkin）发现的，最现代化的起净化作用的工程仍然是城市区域内大型交通运输的主导模型。大多数人都承认这是一个名声不怎么好也并不合适的模式，但我们发现别无选择，因为没有什么别的备选模式。[13]

　　倡导性规划在克利夫兰市有其大显身手的时期，但很快就因不能抵抗来自资本主义经济和消费权益而像往常一样被商业化了。[14]于是，在20世纪80和90年代，市民广场服从于一项数百万美元的整容工程；谢克快速路也面临整修，首次于1917年提交表决新建一条欧几里德大街地铁的动议又被提起；剧场广场的建设为拯救城市的剧院区筹集了资金；塔楼城市项目建设进展成功，并未因为城市内部过剩的办公楼而受阻；而另一项滨湖发展规划也公之于众（见第5章）；在市政厅，规划师们再次谈论其不良影响，就像快要被细菌腐蚀了一样。许多人发现了一个反讽：正当丹尼尔·伯纳姆于1893年所设计的凯霍加大厦，为了安置在市民广场上的造价20亿美元，高45层的美国石化公司总部时广受批评时，哥伦比亚开发设计师詹姆斯·W·劳斯（James W.Rouse），马里兰、巴尔的摩的海港和其他一些项目却在克利夫兰被热烈称颂，他们一再重复的同样是伯纳姆的那个秘方，就是必须制定大规划。20世纪80年代早期，克利夫兰市爆发了卡尔文·特里林（Calvin Trillin）所称的巨蛋球场派（domeism）运动[15]，这是一项通过建造市内球场来赢得美国职业棒球联盟赛许可权的尝试。如果这项运动成功了会发生什么呢？大概10年以后，当关于棒球场的思想从根本上被改变时，克利夫兰就会建造出一个[16]每晚都人声鼎沸的拥有最先进科技的综合建筑场所。在此数年后，为诱使美式足球职业联盟（NFL）给予特许经营权，城市会建造一个新的湖滨运动场。同时，克利夫兰市将贝聿铭请回来设计滚石名人堂及礼堂。看来没什么方法使建造复杂综合体建筑的热望与公共建筑与城市相协调的要求之间得以平衡。

　　尚有待论证的这些项目将寻求任何有意义的方式来提高大多数克利夫兰人的生活水平，甚至加速市区的再发展，这些项目甚至值得凯撒或罗伯特·摩西去冒险。正如理查德·莫（Richard Moe）和卡特·威尔基（Carter Wilkie）所写到的，克利夫兰以"复归的城市"著称，这样的名声所揭示的东西和它所隐藏的同样多。比如很少有城市的原有居民回迁，而更多的人在迁出，托马斯·比尔

（Thomas Bier）是克利夫兰州立大学住房政策研究项目的负责人，于1987年至1991年，通过对克利夫兰住房市场上居民迁移的研究，发现外迁人口比内迁人口多5倍[17]。在大量公积金的帮助下，克利夫兰市在湖边建造复杂的综合娱乐设施。像克利夫兰这样的城市实际上需要的是居民，而这要通过工作机会、健康的邻里环境、良好的学校来吸引他们。[18]

依据经验，我们可以预见大量的城市发展工程会产生很多负面影响，并不是因为他们可能会异常中断或受损，而是因为他们的实际产出效应远远小于原先的承诺。奇怪的是，那些大大受益于市区迪斯尼乐园的富有公益精神的郊区富有市民们，他们可以负担起棒球场的赛季联票，实际上也可能资助展览馆、养鱼池，并在国内公园中散步，但恰恰是这些郊区居民却非常失望，因为像观光者所幻想的那样惬意的几个夜晚并不能满足他们对于社区生活的渴望。如同以上奇怪的事情一样，那些一直从城市发展方案中受益较少的人也就是诺尔曼·克鲁姆霍尔茨本能的支持者们，看起来更倾向于抱怨这些方案。这种现象当然也属于资本主义社会里那些看似甜美、实则悲惨的文化矛盾。

第7章
对"蔓延发展"
的两次欢呼

维多利亚市的现代城市形象——高耸的烟囱、劳动强度大且待遇低的工厂、雇佣童工和恶习遍处，这些描述来自于弗里德里希·恩格斯（Friedrich Engels）对曼彻斯特的研究、帕特里克·格迪斯（Patrick Geddes）对爱丁堡与匹兹堡的调查以及他在社会科学方面的其他先驱性探索活动。但是，这些描述可能更多地来自于许多有创造力的作家们，包括古斯塔夫·多雷（Gustave Doré）、雅各布·里斯（Jacob Riis）和查尔斯·狄更斯（Charles Dickens），他们对库克城（Coketowm）的图像化描述充满了中产阶级的意识。可能没有任何事例比爱德华·贝拉米（Edward Bellamy）在《回首往事》（Looking Backward）[1]这一本书中所提到的"乌托邦幻想"更切中要害的了，它煽起了人们对周围世界的想像力：

《回首往事》1888年出版于波士顿后便立即畅销全美，并对索尔斯坦·凡勃伦（Thorstein Veblen）和约翰·杜威（John Dewey）等人产生了深刻的影响。此书以19世纪长达四分之三时间的、席卷美国和欧洲的产业萧条以及不断扩大的就业危机为背景，为世人展现了一幅解决上述问题的社会蓝图。小说中的主人公是一位幸运的波士顿人，他有幸从1887年沉睡到2000年，并在一个人道的社会中苏醒。在这个社会，产业被高效率地组合在一个政府所有的合作信用社，同时产品的销售也由一个大百货公司统一管理，它的连锁公司遍布各城各村，提供着这个国家所制造的所有产品。竞争被中央计划所代替；贫穷和失业无人知晓；21岁至45岁的市民在"产业大军"中拥有着不同层次的席位，但他们的每一位都有着同样程度的薪水[2]。

对于当时名不见经传的、谦恭的伦敦公务员埃比尼泽·霍华德来说，《回首往事》的阅读经历给予了他改革的力量。这本书"使他在剩余的人生中成为了一名实践家"[3]。

自学成才的霍华德被认为是田园城市理论的创始人，这一理论的根源可以追溯到18世纪被称为"花园运动"（Emparking）。在花园运动中，地主们在他们的乡村住宅内部建造"庄园式村庄"（estate village），作为清除杂乱农居的措施之一。并且花园运动扩展到随后的索尔泰尔（Saltaire）、伯恩威利（Bournville）、日光港（Port Sunlight）[4]等一些受到启发的工人村。在这些先例的基础上，霍华德将贝拉米（Bellamy）的理想化幻想和亨利·乔治（Henry George）的单一赋税模式结合起来，其中，亨利·乔治的单一赋税模式是只利用租金做财政收入而废除所有赋税的一种财税模式。[5]因此，田园城市概念，一部分是城市规划，一部分是财税计划，它的核心是一个非赢利性的投资公司。该投资公司出售固定利率为4%—5%的债券，以此购买6000英亩农田，并依据霍华德的规划思想来设计城市。在那里，将建造公路、电厂、水厂和其他必备设施，然后试图吸引工业企业和居民。公司将继续保有所有土地；随着人口增长，土地价格也将原先作为农田的低租金上升到作为城市土地的高租金，这时的城市将拥有30000居民。所有的租金都被缴纳到投资公司，并将用来偿还最初的投资者。在金融借款偿还完毕之后，所有的款项都将用于服务社区。[6]

霍华德的著作《明天：一条通向真正改革的和平道路》于1898年发表，几年后，又以《明日的田园城市》[7]的书名再版。这本书催生了一场国际性运动、一场寻求让城市规划摆脱贵族和房地产商们的束缚、把它移交给训练有素的公务员们来处理的国际性运动。在田园城市,公务员们被训练以区域的视角来进行城市设计,并遵守中立原则。在田园城市理论的成果中最引人注目的是它一个世纪以来一直推动人们寻找一些国际性的通用方案,以解决为工人阶层提供合适住房这一问题。一般认为,市场是不能有效地解决这一问题的。

田园城市概念的核心是把高质量的城市和乡村的生活结合起来,因为霍华德

相信已经到了必须制定一种新型城市发展模式的时候了:这种新的模式通过现代技术设备消除乡村(它的经济与社会设施是贫乏的)与城市(它的生态与自然资源被耗竭)之间逐渐扩大的分离。霍华德认为,应该通过这种新的城市发展模式,做到既克服城市中心的瘫痪现象,又防止城市边缘区的衰退。与支持城市应该继续向外不断扩展的人相反,霍华德反对把城郊作为城市发展的一个妥协方案;事实上,他对郊区的发展几乎就没有给予考虑。他还认为,城市拥挤的减轻与扩大城市郊外住宅地没有任何关系,它只是减弱了城市的所有功能。[8]

霍华德设想,一个得到充分发展的田园城市可能会覆盖6000英亩,容纳大约32000人;当发展超过这一尺度时人口将被转入到另一个同样的城市。在每个田园城市的中心都将会有一个铁路站场和中央公园,"以及印象深刻且有意义的大型公共建筑群:如城市教堂、图书馆、博物馆、音乐演讲厅和医院。在那里,社区中最有价值的功能被集中在一起——文化、慈善活动、卫生和相互合作"[9]。简而言之,霍华德"探寻了一种稳定的城乡结合模式,而不是一种周末式的联系模式"[10]。其最终目标是"取代资本主义,创建基于协作的人类文明"[11]。他同时通过改造景观来探求城市—乡村结合模式的另一出路。但是霍华德坚持认为,田园城市与其说是一种理想化的幻想,不如说是对库克城(Coketown)的一种明智的改进,以及对芒福德所谓的"有卫星城的大都市区"(conurbation),即无秩序的城市蔓延的一种明智的改进。它与城市美化运动也不相同,因为它更多的是考虑廉价实用的住宅,而不是公共建筑。

霍华德的雄心通过财政上的细节和有限的几份详细示意图进行显示。对于城市内的学生们来说,这些示意图是相当熟悉的,因此在这

里不再进行重复解释。"三磁体"模型将人比喻为众多的磁铁屑，他们不可抗拒地被吸引到"城—村"这一极上，即城市优势和乡村优势的综合体上。毕竟，"美丽的大自然和社会机遇、近在咫尺的田野和公园、低租金和高报酬、低税率和充分的就业机会、低物价和舒适的工作环境、有着作为企业的土地同时资本也在不断流动、纯净的空气与水以及良好的排水系统、明亮的住房和花园、没有烟雾也没有贫民窟、有的是自由和相互协作"[12]，这些谁又能够拒绝呢？他的田园城市示意图（"注意：仅是示意图，具体规划需依据被选择的用地"）是一个由林荫大道所组成的星状物，这些林荫大道被设计成为一系列的同心圆，图形中心处有一水晶宫殿。所有的这些要素都被绿带（有"新的森林"，有"菜园"）所环绕，其中点缀着各种各样的慈善机构（如"农学院"、"为癫疯患者疗养用的农场"）。这些示意图不仅传达了田园城市的概况和内在本质，也阐明了谦卑的霍华德是不同于其他理想化的幻想家，[13]事实上他一直想方设法避免"在建筑和规划细节上留下自己主观想像的印记"。[14]芒福德坚持认为，霍华德的绿带理想化理论之所以获得更多的声誉，是因为他拒绝被城市特定的物质形象、特定的规划方法或某一特定类型的建筑所束缚[15]。

关于霍华德的"新发明"——让我们来正视它吧，因为它是仅次于大岩糖山（The Big Rock Candy Mountain）*的最美妙的事情，"在大岩糖山人们可以把发明工作的人赶跑"——它呼吁激进分子与保守的实业家进行临时性的联合。前者的激进分子中，萧伯纳（George Bernard Shaw）曾是最著名的；后者的保守的实业家中，最有趣的是一位叫做拉尔夫·内维尔（Ralph Neville）的律师。"如果说内维尔在改革方面的兴趣源于他对人类的热爱，那么可以说他对这种热爱进行了细心的掩饰。因为，他对感情和对破产一样有着同样的恐惧。只有确信改革措施在逻辑上遵循生态和经济规律的前提下，他才会支持那些改革措施。当内维尔确信田园城市是'基于合理的经济原理'时，他就会通过这句话来表达了他的最好的赞美，而霍华德也欣然接受了"[16]。很大程度上作为实用主义倾向的结果，霍华德的理想化幻想成为现实。例如1903年始建于伦敦北部的偏远

---

* 大岩糖山（The Big Rock Candy Mountain）位于美国犹他州南部，因同名的迪斯尼儿歌而闻名，本文的这句话即为引自该儿歌。——译者注

小城莱奇沃思（Letchworth）——它位于通向剑桥的铁路沿线上，以及1920年始建于韦林（Welwyn）的田园城市——该城不仅紧靠通向剑桥的同一条铁路线而且这一线路穿越整个城区。这两个社区都在世界范围内产生巨大的影响。芒福德解释道：这两者的冒险尝试，"是以私人企业的形式开始的，其预期收益相当有限，并且不仅仅要承受冷漠和反对，还影响着许多地区，影响着从苏格兰到印度的住宅和城市建筑物的样式。正是这些城市的成功促使了安东尼·蒙塔古·巴洛（Anthony Montague Barlow）先生的议会委员会提议，应该通过把工业向田园城市扩散来改善伦敦市的日益拥挤。随后，这一提议也直接导致了1946年的新城实施条例的颁布，该条例计划围绕伦敦市以及在英格兰的其他城市建设环形新城"[17]。简而言之，田园城市概念引发了一场城市规划运动，预示着英国景观设计开始在20世纪的剩余时间里产生全球范围的影响。即使是像克利夫兰这样不太理想化的城市都从田园城市理论中获得了鼓舞（参见图27）。

田园城市的部分遗产显示出其独特的审美价值，虽然其中并没有霍华德的参与。在莱奇沃思城（Letchworth），建筑设计工作是由巴里·帕克（Barry Parker）和雷蒙德·昂温（Raymond Unwin）完成的。后者虽然与霍华德的理想目标产生共鸣，但却"没有运用霍华德的理性的、几何样式的城市规划方法"。相应的，他们"为田园城市运动赋予了他们自己对'城市美丽景象'的一种想像，一种源自中世纪村庄的想像，就像威廉·莫里斯曾经看到的一样。帕克和昂温运用传统的设计方法来表现平等合作的有组织社区的统一性。在工作过程中，他们对莱奇沃思城的设计融入了整洁、简易和合理用材的思想，而工艺美术运动认为这些思想在14世纪就曾经经历，并且还希望它们能够在20世纪得到复兴"[18]。

莱奇沃思城的住房设计唤起了像中世纪修道院那样的带有整体特征传统建筑样式[19]。罗伯特·菲什曼（Robert Fishman）曾经提出，在设计工人居住的多单元建筑时，昂温专门制定了一个极高的

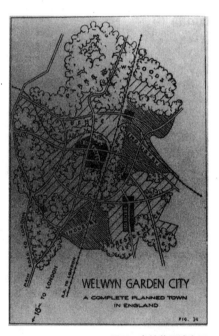

图27 韦林花园城市图示[城市模型：埃比尼泽·霍华德来到克利兰夫。引自约翰·T·霍华德的（John T. Howard）《在克利夫兰最首要的是做什么？》（What's Ahead for Cleveland）]

标准："昂温的设计最佳地向人们展示了田园城市运动：实用、民主、满足它所服务的人的需求。昂温对其他建筑师所关注的富人别墅也给予了同等程度的重视。他保证每一个村舍都能沐浴阳光，每扇门和窗都被安装到合理的地方。虽然他在为'下层阶级'设计时存在着影响英国建筑师（和其他国家的建筑师）的习惯性缺陷，但对于昂温来说，这些缺陷却并不存在。相反，他所拥有的是对私人福利和社区团结的真实感受，准确地说，也就是对他自己所预言的有机统一体的真实感受"。但是，昂温的这项工程却有"一个重大

图28　英国莱奇沃思城，1998年：与到处都是政府办公楼和其他公共建筑的城市美化运动不同，在田园城市，更多的是工人的住宅。虽然霍华德的社会主义乌托邦在莱奇沃思城还没有实现，但是巴里·帕克和雷蒙德·昂温却留下了他们的永远无法抹去的优美痕迹

图29　比利时布鲁日市的布格奈基（The beguinage）修道院。刘易斯·芒福德许多年以前告诉我们，礼堂有着整齐的排列，那里的小回廊很好地说明了共同住宅和中世纪空间布局的特色。留意一下右边的小礼堂

的缺点：由于新住房在造价上的提高，只有技艺精湛的富有工人才能买得起它们"。然而，菲什曼却对帕克和昂温没有表示丝毫的非难，他认为，"如果没有补助金，他们（帕克和昂温）不能够建造优良的工人住宅的话，那么其他人也无法建造"[20]。这可能是20世纪城市规划中的一个不断重现的主题。

即使是芒福德也不得不承认田园城市除了成本上高得离奇之外，在基本设计上也存在欠缺。其中一点就是，莱奇沃思和韦林（Welwyn）两个田园城市的用地布局"也许过于开放"，以至于不能形成一个合适的城市密度。与此同时，霍华德可能"低估了一个大城市中心区的吸引力"[21]，换句话说，像伦敦这样的城市就是一个看不见的太阳，它向周边社区发射出极为强烈的光芒。因此，莱奇沃思城和韦林城的自治被证明是不容易实现的。田园城市与田园郊区的区别，即霍华德提出的本质区别大都并不明显。

存在与此关联的另一个方面（在这一方面，田园城市运动的影响是巨大的）：从某种程度上说，这应该称得上是田园城市运动的成功，它的成功"不是作为一项社会运动，而是作为一项规划运动"[22]。换言之，这场变革已经越来越趋向专业化。它意味着合作社会主义的理念逐渐被田园城市的各种异彩所取代：霍华德的繁华装饰、帕克和昂温的"有机"建筑、让人联想到弗雷德里克·劳·奥姆斯特德（Frederick Law Olmsted）的浪漫街路与公园规划，以及它的最根本的绿化带和地块控制。

在对霍华德思想进行不断修正，并使其逐步融入到新城的规划实践中去的同时，英格兰现存的田园城市也经历了数次的考验。正如理查德·T·莱盖特（Richard T. LeGates）和弗雷德里克·斯托特（Frederic Stout）在《明天：一条通往真正革命的和平之路》出版一世纪之后说道：

莱奇沃思城以一种优雅的姿态独立于伦敦之外，面积与霍华德预想的相同。它绿带环绕四周，公有的土地被个人所租赁去建造一幢幢雅致的住宅（其中多数是由昂温建造的）。正如霍华德所展望的那样，由城市的成功开发所带来的土地升值的大部分都返回投资到社区。然后，从霍华德的设想到莱奇沃思的最终完成，整个过程也是相当艰苦。第一田园城市团体(The First Garden City Society)曾与周围的土地所有者以及当地持反对意见的官员进行抗争，因为这些人不想和被认为是社会主义奇想之外的东西之间发生任何瓜葛……当这一工程为财政问题而挠头时，希望保持所有土地都属公有的政府官员们与那些希望能卖掉部分土地来支持城市继续发展的政府官员们进行了抗争。随后，当城市取得财政上的成功时，市民们与城市的领导者们又进行抗争，因为他们要求保留那些因土地价值上升而出现的"自然增值"(unearned increment)，霍华德曾设想

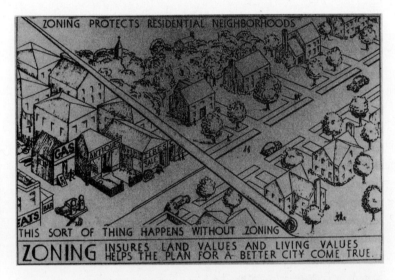

图30　没有分区规划会发生这种事(专业主义的陈腐：当对田园城市的展望被转交给专业人士们时，地块控制条例的逐渐丰富就成为一个可以预见到的结果)

图31　埃比尼泽·霍华德是一位绝对戒酒主义者，但是有些人发现他们升起了建立社会主义乌托邦的热烈愿望。在莱奇沃思城的这个"三磁极酒吧"(Three Magnets Pub)，起名来自田园城市的一个关键词，传递着热月党人本能的古怪一面

它应该是由社区来使用，而不是作为股东的红利。[23]

　　虽然仍与众不同，但莱奇沃思城在一定程度上是一个主流倾向，它可能是由那些令人敬佩的柏克式（Burkean）保守主义者的本能或仅仅是由中产阶级的本能所推动的，这都取决于他们的政治倾向。不论何种方式，每经历一次受挫和失望都会品尝讥讽：人们发觉，霍华德曾经宣称在莱奇沃思城有一个"水晶宫"来作为"平等合作的有组织的社区"举行庆典的地方，现在则完全成为了一个吸引步行者的商业区；在韦林田园城市，火车站附近的城镇中心是一个购物中心——"霍华德中心"（the Howard Centre），里面的最佳位置处是麦当劳快餐店。霍华德本人从来没有丧失信心，在晚年他又开始从事对世界语的研究。[24]

　　在美国，田园城市概念的传播来自于美国区域规划协会（Regional Planning Association of America，简称RPAA），该协会的重要成员包括刘易斯·芒福德、克拉伦斯·斯坦（Clarence Stein）和亨利·赖特（Henry Wright）。RPAA创建于1923年，致力于圣尼塞得（Sunnyside）花园城的发展，该城是纽约市的一个先驱性住宅工程。芒福德夫妇（Lewis Mumford，Sophia Mumford）与赖特一起，是它早期的居民。20世纪30年代，忠实的会员们聚集在新泽西的雷德伯恩（Radburn）城这一工程上，该工程对于显示田园城市理念的核心部分如何被抛弃而其附属特征如何被崇拜来说，是一个很好的事例。作为一位忠实的雷德伯恩城（Radburn）规划的推广者，芒福德提供了以下文字：

　　雷德伯恩城规划是自威尼斯以来第一个关于城市规划的新方案，是由一位外行人的建议所促成的。这位外行人把新的规划布局设计成为一个"适应汽车时代的城镇"，但是适应汽车只是其众多特征之一：它应用立交桥和地下道来达到交通的分离[交通的分离是由奥姆斯特德（Olmsted）首先在纽约中央公园中提出来]；有高档次的郊外街区，在那里为了保护私密性与环境的安静利用了较多的终端式道路系统；有连续的大片公园（也是奥姆斯特德的一个创新）；使街坊道路从主要交通干道分离出来，就像在佩里（Clarence

Perry）的邻里单位理论中所概括的；作为住宅小区的市民中心，公园里设置了学校和游泳池。[25]

在雷德伯恩城的规划理念中隐含着许多目标："分散化、自我管理式的聚落、通过保护室外环境来提高环保意识、装备汽车和提高社区生活质量"[26]。通过限制性的条例约束，对建筑的控制力度得到加强。居住单元面向内部公园，同时机动车的交通被布置在居住单元背后的小路上，而步行交通则用宽阔的步行道系统来解决。主要街道和支路的等级体系经常被比拟成为有机体的一部分[例如"动脉"（arterial）被比拟为干线道路等]，这一比拟方法似乎在20世纪20年代末30年代初较为流行。勒·柯布西耶认为现状城市中的道路数量"应减少到三分之二的程度"[27]，同时他提出了一套特点鲜明、区分严谨的道路分类法，该分类法被证明影响了随后的数十年。

尽管雷德伯恩城本身在20世纪30年代的经济危机中也失败了，但各种各样的"新政（New Deal）*工程都将雷德伯恩城的设计作为典范"[28]。这一点在许多工程中都能体现出来，这些工程可以说是田园城市规划方案在美国的一个变通。另外，在罗斯福（Roosevelt）总统针对大萧条时期有关胡佛村（Hoovervilles）**质问的回答中也体现了雷德伯恩（Radburn）城的思想。"绿带城镇"（Greenbelt Town）***是由雷克斯福德·盖伊·特格韦尔（Rexford Guy Tugwell）所掌管的住房再安置局（Resettlement Administration）所建设的，同时克拉伦斯·斯坦（Clarence Stein）在其中担任一个智慧教父的角色[29]。那些绿带城镇的建设是基于这样一个主张，即与私人团体相比较，政府能够建造更好的社区。同时，它们的建设也基于以下"关于现代社区的三个基本理论：田园城市理论，雷德伯恩城理论和邻里单位理论"[30]。支撑马里兰州绿带城镇的根本理论被认为是："它是一个

---

* 指美国罗斯福在20世纪30年代实施的内政纲领。——译者注
** 大萧条时期，许多家庭无法支付按揭款不得不寻求其他安身地，当时的美国总编胡佛（Hoover）把这些人集中安置在全国各地的一些地方，这些地方因而被取名为胡佛村（Hoovervilles），其中大多生活条件差，环境恶劣，是贫民窟的代名词。——译者注
*** 20世纪30年代，美国联邦政府"绿带建镇计划"（Greenbelt Town Program），其宗旨是在郊区选择廉价的土地，建造新的社区，将市区里贫民窟中的居民迁居于此，再将腾空的贫民窟拆掉，改建为公园。——译者注

由住宅和室外空间所组成的高档次居住区,在那里机动车的交通被禁止;广泛利用人行道和地下过道以期使步行交通变得便捷;将住宅的辅助入口设置于住宅的沿街面,而把另一面的住宅主入口设置成朝向公共绿地;建立一所小学来作为整个社区的中心……同时,绿带城镇的深远意义还表现于它在企业合作形式上的不断发展,这些企业合作形式包括一家住宅开发合作社、一家食品杂货与药房的合作社、一家社区报以及一家合作护士学校,今天所有的这些企业和机构都继续运营着。"[31] 对绿带城镇内的合作社的整体观点是,它为个人拥有住宅的理想提供一个替代物,因为个人拥有住宅作为打算消灭无产阶级的、玩世不恭的资产阶级分子的计划而被限制。

像任何一个大规划一样,绿带城镇也有它自己的缺陷。例如,像在莱奇沃思和韦林 (Welwyn) 这两个田园城市一样,绿带城镇的租金对于真正的穷人来说也是太昂贵了;正如威廉·H·威尔逊所说的:"绿带城镇的住宅并不是廉价住宅。"[32] 与此同时,负责选择入住居民的官员们被要求严格加强对收入的限制,这意味着当地居民的认同感将被高频率的居民流动不断地、无意识地破坏。当你总是不得不让居民迁出时,你怎么能建立一个社区呢?另外,尽管奥姆斯特德式的布局 (Olmstedian layout) 充满吸引力,但仍存在一些基本的审美问题:"事实上,20 世纪 30 年代的样式并不耐久。

平顶住宅与国际样式相似,在住宅设计上直到 1935 年都没有大的进展。这个时期的所谓的建筑专家们拒绝让自己接受那些曾经也被运用到绿带城镇的新殖民主义设计。他们忘记了,即使是派生的新殖民主义设计,也是亲切的、适应潮流的。平顶房屋反而只是一段时期的样式,它虽然设计良好,功能齐全,但是看起来太荒凉而缺乏吸引力"[33]。其次,还有一点值得争论的是,按照克里斯托夫·亚历山大 (Christopher Alexander) 所说,绿带城镇的物质组织是过于简单化的,是错误的。绿带城镇的布局 (之后有马里兰州哥伦比亚市的布局)"建议采用一种更加强烈的封闭式社会组织的等级制度",但这

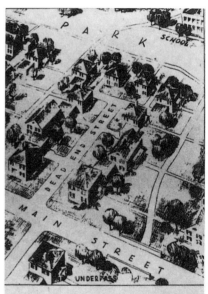

图 32 新泽西的雷德伯恩城,引自约翰·T·霍华德的《在克利夫兰最首要的是做什么?》(What's Ahead for Cleveland)。留意一下步行地下道和面对公园小路 (parkland) 的住宅

是绝对不现实的，因为"实际上在现代社会中不存在封闭式的组织，当前，社会结构的现实是充满重叠，是一个由朋友和熟人所组成的不完全网格系统，而不是树状系统"[34]。最后，早期的绿带城镇似乎是吸收了那个时期的苏联集合式农场而做的设计——所以早期居民把自己称为"开拓者"（pioneer）——它的密度水准是不能长期维持的。简而言之，它们"对市民和对社会过于组织化，例如，集会的时间安排太拥挤以至于待在家里的时间都必须给予公开"[35]。

其他受雷德伯恩城影响的社区在私人团体中也得到建设了，它们也采用了绿带城镇和田园城市的理念——意图限制个人持有住房。查塔姆村（Chatham Village）是其中之一，在美国住宅规划学习中它一直是令人感兴趣的事例。1929年，一位叫亨利·布尔（Henry Buhl）的匹兹堡百货公司老板为一提供文化事业资金的基金会捐献了1300万美元，该基金会同时也为低收入人群提供社区住宅。1931年，基金会购买了一地产——面积为45英亩的比汉农场（Bigham Farm），该地产雄伟地位于华盛顿山（Mt. Washington）之巅，可以鸟瞰匹兹堡的"金三角"（Gold Triangle），也就是阿勒格尼河与孟诺加希拉河汇聚形成俄亥俄河的地方。查塔姆村就是建造在这片神奇的农场上。

布尔（Buhl）基金会的主席查尔斯·F·刘易斯（Charles F. Lewis）认为，查塔姆村之所以与众不同，是因为它是"美国第一座被规划的、由花园住宅所组成的城市社区，它保留单一的所有权，并作为一种投资来经营"[36]。住民并不购买独立的套房，购买的是那些社区会员，但会员的比例被确定在一个相当低的水准（不过，也并不是非常低）。社区住民每月要支付费用，其中包括为"主要抵押契约"支付偿还款，另外还有财产税、学校税、维护费、财产保险以及安全管理费。起初该社区由布尔基金会拥有并管理，1960年这些职能被移交到一个合作协会——查塔姆乡村之家协会（Chatham Village Homes Incorporated）。

通过对20世纪50年代中期基金会创立之时的描述，刘易斯（Lewis）为我们记录下了查塔姆村的成功经历。基金会通过保持对农庄100%的所有权以及令人羡慕的低水平租金回收（不像绿带城镇，这里没有收入缺口），在萧条时期之后基金会的投资每年获得了一个稳定的回报率——大于4%的回报率。刘易斯同时也指出："查塔姆村对社区规划的影响也是值得关注的。城市规划师和建筑顾问、来自纽约的克拉伦斯·斯坦（Clarence Stein）和亨利·赖特巧妙地将山坡的地形劣势转化为优美的田园风光。同时针对用地布局，他们和其他两名建筑师、来自匹兹堡的因汉姆（Ingham）与博伊德（Boyd）一起采用了从两户至八户之间的不同户数的住宅形式。通过这样的方式，在保持每个家庭的个性和隐私的同时又增添了整个集体的和谐统一性。"除此之外，农场还有其他很多别具匠心之处：乔治时代样式的住宅单元、地下铺设的管线、村内的购物中心、汽车代理销售点布置在一个被精心隐蔽了的停车场内、广场和学校也都选址得当设施完备、社区中心是由 1844 年建成的比汉大厦改建而成。25 英亩的林地既是人的静养所又是鸟类的保护区。刘易斯吹嘘道："这些特色将逐年增多。"

查塔姆村受到了全国乃至全世界的好评，它被誉为开创了美国住宅建设的新的篇章。从美国乃至世界各地不断有人来此参观，其中有建筑师、规划师、工程师、建筑工人、金融家和公务员。他们都满怀热忱地汇聚到这里，其中的许多人在离去之后甚至还在其他城市建立了一个又一个查塔姆式的美好社区。英国规划界的早期著名权威人士雷蒙德·昂温（Raymond Unwin）爵士多次表示，他希望查塔姆村能够起到这样一个促进作用……还有其他一些住宅建设的先驱者，如刘易斯·芒福德，凯瑟琳·鲍尔（Catherine Bauer），刘易斯·布朗洛（Louis Brownlow），他们都曾参观过查塔姆村，离开之后均对其为美国住宅建设作出的贡献给予了称赞。[37]

毫无疑问，芒福德是查塔姆村的热情颂扬者，但是他在《城市发展史》中也提到了查塔姆村的不足，即它甚至没有激起周边当地人的效仿，芒福德认为这一不足是实在"难于解释"。[38]不过，简·雅各布斯为我们提供了一个可能的原因。她认为，"查塔姆村根本不存在带有城市感觉的公共生活"，它有的只是"对私人生活的一种不同程度的延伸"。雅各布斯还认为："考虑到查塔姆村中邻里间的那种亲密程度，住户们就有必要在他们的标准、兴趣以及背景等方面彼此有着共同点。"为了证明她自己的观点，雅各布斯还引用了查塔姆村议员团的例子："议员团就像被提到那样，包括四名律师、两名医生、两名工程师、一名牙医、一名销售员、一名银行家、一名铁路工作者和一名规划执行总监。"最后她得出的结论是查塔姆村只是由中产阶级的专业人士所组成的一块飞地,它把"自身与周边世界的不同人群隔离开来"。[39]从某种意义上讲,查塔姆村是一处专业人士的中产阶级的聚集区,它为"中等收入的职员们"[40]提供住宅的目的——这也是它的一个相当有限的初衷——已经被证明是难于达成的。

现在,对于那些想跻身于匹兹堡工薪阶层的专业人士来说,查塔姆村无疑是个好住处。村庄的建筑遵循雷德伯恩城的传统,拥有同一中心式的建筑,它们的居住空间朝向庭院、终端式的支路或者公共停车场,而不是朝向公共性的主要街道。查塔姆村所缺少的就是它的社会基本单位(家庭)与周边城市要素之间的密切联系。从建筑角度讲,无论城市还是郊区,个人与社区间的主要联系切点就是住宅的正门,人们通过正门进行交流的同时又通过正门来保护个人空间免于社会对隐私的侵犯。如果你让房屋正门不设置在大街一侧,那你便是一位分离论者——这便是通向封闭式社区的第一步。

第二次世界大战之后,同一中心式的居住区设计原则在城市以及郊区均受到普遍欢迎。在城市,建筑的样式一般是以电梯为环绕轴心的高层建筑,或者是环绕小庭院、环绕购物中心的、主入口朝内的高档次住宅。伦敦的不伦瑞克广场(Brunswick Square)是一个应该特别提到的例子。不伦瑞克广场是20世纪70年代粗野主义派(brutalism)的作品,住户们将房屋(包括防火梯)背对着大街,希望以此能够更好地在室内享受个人空间。不巧的是,不伦瑞克广场地处布鲁姆斯伯里(Bloomsbury)最有活力的地区,穿过大街便是罗素广场(Russell Square)的地铁入口,它与伦敦大学也相距不远。建筑师们需要所做的一切就是把它同周围其他城市要素联系起来。然而,设计师们却以某一些方式最终让居民们既与有活力的外部街道实行了分离,又让居民们与内部的公有场地实行了分离。能做到这一点也是不容易的。

如果说像查塔姆村和不伦瑞克广场这样的居住社区没有挖掘出住宅正门的社会潜能,那么这是因为他们想当然地认为在资本主义社会,个人的自我表现不需要外界进一步的诱导,更确切地说,他们主张公共利益的取得要求对个人主义的节制。正如我们所看到的那样,查塔姆村和众多绿带城镇一样,这样的冲突已经延伸到了房屋所有权问题上——更具体地讲，已经延伸到了"美国人的信仰，也就是对被称为是房屋所有权的一种东西的宗教信仰"[41]。克拉伦斯·斯坦（Clarence Stein）通过森尼塞德城（Sunnyside）和雷德伯恩城的艰辛经历，已经获得关于私人不动产市场的非常明确的教训："森尼塞德城的人们——以及雷德伯恩城的许多人——都发现当他们不再有能力支付抵押款时，对房屋的拥有只是一种变相的租赁。他们对自己的住宅拥有所有权的很少一部分，选举权也被贷方所掌握。他们发现自己仅仅是一个住宅的看守者，照料着受押人的财产。这是因为，他们所有的积蓄都已经被用于支付住宅维护费用、用于数年来减少抵押款的费用，以及必定定期支付利息，但是当经济衰退让他们失去了工作与收入，失去积蓄时，他们这些年复一年的花费都将化为乌有。"[42]

虽然这样的议论在20世纪30年代曾风靡一时，但到了二战后，经济的繁荣逐步驱散了这种记忆，拥有个人住房的梦想开始复苏，至少在中产阶级是这样。[43]然而，查塔姆村的住户却由于其"总抵押契约"的观念，没有参与战后的这场的房地产热潮。因此，他们对自己的房屋并没有产权，更不用说资产收益。不可避免的，这导致了不满情绪，也像莱奇沃思城一样引起了反对"自然增值"的激战。最终，查塔姆村的投资者们为了他们的钱袋放弃了原有的理念。他们发行了一本小册子，规定对村庄未来居民的现行管理规则："查塔姆村是一个由村民所有的合作社。合作社对所有财产，包括土地和建筑，均拥

图33 雷德伯恩城的规则逐渐变得丑陋：伦敦市的不伦瑞克广场，那里个人住宅背朝大街。这种建筑无意识地为那些被隔离到城市其他地方的人们设计出一个"跑马场"

有所有权。每一位住民都持有一张合作社员的身份证,它的价值反映该社员的住宅市场价值。像一般的住宅一样,面积大的,或是改装过后的,或处在理想地段的住宅,其身份证将可以在市场上获得更高的价值。事实上,当住宅转手时,被买卖的是这些身份证。"[44] 准确地说,社员身份证不是住宅所有权,但是它却给住民们带来了利益。尽管这段对社区合作社的简单描述听起来并不是那么引人注目,但这足以让克拉伦斯·斯坦认为这种针对不动产市场的让步是一个公有团体私有化的过程,它背叛了当初查塔姆村所体现的所有主张。

就这样,乌托邦的理想在市场的诱惑和资产阶级意识的冲击下再次宣告失败,但其回复力却被证明是惊人的,它时常成为因扰所有城市规划师的因素之一。许多民主的规划师们一次又一次地发现自己陷入了一种两难的境地,即他们的设计在协调赢利目的与共产主义文化的同时,还要为官僚主义下的理性城市的伤感情绪提供发泄的场所。

荷兰的城市规划便是说明后者的一个有趣的例子。荷兰整个国家一直存在着一个基本的问题,即总体地势较低,经常面临着被海水吞食的危险。因此,1000多年来,他们通过开垦土地来给予还击,在很多方面这也是一项教育他们如何利用水力(和风力)的工程。[45]19世纪,荷兰对自己开垦土地的技术已经非常自信,于是他们开始认真考虑拦截并抽干须德海(Zuider Zee)*的工程。该工程于20世纪初开始准备,由工程师兼政治家的科尼利厄斯·莱利(Cornelius Lely)负责。20世纪20年代,莱利开始实施自己大胆的计划,即建造一道拦截水坝将须德海与北海断开。后来,艾塞尔湖(Ijssel)逐步将这片被拦截的海域变成了一个淡水湖,现在被称为艾塞尔湖。在这项工程完成后,荷兰政府开始对这片被称为开拓地的土地进行了系统的开垦。

二战后,荷兰人花费了大量精力把这片开拓地的水抽干,并建立了许多城镇,用以控制城市扩展这一充满雄心的计划。[46]起初,这些城镇,尤其是莱利斯塔德城(Lelystad)(城镇内有集会广场),它与位于斯堪的纳维亚的同类城镇一样,是具有里弗赛德城(Riverside)和雷德伯恩城的精神的、彻底的现代主义产物:图34所显示的新城镇"阿尔默勒-黑文(Almere-Haven)城的典型特征是采用了交通分

---

* 须德海(Zuider Zee),即艾塞尔湖(Ijsselmeer)。——译者注

离系统,骑自行车的人和步行者可以通过他们自己的道路网到达城镇的任何地方,这些道路或是以天桥的形式,或是以地下道的形式穿过主要机动车道,它们与机动车道的惟一连接就是公交站点。公交车都有一个自身的环绕线路"[47]。阿尔默勒－黑文容纳了有着荷兰城镇特色的设施,包括自行车、公交车、钟塔、人工渠、带有亲近格调的运河住宅,也包括提梁与数层的山墙,所有的这些都是按照习惯性的小尺度来建造的[48]。新城镇中这些本国特色的重现,反映了20世纪70—80年代人们重新发现了"18世纪一些独特风格的魅力,如对无秩序的偏爱、对个性的培养、反理性、对多元化的追求、对特有风格的欣赏和千篇一律的怀疑等"。[49]

但在最近,阿尔默勒－黑文城的规划者们认为,尽管阿尔默勒－黑文的人口已经达到了12万人(正处于目标的中间值位置),但整个城镇还没有完全成为一个像城市的城市。于是,莱姆·库哈斯(Rem Koolhaas),这位2000年普利兹克建筑奖(Pritzker Prize)的得主也被邀请来对城镇的规划进行修改。库哈斯是一位热爱喧闹的现代主义者,也是著名的欧莱里尔(Euralille,与海峡隧道和高速火车连接的商业中心,目标是成为佛兰德的"泰森角"Tyson's Corner)的设计者。库哈

图34 阿尔默勒－黑文的传统荷兰街景改造(荷兰新镇作为设计要素的复古情结。在阿尔默勒－黑文,20世纪70—80年代的政府规划师们推崇本国特色的设计。在这一点,莱姆·库哈斯起到一个怎样的影响呢?)

图35 街头景观,埃丹(Edam)的干酪市场城。大部分传统荷兰建筑的魅力所在是其小型化,从该图也可以明显看出这点

斯认为，欧莱里尔代表着"一股现代化的浪潮，这种浪潮与历史性的装饰并存却不受其影响"。[50]彼得·纽曼（Peter Newman）曾经写道：库哈斯所做的推动作用是"从原有的古老城市中脱离出来，走向由有轨列车、金融和经济信息等所组成的城市……商业中心，像所有其他开发地区一样，干净，安全，配有警卫。放眼望去，是带有法国的城市规划风格的大住宅区。那里也有着高失业率，周期性地造成了失业者的骚乱"。[51]在欧莱里尔（Euralille）甚至还有一条取名为勒·柯布西耶的大街。现代主义的复苏也许会让人有这样的疑问：像欧莱里尔以及库哈斯修编后的阿尔默勒这些现代城镇，为什么当地政府要紧紧跟随时代潮流的变迁，即使是市场经济能够使它们成为最好的时候？

来看一看新城市主义（New Urbanism）。它是一场以市场为导向的运动，有时会与经济的高速发展联系在一起，有时也和"金融决定形式"[52]的格言联系在一起。新城市主义是建立在这样一个信念的基础上的，即它认为在"我们生活、工作和日常活动的场所"有着根本性的错误，并且它还认为美国人最近已经逐渐意识到他们自己的不满，"并用'无位置感'和'社区功能的丧失'之类的话语来宣泄这种不满。我们驱车到一些非常糟糕的郊区商业街时，会被那里的丑陋所震撼。入目的一切都是那么惊人、丑陋不堪——有卖油煎食品的摊点、大盒子式的商店、营业所、加油站、地毯销售店、停车场、像跳摇摆乐一样的城镇住宅、极其混乱的广告牌以及拥挤不堪的道路——这一切仿佛是为了给人们带来灾难而在恶魔驱使下进行的设计"。[53]

针对郊区的这样的批评，其中一种说法是：促使城市蔓延发展的恶魔力量正是刘易斯·芒福德一直提到的私家车。还有另一种说法认为：扮演格伦德尔（Grendel）*角色的是政府；在汽车与石油这两个怪兽的煽动下，政府成为了城市蔓延的鼓吹者——他们通过大规模的公路建设、公共交通的拆除、住宅融资事业的促进、刺激大抵押契约及减少个人储蓄的税率的制定、汽油税的降低、当地公立学校的限制等手段来达到这一目的。尽管新城市主义者们之间存在着不尽相同的观点，但是他们对这样一种直接明了的解决方法都表示了支持：即都认为"新的城镇应该是简单且短时间距离的：住

---

* 北欧史诗中的巨兽。——译者注

宅区、公园和学校都位于商店、市民服务点、工作地以及公交站点的步行范围之内——这也是传统城镇的现代版"。[54]20世纪90年代，新城市主义这一不断推广的思想意识在全美国范围内掀起了关于郊区发展的大讨论。本杰明·福尔基（Benjamin Forgey）曾写道：新城市主义可能是"至少30年间在美国所看到的、一系列城市改革运动中最贴近人的一种思想"。[55]

位于佛罗里达州狭长地区的海边（Seaside）社区便是新城市主义所主张的模型。海边社区是著名规划师安德烈斯·杜安尼（Andres Duany）与伊莉莎白·普拉特－齐伯克（Elizabeth Plater-Zyberk）*夫妇，以及一名非常有远见的发展商罗伯特·戴维斯（Robert Davis）共同的杰作。可以说，海边社区永远是标准的美国式规划用地：

游客一进入海边社区这片80英亩的土地，便会发现一个由狭窄街道组成的交通网，街道用浅红色的水泥材料铺成——它透着现代气息，看起来淡淡的，就像以前在许多老社区能发现的汽车轮胎下面隆隆作响的红砖。这里几乎所有的街道都刚好18英尺宽，以此限制交通流量。为了进一步控制流通量，车辆只能停在街道上或路肩上。在这种情况下，驾车者只能放慢速度，而徒步或骑宽胎自行车的人们却有一种与小汽车、篷货车和小型卡车平起平坐的感觉。[56]

街道的设计也极具细节。街道两边是数十种不同图案的白色栅栏。住民们可以根据个人喜好选择或发明自己栅栏的风格，但必须与同一街区其他住户的不同。门廊和栅栏应相隔大约16英尺，这样的距离可以使坐在门廊的人不用提高嗓门便可以和来往的路人交谈。

根据海边社区的规定，门廊至少要延伸出房屋正面的一半，而且进深必须不少于8英尺——这么大的空间足以让人们可以舒服地享受了。屋子到处覆盖着护墙板、屋顶板或者由板和夹板做成的披叠板——它们均不含乙烯基和铝。窗户几乎都是高长狭窄形的，以便与老式风格的栅栏以及木质的宽敞门廊协调一致。一些节日性的色彩诸如粉红、黄色和浅绿在社区占主导地位。

---

* 两人均为新城市主义的奠基人，是一对夫妇，他们共同发起了协会称为DPZ协会。——译者注

如果这一切听上去似乎有些专制，那么有一点要理解的是，DPZ事务所的成员们并没有把这些严格的控制规定应用于经济领域，因为经济领域是无政府主义者的天堂。事实上，他们所做的只是将一些规则（主要是住宅设计规则）改变成地块控制条例。当安德烈斯·杜安尼与伊丽莎白·普拉特－齐伯克开始他们的事业的时候，他们吃惊地发现传统的城镇设计方法——一个城镇里各阶层的人们紧凑地居住在一起，有小型的停车场、人行道、门廊、屋后小路以及其他的公共空间，当然还有各种商业和工业活动——已经在这个国家的其他地区被定为"非法"。简而言之，无论怎么去思考它们，美国郊区都是为了观赏和工作的目的而用他们所能利用的方法规划出来的。如此，就像詹姆斯·霍华德·孔斯特勒（James Howard Kunstler）解说的一样，DPZ意识到他们有时候必须使用一些技巧，例如："当杜安尼先生的公司在迈阿密市设计一个带有狭窄的街道和古老样式的屋后小路的开发区时，从委托方处却没有获得许可。于是他们提出了一个新的规划蓝图，在那里道路被重新标记为'停车区'（parking lots），而屋后小路被标记为'慢跑小路'（jogging paths）——随后，这一工程获得通过。"[57]

图36　佛罗里达州海边（Seaside）社区。民间的发展是新城市主义的核心，但是在这个大广场的首要位置的建筑物却是一个公共机构：美国邮政办公楼

海边社区不只是一个有特色的美学景观，这一点必须强调。它所隐含的意味是城市不仅仅是一个由部分所组成的总和，公众利益也不仅仅是许多个人利益冲突抵消后的残余物。例如，海边社区把海滩作为大众休闲处，而不是为单个家庭提供消遣；如此，海边社区幸免于这样一种其他地方能看得到的并发症，即随着从海岸线向内陆延伸地产价值将直线下降的症状。[58]恰当地说，在主干线的海滩一侧，大多数建筑提供一些公共职能的作用。其中有海滩的小型建筑，它们带有古庙宇两面性的品质——也就是说，它们很优美，负责装扮着海滩的景色，但同时又要与城镇协调一致。很多城市中的地块可能比其余的更有价值，但是包括租赁者在内的房屋所有者们都选择离海滩和离主要的商业区不远地方。维多利亚时

代的古怪钟塔提供了一个海湾的景色,同时它为人们贡献了一个或是优美如画的建筑要素,或是粗俗的建筑要素,对该要素的评判就取决于人们各自的趣味了。从这两个方面来讲,我们就能理解为什么电影《楚门的世界》要在海边拍摄了,因为片中的城市景观同时还起着一种"软禁"主人公的作用,海景当然最适合这一需求。

与海边社区相比,其他新城市主义特色没有那么强的煽动性,但也都有各自的有趣部分。在位于华盛顿市的马里兰郊区的肯特兰(Kentland)住宅开发区,安德烈斯·杜安尼与伊丽莎白·普拉特-齐伯克曾对"高龄者附属住宅"(granny flat)进行了一些别具一格的利用,它是附带的建筑单体或是车库之上的建筑单体,它增加了相邻地段的建筑丰富性和建筑密度,同时更重要的是它改变了社区的人口结构。孔斯特勒这样解释道,虽然高龄者附属住宅和其他附属集合式住宅在大多数的设计规范中受到地块控制这一因素的妨碍,但是它们却容纳了众多的单身者和低收入居民,否则他们将无法找到安栖之地:"如果没有住宅供应,一位独身的六年级学校教师就将因为缺乏财力而不得不离开他所教的学生在偏远处居住。房屋的清洁工和园林工也一样,他们就将不得不从半小时以外的偏远低收入住宅区赶过来。"[59]在肯特兰住宅开发区这一工程中也有着未曾料想到的变化。有时候,最初居住在高龄者附属住宅是一些本地人,他们把相邻的大套间都租赁出去,直到他们有足够的钱让自己住进大套间。最近,肯特兰的发展特色主要体现在"商住混合单元"模式,即集合式住宅被布置在底楼的店铺之上。

新城市主义的其他特色可能更多地体现在英国的一些开发区中。英国方面估计到:"如果按照20世纪80年代的郊区发展趋势继续下去,那么至2016年将需要建造440万套新住宅,是现有住宅存量的20%,而这将占用650平方英里的农田。"[60]针对这一状况,寻找一种破坏性小的发展模式将是其根本所在。克利克豪厄尔(Crickhowell)位于威尔士农村,是一个看起来像中世纪时期的结构复合体,它的设计是基于当地社区的特色,同时也很热衷于电信通信的利用。这一结构的开发者,阿可恩·特勒维拉基(Acorn Televillages)曾因开发了富有创造力的可持续性住宅而获得英国皇家城市规划学会的奖励。在英国西南部的多切斯特(Dorchester)外有一个叫庞德贝里（Poundbury）的地方，它是伦敦的一位名叫莱昂·克里尔（Leon Krier）的建筑师的作品，他也曾经积极参与海边社区的设计[61]。庞德贝里的建筑样式被要求遵循当地的特色，"例如在多赛特郡（Dorset），就需要使用帕贝克（Purbeck）的大理石，波特兰（Portland）的石头和当地品种丰富的砖块、石灰、平石板和被称为'抹灰'（render）的灰泥。那里不可能有半露木的或是过于华丽的装饰形式。在外观上，房子的样式看起来有点古老，但是他们有着两层的玻璃窗、高效率的高压锅，以及用来降低燃料损耗的、极其保温的、由电脑控制的能源管理系统。"[62]

沃伦·霍格（Warren Hoge）指出，庞德贝里的所有服务设施，比如"电话线、电力线、煤气管道和排水管都是埋在屋后的地下沟渠，同时一个为整个社区服务的大型卫星信号接受器隐藏在大石墙下"。[63]这显示出庞德贝里的一些特征：

　　它通过把现代建筑规划技术与传统的设计方法、传统的建筑材料相结合，创造了一个带有古老气息的英国村庄。在这个村庄最终充满了个性多样的石屋、酒吧、塔、小旅馆、小店铺、营业点和一些轻工业加工场房……在随后的20年里，庞德贝里计划在超过400英亩的土地上建造2000—3000座住宅，并相应配置一些营业点、厂房、一个社区中心、市场和儿童游乐场。第一批住宅是砖石结构，屋顶是石板屋顶或瓦屋顶。不同于现代的简单雷同式的地块划分，每个住宅都各具特色，它们每5—6个成一组形成一个住宅组群。据建设者们说，那种类型住宅的平均建设成本比普通住宅的成本贵10%。[64]

庞德贝里的住宅坚持新城市主义的理念，"与街道相平齐，以至于当你踏出正门时，你就已经身处城市之中了。"[65]这从这一点可以看出，它是试图想表现那种错综复杂的城市空间，也就是简·雅各布斯和卡米洛·西特（Camillo Sitte）所非常喜欢的城市空间。[66]

　　与海边社区以及其他美国的新城市主义城市的展开相比较，庞德贝里在好几个方面是与众不同，对它们之间的几种相异点的把握是有益的。例如，庞德贝里直接与多切斯特（Dorchester）的老城相邻接，所以它实质上是一个城市的扩展地带，这意味着它存在将新社区移植到现状城市内的一种可能。但是在美国，我们确实没有这样的选择，因为在任何情况下，居民都是追求自治，而不习惯于融入到现有的社区中。进一步说，庞德贝里是在康沃尔（Cornwall）公爵的领地内、也就是威尔士王子殿下的领地内进行的开发。那时，在某种意义上，庞德贝里是贵人品质的一种痕迹；另外，20%的住宅将通过慈善机构租给低收入人群。然而，将低收入人群融入到中产阶级社区的类似传统，或者说可视景观，在美国却理所当然地并不存在。

在新城市主义中，最有趣的思想是——这也适用于海边社区和庞德贝里——它既极其传统，又无太大目标：即让人们不开车也能够买到一份报纸、一块面包，并且不开车也能够上班或上学。新城市主义的融资方式与莱奇沃思城和查塔姆村的新颖融资方式不同。它并不排斥对个人拥有住宅，个人拥有住宅所有权成为了社区管理部门的工作范畴。新城市主义的开发区按照传统模式来融资，它们不赞成容易导致资金外流的大幅度资金变动，也拒绝任何形式的补助金。实际上，新城市主义经常因太市场功利化而受批评。除此之外，就像文森特·斯卡利（Vincent Scully）所评价的，新城市主义者的探索是"极其奢华的"[67]。这句话可能不太适用于庞德贝里，但是在海边社区这句话无疑是正确的。在海边社区，差不多所有近期的建筑都以相当大的尺度来建造，并且甚至连那些普通住宅也是贵得惊人。难怪那里会有像福尔基（Forgey）这样的批评家们抱怨，新城市主义"并没有对社会上最需要帮助的阶层给予帮助"[68]。

那么，怎么来描述"精明增长"（smart growth）[而不是"密集"（dense）这个词来代替"精明"（smart)这个词]的精明性呢？俄勒冈州的波特兰市可能是对这一问题的最好解答实例。该城市因为把一条主干道（罗伯特·莫瑟斯的粗俗作品）改建成公园而获得独特的声誉。它也是"可持续城市"运动的圣地。在波特兰，保护主义者发起过一场运动，以此来建立一个大都市圈政府和一个区域规划机构。区域规划机构曾设置了一个城市发展边界控制线（UGB），在商业区的停车空间上制定

图37 在另一个DPZ的开发区、马里兰郊区肯特兰的高龄者住宅。因为它们成功地改变了城镇的结构，因此在建筑上和社会经济上都不存在自卑情结

最高限度，把地块控制作为一种工具来鼓励社会经济的多样性，发展轻轨交通作为对依赖汽车的一种变通。这最后一个特征反映了它对彼得·高霍（Peter Calthorpe）的西海岸规划的影响。彼得·高霍提出了"步行区域"（pedestrian pockets）的概念，强调环绕轻轨交通站点[69]的节点发展模式，它是一项适合于对旧郊区进行更新的发展模式。菲利普·兰登（Philip Langdon）说道：

> 在1980年，波特兰地区设置了一套城市发展边界控制线。从那时修订之后，现在它包括362平方英里的土地。在边界线之内，提供了大量的可建设用地，而在边界线之外，政府则通过各种措施来限制各项建设活动，例如，划分出仅为农业使用的农田、保留大片用地不被用于住宅的过度开发，以及制定限制公路和下水管道发展的政策。为了有利于节省土地和提供经济实用的住房，所有波特兰地区的市政当局被要求制定相关政策，使新住宅的半数成为或大或小的集合式住宅，或者其他多户型建筑。城市发展边界控制线和其他制度已经有效地缓解了郊区的蔓延，一个单独家庭的平均用地面积已经从13200平方英尺跌至8700平方英尺。通过提高居住密度，这个地区现在可以在控制边界线之内容纳31万套住宅，这一数字几乎是按照原有规划和分区制度时所能容纳的两倍。[70]

图38　海边（Seaside）社区的工人小别墅。它有一个寝室、一个半洗澡间，被称为"我们的海滨之地"（Our Place by the Sea），以55万美元价格被出售

但是波特兰与美国其他城市相比较，在文化上有着较大的差别，不是一个具有代表性的城市。在那里白种人与中产阶级占多数，有一个进步的政治文化，这一点与其是解释"精明增长"措施本身，不如说是更多地在解释波特兰的吸引力。比如杜安尼准确地指出在美国存在着以地铁、轻轨和城市发展边界控制线而引以为荣的另一个美国大城市——迈阿密市，但是该城市却从来没有被认为是在城市发展方面是精明性的。总之无论怎样，评判的标准仍然在波特兰的经验之外。首先，只要被证明对政治有利，城市发展带随时都可以扩展。并且由于供求法则的存在，有

理由预测波特兰的UGB将不可避免地让位于城市中心的低收入居民变得更加拥挤。甚至像理查德·莫（Richard Moe）和卡特·威尔基（Carter Wilkie）这样的波特兰爱好者，在他们关于一个叫阿尔比纳（Albina）住区的复兴事业中所提供的描述承认了这样一种可能性，即"随着波特兰住宅市场的变热，这一住区的低收入居民将会存在长时间无力支付他们社区费用的可能性"[71]。他们也认识到另一种可能，就是在UGB以内的区域也可能存在蔓延式发展的、有害无益的土地利用，同时也存在远离地区的"蛙跳"式发展的危险性，迄今为止远离地区还被远远抛在波特兰的社会经济辐射力范围之外。

保持对"精明增长"的警戒，也存在其他的原因。首先，在资本主义的经济生活中，针对各种工艺制品，有着大批量生产其廉价仿造品这样的非凡能力。例如，勒·柯布西耶的放射状城市构想已经蜕变为埃瑞维欧的凡夫之作，里弗赛德城（Riverside）蜕变为了以廉价取胜的莱维特镇（Levittown），流水别墅*蜕变为到处都能发现的20世纪60年代的低级景观，而且赖特的美国风（Usonian）住宅则蜕变为"移动式住宅"。想一下模仿阿尔默勒－黑文城的冒牌运河，或是想一下就在我们身边的塑料窗板和突然消失的框格吧。令人惊奇的是，刘易斯·芒福德似乎已经在其"文化外渗的规律"[72]中预测到了这样的发展。因此，精英们主导了一些革新措施，以此来使自己逐渐融入到大众文化中，然而在这一过程中革新措施却不断退化。如果"文化外渗的规律"继续有效，那么在新城市主义中，外表装饰将得到进一步的扩展，例如海边社区的华而不实。但是，这却与其原有的思想本质形成鲜明的对比，换句话说，是失去了安德烈斯·杜安尼的共产主义理念。迪斯尼在庆典上的投资可能被视为是这一过程不断发展的一种明显表征；正如理查德·莫和卡特·威尔基报道的，迪斯尼的"市场研究表明更多新建在老市中心周围的社区，实际上是可以吸引潜在的买房者"[73]简而言之，新城市主义的成功导致了经典的佩吉李（Peggy Lee）**时代（"这就是所拥有的全部吗？"）。

---

* 流水别墅（Fallingwater），由建筑师赖特（Frank Lloyd Wright）设计，位于宾夕法尼亚州匹兹堡，设计时考虑了穿越树林的一条小溪流上形成的小瀑布，把别墅设计在溪流上而不是溪流的旁边。——译者注
** 佩吉李（Peggy Lee）：贯穿美国娱乐史将近一世纪传奇的艺人，集歌手、创作者以及名演员于一身，于美国时间 2002 年 1 月 21 日辞世。——译者注

而且,新城市主义的手法毫无疑问地会被成长产业和政府可笑般地盗用。正如弗吉尼亚州亚历山大市、一个位于华盛顿郊区的城市所发生的事情,该城市经历了由填充式的发展而导致的人口爆炸,另外军事设施的撤离以及旧铁路车站的再利用也在一定程度上刺激了它的发展。在20世纪90年代,由于主张在传统城市中心实现混合使用,新居民们被吸引到一个叫做旧镇(Old Town)的附近,与皇家大道地铁(King Street Metro)的站台也相距很近。忽然有消息宣布,城市已经(从弗吉尼亚州的水晶市、一个本身就足够政府机构办公的、光辉城市的仿造品)吸引美国专利商标管理局(PTO)来这一地区,该管理局准备建造一座能容纳7100名职员、并且其中2/3是开车上班的大厦。依据规划,这一混合物将成为一个著名的巨石——根据《华盛顿邮报》,它将是继五角大楼、罗纳德·里根大厦和曼哈顿的嘉维茨会展中心之后的美国第四大政府建筑。出于安全措施的考虑(可以想像一下俄克拉何马州),综合体将坐落在大街区内,没有地下停车设施,但将设计三个共能容纳3800辆车的地面停车库。简·雅各布斯书籍的细心读者可能会发现,如果政府的办公室被有机组合到城市中的建筑物中去,处在一个混合功能区内,有着便利的方格路网和标准的行列式建筑,那么它们不仅难于引起恐怖分子注意,而且作为袭击目标的价值也大为减小。但是,PTO将被一种不同的设计理念所主导。实际上,在那里街道的店铺和餐厅可能被宣布为非法,方格路网不再服务于城市而是被故意地去除。可以预见,它将真正成为一个巨大的政府办公盒,但这样的建筑更适合于四周环绕着停车场的遥远的郊区。当这一工程真正表现为一种对城市来说迫切需要的、有着弗吉尼亚州最高税率的收入来源时,必然地,它将被它的拥护者们当作先进的"再开发模式"(infill)或者"精明增长"所招徕。

最后,我们应该怎样理解蔓延发展或它的其他选择呢?首先一点,正如我们已经看到的,将蔓延发展看作住宅建设和商业设施建设中的无秩序的个体行为,是错误的。相反,在美国,建筑业是最受管理条约所限制的产业之一。如果可以认为开发商是按照当地政策进行大量投资,政治家是产业发展的一部分,那么同样的缘故,马克·汉纳(Mark Hanna)和汤姆·约翰逊(Tom Johnson)相继参与了20世纪末克利夫兰的市政发展策略也就可以理解。郊区决不是一个无秩序状态的显示，而是为了被观赏、为了它的正常运行而被精心地规划。

　　其次一点，蔓延有其吸引力。至少，它曾是一种深刻的民主现象。二战后，住房供不应求，公众欠下回归士兵大量债务，建筑业必须做好准备满足他们的大规模需求，政府也很乐于通过提供他们所能够提供的一切来表示自己的好意。有时，美国郊区混乱的特征，就是出卖早期无产阶级的状态。然而，从另一种发展角度来看，数百万美国家庭的生活条件都被蔓延式的发展所永久改善了。他们都知道他们自己正在将公共汽车和自行车换为私家车，将简陋的集合住宅换为郊区的农园，将普通冰箱换为北极牌（Frigidaire）冰箱，将工资换为年薪。再次回想一下"美好的生活"（It's a wonderful life）这部电影*以及贝德福德·福尔斯（Bedford Falls）城郊的发展，这一城郊的发展从根本上使乔治·贝利（George Bailey）确信他的人生是值得的。在试图解释蔓延发展的动态性时，并不需要对所有不可思议的东西（比如错误的意识）或邪恶的东西（比如对黑人的种族歧视）同等对待。高犯罪率、低档次的学校、中心城市逐步扩大的税率都做了足够的表征。简而言之，蔓延有其自然的成分，并且我认为即使所有支持蔓延发展的政府津贴和税收都奇迹般的消失了，它的发展动力还将毫无疑问地继续进入21世纪[74]。正如安德烈斯·杜安尼曾探讨过的，蔓延可能代表了一种城市的分解，但就其自身来说，并不是没有一点正确的地方。[75]

　　蔓延继续成为向上发展与社会一体化的动因。忘记《快乐谷》**中假想的洁白世界吧。想一想1990—1998年间美国郊区人口增长了40%，其中西班牙裔人增长了58%，亚洲裔人增长了76%，而非西班牙裔的白种人则仅增长了17%。[76]《保护》（Preservation）杂志发现，美国的郊区梦想对全球都有着影响，今天的移民在他们到达之前对郊区梦想都有深刻了解。该杂志还记述了这样的转变：郊区

---

* 又名《风云人物》，由法兰克·卡普拉（Frank Capra）导演，1946年制作。贝德福德·福尔斯（Bedford Falls）为影片中的小镇，乔治·贝利（George Bailey）为一储蓄及贷款商。——译者注
** 美国20世纪50年代的电视连续剧，剧集里充满人情的温暖与人性光辉。——译者注

破旧的小型购物中心再度投入使用，它们为满足新组合在一起的各种外来人群的需要提供食物、商品和各种服务。战后的同一个模式的各个居住社区由于清真寺、佛教寺庙等的进入而发生了改变；整个社区由天主教徒的越南人、充满进取心的韩国人，或者亚洲的印度人所组成；或者来自这个世纪后期的战争所导致的难民，如库尔德人、索马里人、波斯尼亚人等。[77] 简而言之，今天的非洲裔美国人和来自诸如墨西哥、中美洲、加勒比海地区、遥远的亚洲和非洲角落的移民，他们拥挤在一起是为了获得成为中产阶级的权利，而不是为了获得体验敏感的多文化的、想像中的权力。新一代美国中产阶级对新城市主义、市中心再开发以及商业街的游乐园的漠视，整体上看来是合理的。与城市发展带、"精明增长"的市场控制、甚至与诸如安德烈斯·杜安尼和彼得·高霍（Peter Calthorpe）这样著名规划师的城市想像相比较，蔓延发展更加符合他们的利益。

最后，一些难于入耳的措辞被用在对抗郊区化的过程中。事实是"蔓延"（sprawl）与它原先的单词"枯萎"（blight）一样，最终只是一个绰号，而不是一个研究性的用语。至于被大肆宣扬的"精明增长"，人们并不清楚它到底哪里是精明的，人们也想知道到底谁应该是它的操作者以及为什么任何人都应该期望他们比自己的前辈更精明。这些前辈们拆除了我们现在想重新使用的电车轨道，在我们的城市中心之间安设了州际公路，并鼓吹他们已经解决了大众住房问题，而其实他们才是城市蔓延发展的制造者。我们也想知道，认为能避免被强奸就会永远保持处女之身的人到底有多聪明。现实世界的选择只有一个。北弗吉尼亚州的市民在20世纪90年代中期为对抗杰克·肯特·库克（Jack Kent Cooke）为他的印第安人在里根国家机场附近的波托马克车场（Potomac Yards）狭长地带上建造一座运动场而发起的运动中发现了这一道理。虽然最终是好人打败了坏人，但这在成功的背后他们发现，与库克的对抗最终却为兴建一条"大体量"商业带扫清了道路，这一商业带将有可能聚集 Target、Old Navy、Staples、Barnes & Noble 这些名牌企业以及运动管理局等。然而事实不能改变。

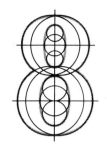

第 8 章
政府何时才敢
有梦想

通过一些基本的城市设计原理，法国政府将它所知道的有关国家统治权威的重要性告诉了现代世界。来自巴黎和凡尔赛的回声仍然回荡在分布很广泛但类型不同的各个地区，如魁北克市、底特律、太子港、华盛顿市，以及所有快速成长的新兴城市——尽管这些回声有时显得很微弱。然而，这个世界也从法国那里了解到了皇家专制主义的局限性。举例说，托克维尔（Tocqueville）非常惊讶于皇家法令在对抗城市扩张过程中的无效："尊敬的路易十四在他的统治期间曾六次想控制巴黎城市的发展，但他失败了，所有那些在其他领域被证明行得通的强有力手段在这时却发挥不了作用了。"[1]

有了这些经验之后，法国政府有时就意识到应引导城市的发展，而不是刻意地去控制。这就是为什么彼得·霍尔（Peter Hall）将法国首都视为"永恒的人民工作之城"的原因之一了。[2] 当然彼得·霍尔对这座城市的精确描述是基于该座城市曾经被拿破仑三世手下的长官乔治-尤金·奥斯曼男爵（Baron Georges-Eugéne Haussmann）所管理，而我们知道奥斯曼对巴黎这座城市的建设起到过重要的作用。他建设了宏伟的林荫大道并扩展了巴黎市的郊区。他所完成的许多工程是自他的前任就已经开始的，包括"里沃利大街的延伸、卢浮宫的完成、一条新的南北轴线以及会展中心"；他建设的给水系统能够提供城市原有供水量的两倍以上，城市的给水干管也被加长了一倍；他建设的污水处理系统能让50队骑士和他们的马匹在夜间清除其中的污物；他建设了相当于之前四倍的雨水管并有预见性地安排了管道备用空间，"开始是为给水干管的备用空间，在后来则是为电力线、电报线、电话线以及能够传输信件的压力管等"；他还建设了大量的公园并将巴黎树木总量增加至差不多是以前的两倍，即从50000棵增加到现在的95000棵。更值得注意的是"形成了两片大森林"。[3]刘易斯·芒福德对奥斯曼的高度肯定正是基于布洛涅和凡塞纳这两片森林，他还将它们形象地描述为巴黎的"两个巨大的绿肺"。[4]

奥斯曼所留下来的东西到底是不是"绿肺"，现在仍存在着争议。甚至他的动机被认为从根源上是反动的："工人分布的地区是那么宽广，甚至通过障碍物都不能分割他们。但是他却把这些地区进行了彻底的清除，让无产阶级分散到其他各个地块去，从而在地理上使他们各自孤立起来了。"[5]奥斯曼否认了这是他的动机。而一些学者如唐纳德·奥尔森（Donald Olsen）也举过一个很具有说服力的例子来为他辩解。西格弗里德·吉迪恩（Sigfried Giedion）更是近乎夸张地表扬了奥斯曼，将他视为现代城市设计师的典范人物。他的理由是因为奥斯曼敢于"改变一座伟大城市的方方面面，而他所改变的城市几百年来一直被尊崇为文明世界的中心。建设一个新的巴黎，需要对各个方面的问题同时进行解剖，这在规模上至今依然是无与伦比的。塞纳省省长显示出来的不屈不挠精神也是无可匹敌的。奥斯曼承认没有人来阻止过他的计划：在巴黎改建过程中，一开始他就直接将矛头指向了城市本身"。[6]

在法国，传统的国家规划依旧存在。在20世纪最后的第三年，大部分美国人都没有意识到奥斯曼式的规划在法国中央政府已经开始执行。法国政府自从二战后就"遵循着一个指导性的规划模式，其实就是奥斯曼模式的夸张放大版。这种模式主要建立在庞大的公共基础工程设施上，如高速公路、巴黎区域性的快速铁路 RER 系统以及高速铁路TGV系统等,使它们能够诱导私人部门的投资。这个系统起源于二战后不久,并和让·莫内(Jean Monnet)的名字联系在一起。让·莫内在20世纪60年代的戴高乐时期到达了他事业的巅峰。在很多方面戴高乐主义就像是第二帝国在现代的再生:"拥有无限权力的总统领着一批具有信仰和极度自信的职业官员"。[7]位于戴高乐总统内阁成员之首的保罗·德鲁维耶(Paul Delouvrier)仅用了7年时间就完成了"早在100多年前奥斯曼就开始做的郊区规划;今天,在该区域呈现出来的多核心结构——五座城市、三条绕城快速干道、五条RER线——都是对奥斯曼工作的直接延续"。[8]

20世纪60年代后期国家权利分散论[9]的思潮非常盛行,一些法国技术专家官员们认为如果不抑制巴黎地区的增长(预计到20世纪末总的人口增长将从那时的800万上升到2000万),必然会牺牲其他地区的利益。法国官方也认为这么快的增长速度如果得不到有效控制将导致物质和精神领域的混乱,从而使得人们之间互相疏远,这也就是法国人所说的"城市主义的荒凉"(urbanisme sauvage)。因此一个沿两条交通走廊发展的规划应运而生。这两条交通走廊都是大致从东至西,并分别位于距巴黎市旧中心南北各30km的地方。[10]这个规划就是巴黎地区规划或者叫"概要规划"(Schéma-Directeur),在1965年它被采纳,其重点是解决整个巴黎地区的发展问题。

巴黎地区的这一规划有着一系列令人关注的特征:利用国家权力去获得土地,制止房地产商的投机和刺激私人投资。规划的动机之一是对历史遗产的保护。规划认为对郊区(banlieus)的适当发展将会使城市逐渐扩展外围地区,这就意味着城市的历史中心可以作为文化中心和旅游吸引地而保护起来。第二个动机是必须将法国之岛——巴黎——更加成功地与国家其他地方联系起来。这将是通过一个延伸的地区性铁路网络RER来实现,这个网络可以把独立的全国性高速铁路和巴黎本地地铁连接起来。最后,该规划还战略性地布置了一些新城。这些新城不仅仅是巴黎的卫星城,更多的是作为一个有它们自己权利的独立社区而存在,同时它们的存在可以成为有效的增长点。五个城市发展中心是塞日蓬图瓦斯(Cergy-

Pontoise)，默伦－塞纳尔（Melun-Senart），昆廷德伊夫林（St. Quentín-des-Yvelínes），马恩拉瓦莱（Marne la Vallée）和埃夫里新城。其中埃夫里新城坐落在离巴黎东南方向大约25英里的地方，有人认为它将是最先发展和最有希望的新城。

起初，埃夫里新城根据土地利用分为三个部分。其最北边的那一部分是实实在在的郊区并和巴黎不论在经济上还是在文化上都紧密联系在一起。而其最南边的那部分则是一个叫科尔贝－埃索讷（Corbeil Essonnes）的地方城市，它与巴黎有着本质上的区别，而且经济上也经历着艰难时期。在这两部分之间是广阔高原上的一片农业地带。在巴黎地区规划被采纳时，就已经有15万居民生活在这片规划的土地上。规划预计到1975年该地区人口将增长到23.5万人，而到2000年则会增至50万人。很多人都认为，若通过对整个地区的总体规划，使之按照这种速度发展，那么将会使得大巴黎地区人口到本世纪末的时候控制在1400万之内。必然地，对巴黎的发展给予控制也将加快这个国家其他地方的发展。

在这里被选作埃夫里新城用地之后，土地的农场主就想通过协商以一个很高的价格将他们的土地卖掉。然而法国国会通过了一项法案，该法案允许政府去干涉并以一个低价格取得这些土地。紧接着，成立了一个地区规划机构，其名称是公共管理协会（Établissement Public d'Aménagement），即EPA。它的任务是制定一个宏伟的规划并为发展提供用地。有一点必须说明的是，埃夫里新城应该是一个城市而不是一个郊区，它是为吸引那些想"逃离乏味的'城郊住宅区'[11]而重新发现城市生活"的人所设计的。埃夫里（见图39和图40）居住区的发展显示了巴黎地区规划是多么地不同于英美那种浪漫式的"新城运动"。

规划社区所采取的运行机制之一是建设伊始就配套基础设施并布置空余的住宅以适应人口的增长。规划很重视将埃夫里新城纳入更大的巴黎运输系统之中。因为铁路已经沿着塞纳河谷铺设了，所以其与巴黎的交通是可以保证的。很早的时候这里就设置了一个山洞式的火车站，当时这个车站看上去好像和它为之服务的、还处于萌芽阶段的新城完全不协调。与埃夫里紧密相连的有附近两条重要

图39　（埃夫里 I，金字塔，建于 1973 年，一个获得奖项的埃夫里新城住宅开发区，摄于1980年。画面中的桥是客运专线的一部分，其遥远的右侧有一个人行天桥）

图40　时髦廉价公寓，摄于 1980 年：埃夫里新城永远都不会被误解为莱奇沃思城（Letchworth）

的国家公路以及一个区域性的客运系统，这个客运系统是由 17 公里长的客运专线所组成。城市中心布置了一个商业中心，其目的是想把该区域内的所有人口吸引到该中心。为了确保规划的成功，政府还利用财政补贴招徕一些大商业企业和银行部门。医院是埃夫里的第一批服务性设施之一，到1977年底为止已经有450个床位。另外，还设计了一个作为地区体育综合中心的体育公园，有一个为人们闲暇和周末活动而保留了森林和野生动物的郊区公园，它也是城市基本建设的一部分。法国政府选定埃夫里作为埃松省（Essonnes）的省会，并为此划出了一块土地保留给省长官邸。罗马天主教会选择了埃夫里建造了一座新的大教堂，这大概是对此处已存的两座犹太教堂和一座清真寺所作出的反应吧。巴黎大学的一个分部也坐落在埃夫里新城的城区中心位置，部分新城中心被规划师们称为市民广场[规划师们毫无疑问地参观过莱利斯塔德（Lelystad）]。

对古希腊城市波利斯的市民活动中心的详尽参照表明了规划师希望在埃夫里建设一个重要的类似空间的愿望。根据詹姆斯·M·鲁宾斯坦（James M. Rubenstein）所说："在这些新城设计中最具变革意识的一点就是建造了一个重要的城市中心。法国人说他们想要建造一个有生气的城市中心，这恰恰是法国人城市生活概念的写照。法国人不欣赏英国田园城市中的那种田野式绿色景象。他们认为一个真正的城市应该有一个繁华喧闹而又刺激的人工环境。那些生气勃勃的城市中心正是举行各种活动的地方，不同的人群在大街上扮演着各种各样的角色。生活活动的各种主要的功能都可以集中在城市中心，包括

图41 那些生力军到哪里去了呢？1983年埃夫里的公共场所。根据官方当时的资料表明，市民广场是人们"自发、自主的活动场所"，可以为市民提供"许多社会经验和成为一名领导的机会"

居住、工作和游憩。"[12]这些都必须以一种很实在的方式去理解。正如安德烈·达马尼亚这位埃夫里新城规划师之一曾经阐述的一样，早在20世纪70年代，成批的"生力军"就已经被雇佣到所有的新城。[13]他们活跃的舞台范围非常广泛，"从各式各样的娱乐活动到举行重要的艺术活动，以及布置和装饰家居，出租多媒体设备。这些不是为活动而活动的，而是为了创造一个牢固的社会组织"。[14]

这样看来，由于提供一个有生气的城市中心是如此重要，以致把它的建设不委托给私人部门就显得不足为奇了。"与新城其他地方相对比，城市中心不是哪一个私人所有的，巴黎公共管理协会 EPA 保留了该片土地的所有权但允许将土地租赁给私人开发商。这种安排使得他们可以有效地控制新城中心的特色，而这些特色将在很大程度上决定新城的整体视觉印象。另外，这一措施还可以确保其在将农村土地转换成城市高强度开发建设用地的过程中获得大量的利润。"[15]

从21世纪前期的发展前景来看，有几点对埃夫里新城来说是很重要的。首先一点就是要警惕凡事难保万无一失。举例说，像刚才被提到的那样，埃夫里新城预计到20世纪末时人口达到50万人；但正如它显示出来的，现在它的规模是接近23万人，这大概意味着在巴黎市郊仍然存在着大规模的蔓延发展以及埃夫里无法容纳的城市主义的荒凉（urbanisme sauvage）。

其次，存在一些严重的设计问题。正如鲁宾斯坦提到的，法国新城的城市中心"需要复杂的设计，如需要多层次的巨大结构。建筑要靠人行道和地下停车场来连接。建筑单体不仅仅只有一个功能，例如，所谓的埃夫里'市民广场'在一栋大楼内包含了购物中心和社会娱乐中心的职能"。[16]但多功能多层次的、室内外空间结合的建筑方式经常容易使人感到非常混乱，在埃夫里，这个中心就是这样一个实例。从空中看，整个新城的规划也许会给人留下很深刻的印象，但是站在地面上看，它却缺乏旋律或者说难于看出其优点所在。因为没有交叉口，同时又缺乏一个良好的路网结构，从而导致了这里存在一种无规则的感觉，同时被分离的小路和客运专线也增添了视觉混乱。人们经常会觉得那儿好像不是他们想去的地方，即使是的话，又不能方便地从一个地方走到另一个地方。多功能体有时也会产生问题：即使已经来到这儿，人们事实上也会产生是不是真的到了自己的目的地这一疑问（难道这个空旷的广场就是市民广场吗？由于这里缺少明显的"活力"，我怎么能够确定呢？）。为了帮助遇到困难的步行者，埃夫里有个复杂的指示系统，但比起一个容易理解的设计布局来说，这个指示系统几乎不存在一点帮助的价值，尤其是在一个多层次的设施中（如果你发现你在一个不是想去的楼层，你怎么去寻找楼梯呢？）。去过伦敦巴比坎的人就会记得，多层次、多功能的空间不得不在人行道上绘制永久的黄线，就像阿瑟·默里（Arthur Murray）舞动的双脚一样来强化标志以便更好地指示行人穿过令人灰心沮丧和筋疲力尽的城中城。

在埃夫里，市民广场本身非常令人失望。在过去的20年中我曾有过三次机会去埃夫里，在市民广场那里没有任何生活气息、城市气息。或者可以这样说，埃夫里新城中心的生活氛围并不比任何其他室外购物中心、休闲中心或郊区往返火车站浓厚。最初规划师们声称埃夫里所特有的是其市民生活，尤其是在市民广场那里。但在1998年最后一次去参观市民广场时，我发现那些标志，甚至路面都没有很好地维修，到处都显示着那里遭到破坏而又被忽视。

实际上，在规划师们对埃夫里新城最初的设想中，有着大量具有感染力的建筑物，即使其奇思怪想的建筑风格也不是一无是处。有一个叫勒·德拉贡（Le Dragon）的街区，它的街道是一条设计得像龙嘴似的通道。但当我在1998年有机会发现这个地方时，我看到的是许多来自大型超市的手推购物车被堆放在那里，这使得规划师们十分有趣的创意显得有点不那么可爱。[17]以金字塔著称的住宅发展依旧是对埃夫里新城的视觉描述之一。当这个看起来是模式化的地区似乎还是很繁荣的时候，街的正对面有一个麦当劳。就算存在除麦当劳之外是否设置一个私营企业的争议，但通过麦当劳这一点，难道就不能判断出私营企业能够提供特别令人愉快服务的例子吗？——也许很多人会说当然能够。这就迫使我们去问，在埃夫里新城，巴黎公共管理协会EPA到底做到了什么私营企业不能够单凭自己的力量做到的事情？

我承认埃夫里新城为工薪阶层提供经济实用住宅方面获得了成

功。而这些，就像在第7章看到的那样，并不是什么很了不起的事。即使很了不起，埃夫里也不过是另一个关于规划最低底线的告诫性的例子。正如劳埃德·罗德文（Lloyd Rodwin）说的那样，城市规划师应该迅速以批判的眼光对待市场机制并纠正其不合适的地方，或者用一个新的机制去替代市场效力。然而"我们经常遗忘了城市规划师的能力是有限的。在过去，我们理所当然地设想他们能够改变市场机制的不足或者是能够创造出新的一个更有效的运行机制。正是基于这种设想，使得在这个时期一名城市规划师可以因为职业需要而取得重要地位和危险专业权力。同时在这个时期，城市规划师必须表现出他们能使事情变得更好或者至少不会使它们更差，但是这些正是他们不能够经常保证的东西。导致这一局面的出现，其原因有好也有坏。当今，情形变得更为关键，因为失败将很容易被人发现"。[18]

图42 连接市民广场和埃夫里的库罗讷角(courcouronnes)火车站的人行道上的涂鸦，摄于1998年

华盛顿市的国家规划也体现出了其局限性，这是一个在宏伟风格上与欧洲城市规划有着较强联系的规划。该规划主要是由皮埃尔·查尔斯·朗方（Pierre Charles L'Enfant）主持，后来奥姆斯特德（Olmsted）、丹尼尔·伯纳姆以及最近的丹尼尔·帕特里克·莫伊尼汉（Daniel Patrick Moynihan）议员也参与了。我们只需要参阅一下华盛顿市中心区的地图就可以了解这个首都城市看起来是怎样的，它应该怎样通过支配这个辽阔国家的精力和资源来行使其权

利。我们只需步行穿过购物中心就可以看到巴洛克样式用什么方法
"组织空间,使之延续并控制其尺寸和秩序,延伸它的体量极限,包
容极限距离和时间;最后把空间与运动、时间联系起来"。[19]

巴洛克样式的严谨风格(见图1)是对中世纪艺术(见图43)
的一种激进背叛。"我们需要缓慢地穿越那些中世纪城市才能欣赏
到那些永无止境的体量和轮廓变化以及那些错综复杂和令人称奇的
细节。而在巴洛克样式城市,你可以在一瞥之间看到以上所有的这
些东西。只要建立导向指南,即使我们不能亲眼看到,也可以展开
我们的联想去想像它。"[20]因此,任何去看过华盛顿市纪念碑的人都
会对什么是正常权力和什么是绝对特权有点了解。任何曾驱车在杜
邦环道行驶的人都不会对想像巴黎是什么样子有困难。看过购物中
心、城市内各式各样广场或丹尼尔·伯纳姆联邦车站的美国人,至
少会对凡尔赛和巴洛克样式的罗马产生一点印象。[21]

华盛顿最早的朗方规划,后来被安德鲁·埃利科特(Andrew
Ellicott)修改和利用,其开始执行的时候进程很缓慢。早期,被华
盛顿人称为华盛顿城(Washingtonople)的这个城市,似乎有一种
不可能的自大。例如,爱尔兰诗人托马斯·穆尔(Thomas Moore),
在1804年参观这座城市之后写下了一首诗:

> 在这个萌芽的首都,梦中能看到
> 泥沼上的广场,树上的剑号;
> 千里眼的预言家,已经为它点缀上
> 未建的神殿,未来的英雄;
> 虽然除了他们看到的森林和杰斐逊,这里一无所有,
> 但未来有路铺过,圣人将至。[22]

当查尔斯·狄更斯(Charles Dickens)在1842年参观华盛顿时,
情况在本质上还是一样的。狄更斯发现"宽阔的大街不知从哪里开始
也不知将去往何处;一英里长的街道正在等待着两侧的住宅、道路
和居民;公共建筑正在等待着公共建筑的建造者们,大街的装饰正
在等待需要装饰的大街"。[23]事实上,这一切是多么让人吃惊:不久

前华盛顿还是一座沉睡的城市，充满着南方人的效率和北方人的魅力；然而当总统富兰克林·德拉诺·罗斯福[24]伟大政府出现时，它戏剧性地改变了。这能说明为什么刘易斯·芒福德认为华盛顿市是对这个国家怯懦的颂扬。例如他赞扬了朗方预留了一些用地给联邦办公楼和其他公共、半公共性建筑物，但他也批评了朗方的接班人所作出的限制："当然，一个明智有远见的政府应该购得整个哥伦比亚特区，也应该将那些对国家首都发展来说很重要的土地租赁出去而不是出卖。如果土地本身没有被公众控制，那么朗方在还没有发现自己所要面对的是什么困难时就已经失败了。"[25]勒·柯布西耶对这个国家规划也从未作出一个更有说服力的陈述。

政府的扩张在 20 世纪使得华盛顿市成为整个国家和集体主义民族精神的瞻仰地和纪念碑。大部分瞻仰地都是政府的官邸或分支机构，如白宫、国会大厦、最高法院、联邦调查局和五角大楼；其他的一些地方是为了纪念特殊市民、政府

图43 中世纪城市的风景（法国北部城市沙特尔）

图44 巴洛克城市景观：罗马人民广场（下图）[在 16 世纪后期，西克斯图斯（Sixtus）教皇五世提出了一种导致全新城市景观出现的规划理念。从人民广场辐射出来的大道是他 17 世纪中叶的继承者亚历山大教皇七世修建的，它们指引着朝圣者们走向罗马那些重要的、圣洁或凡俗纪念碑，这些后来成为欧洲都城建设的范例]

官员、军队领导或许多作出崇高牺牲的人们。一说到这，阿林顿国家公墓、越战纪念碑和福特戏院很快就会浮现在眼前。许多家庭和旅行团体也会被吸引到购物中心和成排的博物馆中去。

不管在美国首都看到什么或做了什么，我的直觉告诉我，许多旅行者对华盛顿的一个迫切要求仅仅是华盛顿必须提供最新的和很容易被看到的标志性建筑，即建立一个像其他许多机构一样方便城市社会环境的休闲地，而它应该成为一个正式的机构。华盛顿每年都花费100亿美元去搞建设而在这里同时又花费3亿美元去运转建成的设施，因此那样的休闲地也许是华盛顿最主要吸引游客的地方。我们还是先来说说华盛顿地铁吧。

从地铁的运作角度来看，有很多东西需要说明。首先，当我们提起这座由朗方规划的城市时，这座城市的名字很容易让人想起，那是为了感谢和纪念一位伟大的先驱而取的。其地铁是快速、高效、安静、干净、安全的一种运输设施。通过它可以到达这座城市一系列的重要地点，也可以到达出入城的地方，包括里根国家机场和联邦车站。不仅如此，乘坐地铁还是一次高度民主的经历。不仅远远超过乘坐在一个黑暗封闭行驶的宾夕法尼亚大街的豪华轿车车队，也比在国家档案馆通过透光的玻璃盯着美国宪法看更令人激动。在华盛顿各种吸引人的地方中，地铁可以给人一种在迪斯尼世界或布希公园（Busch Gardens）能很容易感受到的刺激。孩子们在航天航空博物馆只能看到圣路易精神号飞机或者是在造币局里印制出来的钱币。但是，在地铁上他们却可以乘坐。

旅客们会认为在大多数情况下地铁是非常准时的，事实也确是这样。每趟列车都有一个严谨的时刻安排表，虽然这样的安排没有公开。在我的记忆中，我很少会在黄线（Yellow Line）地铁的朗方广场站内等上1分钟。我已经学会了一直等到6分钟以后才坐下一趟地铁。旅客们对地铁系统里极少的乱涂乱画和乱扔东西的现象都留下了好印象。地铁的规划主要由哈里·威斯（Harry Weese）承担，他非常聪明地将许多墙壁表面设计得不可能被乱喷，垃圾箱和回收利用的报纸箱也有规律地经常清空。他还有创意地在不显眼的地方安装摄像机进行监视，给人们产生了一种被监视的感觉，但大部分人会怀疑这一做法。这里没有公共休息室，也许是想造成一种任何人都应该随时流动的感觉，因为这里不是一个潜藏和闲逛的地方。由此，街头露宿者也受到一个礼貌的、但也是坚决的露宿拒绝。

尽管华盛顿地铁有很多令人惊奇的地方，但也有其失败之处。首先，它总是会给大多数华盛顿人带来一种误以为它就是城市生活中心的印象。在华盛顿大都市地区，需要经常往返于两地的人超过一半要依靠地铁，而这在其他城市差不多和公共汽车具有的运力和效率一样了。任何地铁系统都存在这样的问题：即大片土地都位于两条不同的地铁线之间。华盛顿大教堂、亚当斯·摩根、泰森角、杜勒斯机场和亚历山大旧镇都是没有与地铁直接相连的目的地。不知道是什么原因，其他一些地区故意避开地铁，例如乔治敦住宅区已经远离这座城市了。而且，华盛顿地铁也不打算延伸至大都市地区的边界，这个边界事实上已经将城市的所有东西囊括在一个四角框架内，从安纳波利斯市到弗雷德里克市以及从利斯伯格市到匡恩提科市。地铁也不是便宜的东西，特别是对于那些不是游客的、在乘车高峰期需要经常往返于两地的人来说。我的家位于环城路以内，从那里到购物中心大约是7英里，我每天乘坐地铁需要花费3.70美

图45　华盛顿市红线（Red Line）地铁的地铁中心站。地铁管理者经常表示出他们的苦恼：乘客们需要花太多时间上下车

元。而我在去地铁的路上，我还要给亚历山大运输公司2美元才能坐上赶往布拉道克地铁站的公交车。

这里也存在一些长期需要面对的问题。像任何大型设施和系统一样，地铁很容易遇到大量的故障；如果一个地方出了毛病将会产生一系列连锁反应。即使没有什么特殊的问题，也很难让地铁一直保持良好的服务状态。那也许就是为什么在乘车高峰期地铁列车总是让人感觉车辆太短的原因了，车辆太短从而导致了拥挤。在乘坐位于布拉道克路和法兰格特西区间的蓝线（Blue Line）地铁时，我不得不经常一直站着，而这是一个需要20分钟长的旅程。地铁怎么样才能让人们选择它这个公共交通而不是自己驾车进入城市呢？

一些自动扶梯和升降机看起来缺乏连续性服务。在联邦三角车站，你在任何时候都能看到有1/3的自动扶梯是静止不动的。这些自动扶梯总是关着的，因为它们需要同时满足两个不同方向都能行走这一功能。五角大楼也有这样一台自动扶梯。因此每天都有成千上万的乘客不得不在这楼梯上采取一种有点笨拙有点慢条斯理的方式上上下下。人们会奇怪为什么不取消那种自动扶梯，安装一个老式的普通楼梯呢？人们也会奇怪为什么百货商场的自动扶梯比起地铁里的更可靠更方便呢。回答那个问题的答案之一就是许多自动扶梯是暴露在雨雪冰雹之中的，电线线路和传动箱在毫无防护措施的情况下经受雨水的侵蚀。直到最近，当设计方案已经改变的时候，地铁室外的自动扶梯上面还是没有加顶棚，而反对加盖顶棚的原因认为应该对美观慎重考虑。事实上，雨水已经对整个地铁系统特别是红线地铁构成了严重的威胁。据《华盛顿邮报》报道，这里每月大约有12.5亿加仑（合473万 m³）水从地铁里被抽出来。[26]

但地铁最失败的地方是在其社会尺度上，这也是不那么容易被旅客们发现的。在乘车高峰期，地铁将变得十分拥挤，这意味着乘客们在拥挤的人群之中只有站在一起去挤，并将自己暴露在其他人的细菌和不卫生之中。这些虽然令人不愉快，但还是可以忍受的。最不能忍受的是那些经常看得到的不文明行为。不可避免地，经常有些人站在地铁列车门口，他们好像没有意识到他们的行为会阻碍其他人进出地铁。事实证明这些人往往也是那些经常一上车就停在门口的人,完全不顾他后面还有很多人要上车。这就导致了很多人一上车就抢先站到车门口。[27]

日本用一种在西方人看起来非常不可思议的办法去解决这个问题,即让地铁工作人员将乘客们拼命地推进那些拥挤不堪的车厢内,这也显示出了东西文化的差别。但这也为所有运输系统提供了一个重要课题:不管你是多么有秩序多么科学的系统,我们必须预防旅客的捣乱行为。除了那些喜欢站在车门口和喜欢一上车就停住的人之外,还有一些人喜欢坐在靠通道的座位上,把他们的包放在靠窗户旁的座位以阻止其他人坐上去(人们希望座位能呈环形布置,像纽约和伦敦一样,而不是现在这种多排的长凳式座位)。有些人很洒脱地坐在那些残疾人和老年人专座上,好像他们没有看到那些标志。那些乘车卡钱不够却想借助反复尝试骗过转门的人在他们处理乘车卡问题的时候,根本就没有想到走到边上让其他人先通过。我并不打算老是去说那些两个人并排站在自动扶梯上的人,或者那些通过廉价耳塞和车上其他人一起听音乐的那些人的坏话。最近,地铁系统已经开始了一场针对人格分裂的战役,该战役把高科技电子显示标志("做一名好乘客")和"零度忍耐"政策结合在一起;这种政策似乎要把那些将法式炸薯条带入地铁系统的小孩送入监狱。

在华盛顿地铁中显示出来的人的品质好像不是让人特别喜欢的。但是,就像我们在这本书的导言中提到的,正是这些在地铁中让人非常讨厌的行为也是造成贝萨克(Pessac)的繁荣[*]的偶然原因,勒·柯布西耶为无产者设计的小住宅被居住者随意涂鸦,反而显得生气勃勃。我并不想暗示华盛顿地铁就是一个失败。但我们应该注意地铁在和我们一起实现一个"有理性有规律的城市梦想"[28]的同时,地铁也在嘲笑这个梦想。这样很自然地,聪明一些的乘客就发现了在城市内外穿梭的其他方法。

在20世纪70年代中期,当人们的能源意识达到顶峰时,不论是

---

[*] 20世纪20年代,柯布西耶受到一位木材工厂的老板邀请,在法国西部盛产葡萄酒的PESSAC设计集合住宅,这位年轻的老板是位文化人,受到勒·柯布西耶的设计理念的感动,于是让他到PESSAC设计住宅,结果勒·柯布西耶的前卫住宅盖好之后许多年卖不出去,这家公司倒闭了。现在那些住宅仍然闪闪发光,是20世纪建筑的经典。——译者注

州政府还是联邦政府都开始对汽车的进入采取严格控制,鼓励人们乘坐合用汽车。例如,北弗吉尼亚雪利高速公路的快速车道被指定为HOV₃专用车道,即只允许多乘客车辆通行的车道,它只供承载三人(有时也会是四个)的汽车进入。这主要是因为在高峰期,从哥伦比亚特区南面到戴尔城及其以上路段的雪利高速公路普通车道就像一个延长了的停车场。早上,限制进入的快车道只对向北行驶的HOV₃汽车开放,从斯普林菲尔德(Springfield)进入快速车道的车辆只有到了位于其北大约9英里的五角大楼后才能出来;中午,快速车道对所有交通工具关闭;到了晚上,则只对向南行驶的车辆开放。实际上,HOV₃规章制度证明了这样做对拥挤的人群来说是正确的。

但是HOV制度也带来一个意想不到的结果。即形成了"斯普林菲尔德肉市场"(Springfield Meat Market),一些人叫它"搭便车"(slugging)。那是在通过华盛顿市中心时缺少足够的人在车上的驾车者和那些没有车的人搭配上路的一种不成文机制。我有一个同事每天就是这样上班回家的。她叫伊丽莎白。她每天早晨非常准确地6:25离开她那位于斯普林菲尔德的家。因为伊丽莎白来得很早,因此路上的交通还不是很拥挤,一般来说她只需花10分钟就可以到达位于斯普林菲尔德广场的往返车辆停车场。她在那里下车,然后走向相邻的朗·约翰·西尔弗(Long John Silver's)停车场,并开始在去第十四大街和宪法大街西北处的长长队伍中排队。有一条独立线路通过纪念碑大桥(Memorial Bridge)与城市这一部分相连。

伊丽莎白的目的地是第十二大街和宾夕法尼亚大街。如果队伍排得太长,她将会乘车去第十四大街和宾夕法尼亚大街,然后再在最后两个街区步行。驾车者经过排队的地方时会将车速降下来,摇下窗户,说出自己要去的地方,在他们快要接近排队的末端时协商的底气就会越来越不足。有些时候他们也会走出来商量。如果是碰上乘客不足的时候,驾车者会说"没肉"(No meat)。于是他们会停下他们的车并尽他们最大的本事去拉乘客。有一些人也在电影戏剧院广场驾车闲逛拉客。伊丽莎白平常都是7:00到达工作岗位的,按照华盛顿普通标准,这种速度简直快得惊人。

关于这样一种约定俗成,人们一直无法对其本质特征作出统一的看法。那些从心底内厌恶这种混乱状况的自由主义者们，把它看成为一种暂时的合用汽车制度，但他们认为这种制度是可以接受的，即使它不能与国家所有和运营的大众运输相比。一些支持自由市场政策的人很喜欢这种混乱局面，他们认为这种"搭便车"方式更像一种搭便车行为而不像是与别人合用汽车。关键在于这里已经生成了一种"搭便车文化"（slug culture），正如弗朗西斯·福山（Francis Fukuyama）曾精辟描述的那样："在过去的几年中，搭便车已经建立了一套详尽的规则。不管是汽车还是乘客都不能越过专用线，乘客有权利去拒绝进入任何一辆汽车；吸烟和金钱交易都是不允许的；搭便车的礼仪规矩要求交谈者应该避免一些有争议性的问题，如性、宗教和政治。过程是异常的有秩序，在过去13年中，这里仅仅发生了两宗刑事案件，都是发生在冬天黑暗的早晨，当时几乎没有人在等车。此后，没有人再会让一名妇女单独站在搭便车专用线上了。"[29]

不难理解，驾车者会对车载收音机或录音机保持严格的控制。乘客们也不要抱怨驾车者的音乐品位，虽然他们可以控制音量。乘客们不要怀疑驾车者的驾驶技术，或者他（她）在对付交通紊乱时的能力。换句话说，比如驾车者在通过爱德瑟尔（Edsall）出口时不是转到雪利公路的常规车道而是继续呆在快速车道上，这时他或她的乘客们必须忽视驾车者的错误决定。同样地，在驾车者意识到他或她本来应该在爱德瑟尔出去，但现在太晚而冒险通过一处专门为高速公路巡逻和紧急车辆进入设置的围栏断口进入常规车道时，乘客们也不要有什么太大的反应。

简短地说，搭便车已经"创造了社会资本"。这一制度，"是在政府管理权限形成的生态缝隙下自发地生成的，是人们日常去上班的途中为了追求自身利益由下至上而创造出来一样。"[30]但是你也没有必要作一个彻头彻尾的自由论者，在看待华盛顿地铁和斯普林菲尔德肉市场之间表现出来的人格不同的问题上，归结于后者是建立在私有汽车上，认为那里的财产权是被保护的，而前者是基于"公共所有"这一抽象概念上，这一概念不鼓励股东们行使财产权利。

当HOV限制在下午3：30开始执行的时候，从位于第十四大街和宪法大街西北的美国历史博物馆开始，下午的肉市场又开始了日常活动。因为那里没有地方停车，在乘客稀少的时候，驾车者们只有直接地把车停在第十四大街的停车道上直到有乘客出现。大多数时候当乘客们站着排成一长串队时，驾车者缓慢地经过，如果他们的最终目的是斯普林菲尔德就会叫："鲍勃斯"（Bob's）[实际上现在这个地名是肖尼斯（Shoney's），但旧习惯总是很难改变]，但如果是去伯克（Burke）他们就会叫"洛林谷"（Rolling Valley），那是另一个换乘停车场。因为伊丽莎白是把车停在斯普林菲尔德广场的，所以她要搭的就是去 Bob's 的这趟车。

图46 去鲍勃斯(Bob's)还是去洛林谷(Rolling Valley)？在第十四大街和宪法大道西北的"搭便车专用线"，华盛顿特区本土风情一窥

下午的搭便车专用线与早晨时候的场景很不一样，主要是因为特区政府对这种完全非正规的、为郊区服务的事物的一种态度（虽然由于通过减少对停车场地的需求为该地区作出了贡献）。当下午乘客很少时，政府官员就会一改冷漠的表情为立刻的敌意。在这个时候停在第十四大街停车道上长长的车队将倒向宪法大街。在这种情况下，特区警察肯定会上前大方地开出罚款单来。大部分问题在于驾车者在等乘客时没有移动得够远，这种问题其实可以通过安装一个写有"搭便车线从这里开始"的固定标志就可以简单地解决。有了这个标志，就能够更远地让车移到街区的尽头并远离交叉口。这可以使得宪法大街上的交通正常运转起来。但是这需要特区政府正式确认搭便车的合法性，毫无疑问这是律师们的建议，但律师们又总是不愿去做它。因此搭便车专用线在继续，而且就像中国台湾城市里的一样。

接着让我们去华盛顿老邮局大楼（OPO），它是一个由芝加哥建筑师威洛比·J·埃德布罗克（Willoughby J.Edbrooke）设计的、宾夕法尼亚大街的标志性建筑。而他也曾经在 1893 年负责设计过位于芝加哥的哥伦比亚世界展览中心的美国政府大楼。[31]到1899年这座建筑完成的时候，其罗马建筑的复兴风格已经毕露无疑。但仅在几年之后，这座大楼就看起来很难能够和麦克米兰委员会那组漂亮的建筑群相兼容了，那是一组重现朗方心目中的巴洛克样式的首府建筑。由于 OPO 是全新的建筑，因此它还能维持一会儿。然而到了20年之后，当财政部长安德鲁·W·梅隆（Andrew W. Mellon）任命一个委员会去做联邦三角规划时，OPO的日子看起来屈指可数了。但是到了20世纪30年代后期，联邦三角规划被终止了，取而代之的是古典主义的城市美化运动热潮，所以OPO幸免于难保存下来。到20世纪50年代时OPO已经被人遗忘，因此它一直保留到20世纪60年代，这时复兴计划要求完成联邦三角规划（即要拆毁OPO）。但是这座大楼保留的时间太长了以至于又被20世纪70年代的历史遗产保护运动给挽救。这时OPO已经变成一个代表联邦政府努力创造多用途和公众容易接近的、联邦政府大楼的一个典型实例。阿瑟·科顿·摩尔事务所（Arthur Cotton Moore/Associates）打算改建OPO，重新开放被盖住的中心天井，扩充位于周边的联邦政府文化和艺术部门的办公空间，并在底层设置一个双层购物拱廊。[32] 据说OPO在作为一个节日市场而重生的时候，它是"Rousified"——一位著名的巴尔的摩海港开发商的参照。

在OPO的商业区域帕维利恩（Pavilion），最初的承租者中有一些规模大的餐馆和时装店，但他们都没有在那里呆很久。这些室内餐馆一个接一个地都搬出去了，首先是马克西姆（Maxim's），然后是菲奇（Fitch）、福克斯（Fox）和布朗（Brown），还有布洛索姆（Blossoms），最后是哈南（Hunan）。一些卖羽绒制品和皮制品的商店代替了文具和工艺卡片商店，这反映出了帕维利恩商业区的顾客购买方向的一种变化，这种变化并不是追求更好的产品。逐渐地，OPO的餐饮处由于处于很便利的史密森氏协会（Smithsonian）博物馆和商业繁华区的对面，从而演化成为高中生旅游团的午餐目的地。最终，帕维利恩的惟一服务内容是给十几岁的旅客提供午餐。因此，这是很不幸的。正如罗伯塔·布兰德斯·格拉茨（Roberta Brandes Gratz）写的那样："任何只为游客提供原始服务的地方都将不是一个很好的去处，其最终将失去它对游客的吸引力。"[33]

其后租约转手了。在20世纪90年代早期，OPO大楼内部东侧花费巨资以惊人的速度增添了一个钢筋玻璃结构中厅。但它也主要提供快餐店服务，经过两年之后，它们吞并了另外一家。然而突然之间，这个至少获得过一个建筑奖项的东侧中厅静悄悄地关闭了。

图 47 华盛顿特区老邮政大楼（OPO）（开始建设时的、位于华盛顿市西南部第十二大街和宾夕法尼亚大街的OPO，这是它被城市生活组织所环绕的景象。而现在这座罗马建筑式的堡垒周围全是新古典主义政府办公建筑。摄于 1894 年）

最近几年，有一个传言说这里将迎来它的新主人，一个大书店、一个多功能影剧院。但是东侧中厅还是挂上锁空在那里，伴随着的是位于帕维利恩商业区曾经有过四个座位的餐馆废置空间。直到更近一段时间，又有传言说联邦办公室将搬出OPO，而使之完全变成一个旅馆。

到底是哪里出了问题呢？毋庸置疑的是这栋大楼本身面临着一个挑战。这是一栋古堡式建筑——全部是用花岗石砌成的，还有着安装在较高位置的无窗的门。这些门位于大街背面，既复杂又巨大。因此在外面不可能看到里面的情况。从某种程度来说这栋大楼的经营者企图控制人流和减少制冷制热的花费，通过除掉大部分的铜手柄来严格控制外来人员的进入。这对依靠人们进来购物的商家来说是一件很奇怪的事。这里从来没有创造性地去设想怎样才能将顾客们吸引到里面去。

作为一栋办公大楼，OPO是灾难性的。屋顶已经漏了很多年，空气质量也很差。管道设备是陈旧的，电梯虽然安全，但是慢而古怪。一些小型文化机构的员工们将餐饮处视为一个混合多样化的代表："当游客和员工同样从购物拱廊里享受到饮食服务之时，这也使得一种气味弥漫整个大楼。"[34]比嗅觉更难受的是噪声。还有糟糕的是，总务管理局不管合适还是不合适，引用历史遗产保护法来解释他们不会去改进的原因。不可避免地OPO被卷入到当地的政治纠纷中（考虑到是在华盛顿，因此其影响可能是全国性的）。[35]不管怎么说，OPO已经很清晰地刺激了附近里根大楼的发展，里根大楼也是将政府办公和低水平餐饮服务结合在一起，它也是直接和OPO商场竞争的地方。推动宾夕法尼亚大街发展的天才莫伊尼汉参议员认为这样的结合并不是一个好主意。

但是，OPO最严重的问题也许是它仅仅在表面上是一个多功能地区的这一点。根据它的结构，我们知道它真正能提供的功能只有两个：提供办公空间和午间快餐。这两种功能几乎不能混杂在一起。那它们到底应该怎样呢？我们有必要采取另外一种加强功能组合的方式，有时叫"配套"（coupling），这就是那些开发商设想的影剧院综合体或大型书店。他们的想法是正确的。另外，我们还需要将内部的商贸活动和大街联系起来。[36]

正如简·雅各布斯很多年前对我们说的那样，每一个伟大城市都需要古老的建筑。这时候对OPO加以保护似乎是一个不错的主意。但是我们不应该忽视，公私合作方式也可能组合出对公、私两方面来说都是世上最差的东西。

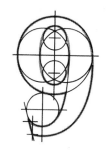

第9章
大英图书馆
——从大规划灾
难到尘埃落定

大规划文化的信奉者们（像各种神秘的风格一样，对这种东西的爱好肯定也是后天养成的）对彼得·霍尔（Peter Hall）的《大规划灾难》（Great Planning Disasters）顶礼膜拜，它是一本试图以专业负责的态度、同时又稍带不恭的态度而写出的著作。[1]霍尔的兴趣主要在于那些非常严重的灾难，诸如伦敦第三机场、旧金山的通勤高速铁路系统（BART）[2]，以及英法协和飞机。在他写这本书的时候，大英图书馆就像一个划时代的事例。

以下是故事的概况。大英图书馆是由英王乔治三世组织人员收集那些无偿献给国家的图书而创办起来的，它曾长达一个世纪由位于布卢姆斯伯里（Bloomsbury）的大英博物馆管理并安置在其附属的环形阅览室内。早在20世纪30年代，人们就在考虑是否需要扩大图书馆。第二次世界大战时德国空军的狂轰滥炸，迫使人们考虑就在罗素大街的大英博物馆南侧选择一块很大的土地作为图书馆用地。这个计划看起来似乎有很多好处，第一就是正好符合帕特里克·阿伯克龙比（Patrick Abercrombie）战后的伦敦郡总体规划，该规划要求将布卢姆斯伯里变成一个全国性的教育科研区[3]。读者如果能够回想起本书第3章简·雅各布斯对一个不存在其他功能的文化区进行的评论，就会认识到布卢姆斯伯里规划在手法上太单一了，但实际上当时没有人从这些方面去反对这个主张。而反对者们主要是来自固有的NIMBY观念，也就是"别将垃圾放在我家后院"（Not in my back yard）这一种观念。他们反对清除博物馆周围用地的计划。那块用地是由复杂而有活力的不同形式的用地所组成，并且大多数都和博物馆有着关联。在那里，有1000至1500名永久居民，有许多旧书店、旅馆、俱乐部以及其他商业设施。

博物馆的管理人员是一帮老家伙，包括资历很深的埃克尔斯勋爵（Lord Eccles）、肯尼斯·克拉克爵士（Sir Kenneth Clark）和坎特伯雷大主教（Archbishop of Canterbury）。他们都有意使自己成为这个国家财富的管理者。自然而然地，他们以强烈、持续和雄辩式的方式来反对这个布卢姆斯伯里规划。霍尔本商会（Holborn Chamber of Commerce），霍尔本自治委员会（Holborn Borough Council）和地方议员列娜·杰格夫人（Mrs. Lena Jeger）充当了开路先锋，他们对其内部事务进行了大肆干涉。1963年，博物馆管理人员任命莱斯利·马丁爵士（Sir Leslie Martin）和科林·圣·约翰·威尔逊（Colin St. John Wilson）来为位于罗素大街的新图书馆做规划。但在1965年，新一届工党政府不顾老家伙们的反对，把政府机构设立在威斯敏斯特。产生的后果就是大伦敦委员会的重组，并使其管辖范围从过去的博物馆和周围地区扩大到现在新卡姆登自治区，委员会"也迅速地接受了霍尔本对图书馆规划的反对意见"[4]。突然之间选址布卢姆斯伯里似乎有点不太可能了。

20世纪70年代前期，两件后来证明很重要的事发生了：即图书馆在管理上与博物馆实行了分离，以及发现了一处新的可能用地。图书馆机构的分离意味着图书馆和博物馆之间的命运再也不是紧密相连了。正在讨论的用地是一块位于圣潘克拉斯（St. Pancras）车站附近的旧索姆斯城（Old Somers Town）货物场。那是一个臭名昭著的、类似狄更斯作品中的贫民窟，曾经"因集装箱运输和煤炭交易的停止而遗留下的废弃地"[5]。从那里步行就可以到布卢姆斯伯里，并且还有地铁相连，不存在需要迁移的商业用地和居住用地，因此圣潘克拉斯是一个无可替代的位置。霍尔写道："因此，在这个长达30年的事件的最后，神奇般地似乎所有人都得到了满足，虽然不是在同一程度上。保守派们保留了布卢姆斯伯里原有的那个角落；居民们可以继续平静地生活；书店和古玩店也可以继续满足正在逐年增长的、去博物馆的参观者；图书馆的使用者可以得到一个极好的建筑综合体，他们可以最大限度地从伦敦的各个部分以及英国的大部分地区过来；即使是国家图书馆的工作人员也为这个综合体的迅速而确实的启动而感到安慰，因为每个人都为此等了很久。"[6]

这时，不论是在地方还是国家的复杂事务上，保守党都开始重新执政。1970年埃克尔斯勋爵（Lord Eccles）被任命为新的艺术大臣，之后他又兼任新一届大英图书馆委员会主席。在1974年的一场选举中工党政府又一次成功当选，他们最终选择圣潘克拉斯作为国家图书馆用地。图书馆的设计在1978年3月由威尔逊给予了公开（另一位规划师莱斯利很久以前就离开了这一工作）。霍尔将这座新图书馆形容为"一栋极富有想像力的、带有红砖和大规模悬垂线条的浅灰色屋顶建筑，并和与之相邻的哥特式建筑圣潘克拉斯车站适当衬托"。[7]人们很难不被这个工程的非凡魄力所感动，其特点有1000万块人造砖、"非战争目的的最大地下室"、[8]超过300km的搁板架[9]以及战后第一个树立在伦敦天际线上的全新钟塔。[10]把一个图书馆从布卢姆斯伯里移到圣潘克拉斯，尤其是一个有着1.5亿册图书的图书馆，[11]是一项非常艰巨的工程，而在搬迁的同时还要持续为读者提供常规服务。甚至在起草本文的时候，这个工程还在进行之中。到现在为止，工程的进行是顺利的。在1998年6月25日，被威尔逊称为他"30年战争"[12]的事业终于结束，这一天女王正式宣布开放这一设施，但其实在很久以前人们就"已经将大英图书馆看作是一个成功的典范"。[13]

也许最大的挑战来自政治。当圣潘克拉斯这一位置被确定、其建筑方案被展示之后，大英图书馆就遭到了玛格丽特·撒切尔和威尔士王子的双重反对。撒切尔的反对不仅仅是因为这项花费是"本世纪欧洲最大的国家建筑"，[14]而且还因为要给那些整天吵吵闹闹的人津贴。王子称他被这栋建筑吓倒了，他的那句名言是"一个黑暗的砖屋集合体"，像一个"培养秘密警察的军官学校"。[15]而且，他不是惟一一位这样说的人。国家遗产委员会认为它是"世上最难看的建筑之一……像儿童游乐场内哈哈镜里看到的巴比伦金字形神庙"。[16]前任艺术大臣戴维·梅勒（David Mellor）则认为它是"可恶又可怕"。[17]一个不可能的想像出现在笔者的脑海之中：它是一艘不丹的航空母舰。但是威尔士王子在1982年已经说出了他的意见，为这样的观点作了结论。

图48　位于圣潘克拉斯的新大英图书馆,摄于1998年

大楼的外观也有争议。作为一名优秀的建筑设计师，威尔逊认为一栋建筑应该由内而外的设计。因此既然外观是派生的，就不应该按照只适用于法尔内斯宫（The Palazzo Farnese）的标准去评价它。虽然可以那么说，但外部造型不是由内部功能简单决定的。举例说，大英图书馆前面的公共空间是既可以作为一个为疲倦的读者提供服务的庇护所，也可以作为一个与伦敦街道，或者宏观点说是与欧洲的首都相连接的空间。根据威尔逊所说："长廊围护的主要目的是让阅览者重新获得在大街上失去的宁静，也是让他们在工作之余能有一个好的地方、好的天气去休憩。在平日，大英图书馆也向普通民众开放；而且因为它是附近惟一一家向公众开放的场所，更为重要的是它将与计划的英吉利海峡隧道终端毗邻，所以它应该承担成为一个人们聚会场所的独特作用，不仅仅为图书馆本身，而且还为穿越于欧洲大陆之间的参观者。"[18]其阅览室内的绿色窗帘都是一种花纹样式的，读者的阅览用灯很漂亮，不规则的物体对其内部传递了一些色彩、几何和装饰派艺术的风格。这座建筑是以航海为主题，看起来像一个船头，它的船身延伸到尤斯顿大街，另外它也通过被威尔逊称作为"舷窗"[19]的结构来表现它的航海主题。其他特征有像浮雕突出文艺复兴时期的拱廊。这些确实是作为一名建筑师的构思，但是如果皇家海军在其中曾经为这个国家财产作出贡献的话，那么这一构思也不是完全不可以的。对砖块的运用不管在

什么程度上都是有意识的："选择砖块作为建筑的表面材料不仅因为砖块在这种气候下随着时间的推移其外表不会退化，还因为设法让图书馆广泛地与圣潘克拉斯的建筑相协调，圣潘克拉斯的建筑所用的砖块与图书馆一样，都是来自莱斯特郡（Leicestershire）。那些金属百叶窗的颜色以及对地板和圆柱的装饰也在图书馆和圣潘克拉斯的这两类建筑中做到了统一。"[20]事实是这样，不管威尔逊是不是现代主义者，但他明白一个国家的图书馆不仅仅是储藏和循环书籍的机器。"每一栋建筑都有其特定的类型，"他写道，"在这些建筑之上萦绕着神化的气息。超越所有的大圣堂是建立在神圣的基础上的，因而不论其使用的形式还是类型都融入了礼仪的语言。但是有一种类型的建筑，在履行它对圣洁轻微触摸的角色时却显得有点渎神不敬：大图书馆。我们只要回想起亚历山大图书馆的破坏，或者类似发生火灾一样纳粹下令对书籍进行的烧毁，就会知道一切了；我们应该明确意识到图书馆及其所包含的东西，以一种类似于神圣的方式体现并且保护着人类精神的自由和多样化。"[21]

同时，图书馆的内部成功地将功能和美学结合在一起。书籍的索取都是通过电子技术来控制的。资料一到，读者的桌上灯就会亮起来。报刊架的检阅是简单而方便的。储藏的资料在45分钟之内就能送到。然而，事实上应该感谢撒切尔政府因费用上升而对之的财政削减，圣潘克拉斯的图书馆设施提供的活动"将只有整个大英图书馆的一半"。[22]布赖恩·朗（Brian Lang）——图书馆刚开放时的执行官解释说，圣潘克拉斯的设施主要是给来馆读者提供直接服务，这主要是指阅览室内资料的查阅，与此同时，图书馆从距伦敦北250英里的约克郡波士顿·斯帕地区（Boston Spa in Yorkshire）为全世界读者提供超过400万项目的服务，并且也通过传真、影印、传统邮件以及直接通过互联网为其他图书馆和工作单位服务[23]。

图书馆内的设备是精心设计的。举例说，人文阅览室内的椅子是以能长时间坐得舒服这个角度来设计的，因为研究表明人文学家不像那些不会在任何一个地方呆很久的科学家那样，他们更习惯于长时间坐下来钻研资料。为安全起见，读者需要在中央行李存放处检查所有与图书馆无关的东西；相应地，椅背被巧妙地设计得额外宽大，因为不提倡把夹克挂在椅背上。书桌是非常宽大的。在与眼睛齐平的高度没有窗户，但人们也不会产生与大自然隔绝的感受，比如说雷阵雨就可以从室内清晰地听到，大部分光是自然光，并不耀眼却非常柔和。桌上的读者用灯是为阅读而设置的，在使用电脑时可以将它关闭。图书馆内的设施以一种可以适应未来科技变化的方式而布置着。图书馆配备了充足的工作人员、高效和人性化的辅助设备以及安全系统。它是一个让人感到很舒适的物质空间。

威尔逊曾经很有说服性地发表过他对传统观念的看法。威尔逊坚称他的工作是基于现代主义中的传统手法，那可以追溯到拉斯金（Ruskin）和英国自由学派还有建筑大师弗兰克·劳埃德·赖特。他在设计大英图书馆时曾这样写道：

图49　大英图书馆内部一瞥

我们广泛地吸收了传统的东西，不仅仅在于采用那些适应成长和变化的有机形式，还在于采用了那些对人类存在和感觉具有特殊意义的敏感材料——皮革、大理石、木材和青铜。我们在观赏一栋建筑的同时也在触摸、聆听和嗅闻它，并且我们能真实接受这些事物的重量、质地、密度或透明度等信息，而正是这些信息传达出对形体语言的一种清晰的共鸣。我们对这些形体语言的感觉几乎是一样的，但几乎又没有多少人能够有意识地将它表达出来。传统建筑不像强硬派的现代建筑，它从来不曾想把自己从过去割断或否认自己是来自从前，它并且还和油画、雕塑以及手工艺术保持血缘关系，虽然这些艺术随着时间的推移逐渐向机械性复制妥协。[24]

在这点上有一个很好的例子，即威尔逊对国王图书馆的处理。这是"一栋为存放乔治三世收集的皮革和羊皮纸书籍而建造的六层青铜玻璃结构的塔式建筑"。[25]威尔逊并没有把书藏在图书馆室内的地窖里，而是把它们（不朽的乔治三世大教堂里的神圣遗物）陈列在建筑正中央显眼的位置，同时也注意对它们采取防晒措施。

当然，威尔逊对国王图书馆的处理全部是出于美学和象征意义考虑的，而不是出于其功能性。事实上，大英图书馆的魅力很大一部分是来自其内部到处使用的高质量但也昂贵的材料，主要是黄铜、皮革、乌木以及石灰华的渲染。正如温迪·劳-容（Wendy Law-Yone）写道："很多读者非常固执地偏好大英博物馆内华丽的旧圆形阅览室，他们似乎也很难拒绝一个安静、功能良好和豪华的错层式阅览室的诱惑。这个阅览室还有着高悬的顶棚、变化的空间和光滑的材料，这些材料是美国橡木桌椅、灰绿色的地毯以及皮制的桌面等。"[26]

还可以说很多，但它们更多的是为了结构本身而不是在这个结构之下的图书馆的功能。作为城市空间，大英图书馆前面的长廊并不是很成功。它异常的宽阔，并不打算将街上的步行者吸引进来。嵌入在这个综合体的咖啡店并没有对长廊和街道进行适当的视觉联系。事实上，大英图书馆看起来不像是伦敦城市景观的一个重要部分——举例说，不能像蓬皮杜中心是法国城市景观的一个重要部分那样。[27] 马克斯·佩奇（Max Page）在《保存》（Preservation）中写道，图书馆失败于这些方面："这是一个僧侣图书馆而不是一个思想的中心。喧闹而又有感染力的城市被完全排除在外。"[28] 另外，威尔逊声称他是借鉴英国自由学派的样式并为了与圣潘克拉斯相协调，这似乎一种善辩之词。当其他人在因图书馆与其邻居相互协调而赞扬他时，我通常会想到的是这两堆砖块建筑就像在赛前称体重时肌肉僵硬的拳击手一样，正小心翼翼地背转他们的肩膀相互分开。[29]

在图书馆内部也有设计问题。来看一下图书馆内自助餐厅的进口吧。希望一份中午快餐或冲一杯咖啡的读者很快就能看到距人文阅览室一号厅几步远的食堂。他自然而然地跑到一个看起来应该是餐厅入口的十字转门那里，然而标志上写着"出口"。认识到这里不是作为自助餐厅入口的读者也许只有那些确实用过这个转门从食堂出去的人。因此，这个人必须去寻找入口。最终他放弃了寻找并返回了出发点——"出口"转门。这时他会寻找一个地方插入他或她的身份证来开这扇门，但是这里没有一个这样的插口。接着，他轻轻一推这扇转门——竟然开了。

我怀疑我不是惟一一个给自己要杯茶、并坐在一张便于观察的桌子旁边去欣赏其他人在这个十字转门前困惑情景的读者。很快我们就知道了读者只需在他们离开自助餐厅的时候才用他们的身份证去激活转门，也就是说当他们进入图书馆这一部分、即只限于已发给读者卡的人才能进入的这一部分时才需要插卡。到那时，读者才意识到这个十字转门是双向开放的，进来的人可以随时进来而回到限制区域时才需要身份证了。从保证安全的角度考虑，这个转门应

图 50　顺着贾德大街并穿过尤斯顿路看到的大英图书馆和圣潘克拉斯车站，摄于1998 年

该代表"出口",但普通读者需要的却是一个"进口"。

这个令人困惑的标志能够很容易纠正过来,而且这是毫无疑问的。也许它已经纠正过来了。问题不在于这个花费10亿美元的图书馆设计得相当糟糕,问题倒在于注意到并为这种意外事情做好规划几乎是不大可能的。这就是为什么大学校园的规划者在铺人行道之前谨慎地等待学生们自发的去形成一条足迹的原因。

在建设期间,这项工程经历了很多糟糕的局面,包括错误的搁板、一个漏水的房顶和迅速增长的费用。其费用总计达5.11亿英镑,可以是5倍或者是50倍的预算,到底多少倍就取决于人们使用一个什么样的参照物。应该感谢撒切尔的预算缩减,其实它的扩张要求早已是很明显的。劳-容曾经写道:"到大英图书馆差不多快完工的时候,它将经历超过20年开开停停的规划、建设、拆毁和重建等等这样一个过程,它将会花去预算的5倍。由于主要项目的削减和建设限期的取消,它将最终以无法容纳设想藏书的一半空间而结束。"[30]

考虑到政界在规划过程中的干涉,图书馆能够在圣潘克拉斯存在的现实几乎应该是一个奇迹。20世纪70年代后期,霍尔从一个有利角度看国家图书馆委员会的重要作用而感到吃惊。他认为它的建立意味着第一次有一个公众机构以图书馆而不是博物馆的福利来作为自己的主要权限;这些机构经常说虽然埃克尔斯勋爵总是换不同的角色但都是为了证明霍尔的观点。不仅如此,霍尔认为主要的教训应该是:"我们在期待一些意外的东西时会有所付出。"[31]在大英图书馆这个事例中,有两个完全没有料到的发展:民众对城市更新缺乏信心,以及获得极好用地的可能。

大家可能会原谅一位政治学家对霍尔的陈述增加了一个更进一步的评论:大英图书馆是对全国统一运行下的政治系统优点的具体化,而且在这个系统中地方政府起到一个重要的角色,其导致的结果是公众政策的出现是循序渐进和逐渐积累的,而不是突然发生。以大英图书馆为例子,直接参与对确定用地的争论、结束这些争论,以及参与其他许多问题时所面临的困难,这些都为协商并找出更佳方案提供了充足的时间。另外这也意味着,比起建筑师的支持者们有权力去认可他拥有绝对独断式的权力这一场合,现在的情况将使得建筑师的行为变得更加容易控制。在20世纪80年代早期,威尔逊对那些针对他设计的批评有着非常激烈的反应,而且是绝不妥协。如今他已经作了必要的改变。很有意义的是,作为他的现代主义标志的隐示,威尔逊借用了艾略特(T.S.Eliot)对英语的赞美之词,即"最大极限的改变,但保留的仍然还是自己"。[32]总的来说,大英图书馆也许会被视作一个为"混过关"艺术树立的纪念碑。

再考虑另一个例子吧。在20世纪的最后10年,与通过民主协商方式混过去的大英图书馆相对照,通过政府指令式的、位于巴黎托比克(Tolbiac)地区的新法国国家图书馆(Bibliothèque de France)明显处于争论的漩涡之中。1995年春图书馆落成了,尽管事实上图书馆当时还没有书籍。其时法国总统弗朗索瓦·密特朗正好下台。

和圣潘克拉斯的大英图书馆一样,法国国家图书馆也经常被一些关键的数字所描述:建造了19个月,容纳"1000万册书籍,60万小时的录影带,图像库存有120万张图片,所有藏品放置在4个264英尺高的塔楼和43万平方英尺阅览室,建筑投资达16亿美元"。[33]书籍在15分钟内通过一个5英里长的传送带传输分发。[34]其设计者是一位年轻而几乎没有什么名气的建筑师多米尼克·佩罗(Dominique Perrault),他希望表达出一种虚无的感觉——这是对"空幻艺术"(aesthetics of the void)的一种尝试。一位对建筑有洞察力的学生认为这种尝试的要点在于鼓励一种不存在的心态和机能的中止,这些都和以下这样的批判联系在一起,即"主要的注意力被吸引到与观察者有关联的一种纯粹的游戏、消遣和想像之中:城市就像一个没有功能的游乐场,充满着诱惑的景象,充满着标志记号和越来越空幻的含义。从一方面来说林肯中心和纽约世界贸易中心正是这些景象的象征性纪念碑;从另一方面来说也有北欧新城中心[从沃灵拜(Vallingby)到法斯塔(Farsta)]以及巴黎的这一项重建计划。对空幻的强调是这种新城市修饰主义的翻版"(重点在于其原型)。[35]

这个被联想到是"一张四脚朝天的桌子"[36]的法国国家图书馆

的设计一公布，立即出现了反对运动，这使得雅克·希拉克（Jacques Chirac），当时的巴黎市市长曾私下要求密特朗总统修改这一规划。

当雅克·希拉克不再负责这件事的时候，密特朗的文化部部长杰克·兰又开始查封这个工地。随后，一个委员会被任命专门检查这个地方，该委员会另外还派遣了一组调查人员去新大英图书馆。但是到1992年，佩罗的建筑已经是既成事实了。

虽然设计这种规模的建筑至少需要一年时间，但1989年3月8日才开始竞标，同年7月26日佩罗的设计方案就被选定。当时，政府规划新图书馆只容纳300万—500万册图书，剩下来的放置在黎塞留路（Rue de Richelieu）。然而没过多久，在8月2日佩罗的方案选定后，政府决议就下来了：1100万册书中除了10万册图书之外其余的书籍全部将迁往托比克（Tolbiac）这个新馆址，并计划到21世纪将藏书量扩充至2000万册以上（目前的规划是将黎塞留路图书馆改建成为一个艺术研究中心）。无论如何，方案竞选没有重新再开：考虑下轮竞选之时大多数新戴高乐主义者会终止这一项工程，因此在竞选之前建设是不可逆转的，没有时间去考虑新规划了。[37]

前任国家图书馆馆长乔治·勒·赖德（Georges Le Rider）认为佩罗的规划"相当糟糕"，[38]主要是因为由于玻璃塔楼所引起的温度和气候控制问题。克莱尔·唐尼（Claire Downey）在她的《建筑实录》（Architectural Record）中坚称，佩罗试图使它成为一个矛盾体，图书放在塔楼内而读者则被安置在地下。她还认为许多法国人赞同文字书籍放在人之上。"他们所不能接受的，"唐尼说：

是珍贵的书籍在玻璃盒子里面烘烤。佩罗坚称他那个透明玻璃的主意被大大误解了。"我从来没有说过这栋大楼将变得彻底的透明，"他强调。他还说，他所希望的是这里能给人一种这个塔楼越来越充实的感觉。事实上，图书馆塔楼在开馆那天一定会被完全利用，其下面的七层现在正被办公室所占据。为了对书籍进行保护，藏书层的新的玻璃面布置了永远关闭的木制垂直百叶窗。不透明破坏了佩罗最初的设想。这样，既不能在外面看出图书馆藏书的逐年积累，在里面视线也是模糊的。佩罗一直在努力坚持他的设计，但至少从外面来看它已经失去了它本来面目所存在的理由。[39]

帕特里斯·伊戈内（Patrice Higonnet）认为，这些书"很明显地不能被人们使用，只能被人们看到"，他指控新法国国家图书馆是"对法国文化的威胁"以及它是"敌对书本、敌对人民和敌对巴黎城市的"。佩罗做的设计是"一个回到过去曾流行一时的、但现在已经过时和大打折扣的现代主义风格的作品"，是"图书馆人的梦魇"，因为它在"设法将国家图书馆的收藏品储藏到远离阅览室的玻璃塔楼内，同时这将会在保护和传输这些书籍过程中产生明显的风险"。[40]

图51 从塞纳河对岸看法国国家图书馆，摄于1998年

反对的矛头也指向佩罗在托比克的土地利用方式上。这块土地规模达18英亩，超过新大英图书馆圣潘克拉斯用地的两倍。考虑到已经把给"巴黎最后的大开敞空间"[41]给予了佩罗，他应该没有特殊的理由必须去建柯布西耶式的塔楼。另外，他的作品"毅然背向直接在它前面流过的塞纳河。其阅览室位于一个巨大下沉式的内

部庭院里,面积足有种植了树木并形成枫丹白露森林的皇宫那么大。佩罗的设计也没有与部分位于塞纳河之上的、正对面的财政部大楼相协调,而是狂妄的以自己为中心。它将使大量的混凝土板暴露在外,其规模与协和广场(Place de la Concorde)一样。它那微小的没有标记的入口将迷惑参观者。其玻璃墙从上面一直延伸到地面,似乎在说:在行人和建筑之间,这里不提供任何形式的交往活动"。[42]

克莱尔·唐尼总是试图公平地去描写图书馆和它的所处的城市之间的关系:

> 法国国家图书馆位于巴黎不太富裕的东部边缘地区,那里,铁路、游艇和轻工业把它与塞纳河隔离开来。法国国家图书馆是塞纳河沿岸开发区的中心。包括在火车轨道线路上获得的74英亩土地在内,总共有321英亩面积的建筑将建成920万平方英尺的办公空间、538万平方英尺的居住空间和376万平方英尺的商业空间,所有的交通都必须从河前面的一个通道进出。从1987年到现在,大量本地的和世界的建筑师们为这片区域递交过建议,直到一个简单却有点古典式的政府总体规划出台为止。它的两个关键特征是:沿着该区域最南端建设一条宽大的法兰西大道,以及在塞纳河北侧布置一些人行道和停车场。以巴黎传统居住街区模式组织的住宅建设正在进行之中,它首先考虑的是有一个统一的临街面并隐藏其宽敞的内部庭院。这些住宅是围绕图书馆和沿着塞纳河组织的,其每一个住宅街区都是依据总体规划通过城市竞标而设计的,它们与图书馆之间几乎没有什么联系。正如佩罗指出的那样,城市区域和图书馆有两种不同的顾客——城市和国家——它们不工作在一起。[43]

我们重新回到前面,而情况还是一样的很糟糕。比如说,《费加罗报》(Le Figaro)的建筑评论家将它称为一个巨大的愚蠢产物[44]。情况更糟的是,图书馆在职员问题上也受到指责:"当职员们举行完就职典礼后,他们就开始在现在的图书馆里罢工,抗议低工资和缺乏充足的职员来运作这个新的综合体。"[45]帕特里斯·伊戈内的结论很难抗拒:"在佩罗的建筑里,形式取决于功能仅仅在于人们理解到这种功能是带有政治性的时候。"[46]法国国家图书馆被视为密特朗总统的伟大工程之一,不论好坏,这就是人们去记住它的方式。[47]

新法国国家图书馆怎么说也是一个灾难性的大规划,这使大英图书馆的30年斗争看起来似乎是一段好时光。虽然这么说,我们还必须承认在21世纪初英国在大规划灾难竞赛中已经跳出来,并起到带头作用[48]。千禧穹顶是由梅杰主持的保守党内阁、尤其是迈克尔·赫塞尔廷(Michael Heseltine)最先想出来的[49],但却被布莱尔的文化大臣彼得·曼德尔逊(Peter Mandelson)迫不及待地采纳了。这个想法的产生是为了迎接2000年拂晓的到来而在格林威治的泰晤士河边修建一个大穹顶体育馆,这是由理查德·罗杰斯及其合伙人建筑设计事务所(Richard Rogers Partnership)的建筑师们设计的:"它有英国最大的足球体育场的两倍那么大,穹顶体育馆将花费7.58亿英镑;其中4亿英镑来自发行彩票,剩余的部分计划由私人赞助商和广告销售获得。换句话说,英国政府将花费相当于国防预算12%的经费在这一年度庆典上,但是这一庆典的意义和重要性看起来不能让人信服地认为它与上面所涉及的花费是相称的。"[50]一直持怀疑态度的理查德·詹金斯(Richard Jenkyns)在《纽约书评》中曾谈起它:

英国首相布莱尔的贴身政治顾问彼得·曼德尔逊(Peter Mandelson)以及负责新千年纪念的大臣最近经常出现在国会下议院一个选举委员会面前,并告诉委员们建造这栋穹顶建筑的目的,以及英国政府建造的这座位于格林威治的圆屋顶建筑要花费12.5亿美元。这是在全球范围内为迎接新千年到来而做的最豪华的工程,尽管在罗马为迎接狂欢节建造罗马天主教堂的花费差不多接近它。"这给予了人们思考他们社会的一次机会,同时也是使这个社会进步的一个良机,"彼得·曼德尔逊说道。他还补充道,这主要的吸引将来自叫做索弗球(surfball)的一种互动式电脑游戏。

这还不是惟一一处让我们高兴的。我们还有可能感受到一个巨大的钢球在强大磁力的吸引下冲向地球的刺激,这对于那些猜想过大体量金属物体在地球的引力作用下飞向地球的人来说,是一个非常吸引人的场面。另外根据最初的计划,参观者也将可以走进一个150英尺高的人体模型体内，在那里了解人体是怎样工作的——或者说是了解人体的大部分是怎样工作的，因为这个人体模型是没有生殖器官的。这个规划后来被更改了：它将变成躺下的，其身高也长达300英尺。但现在还没有确定它将是男人、女人还是无性人。

新工党接受这样一个令人不愉快的、象征性的建筑已经不是第一次了……斯蒂芬·贝利（Stephen Bayley），这位当时的千年展览的创作指导，在最近的一篇文章中写到：它将包含"激发思想的展览品和体验，这些将淡化教育和娱乐之间的区别，将为每一位参观者积累起洞察这个世界现在和未来状况的能力"。听起来是不是有点可笑？而且也非常含糊。在另外一个场合，他告诉一位采访记者："我是这个工程的创意指导。我的任务是确保这个展览令人兴奋。如果按照我自己的方案，那么应该包括性、礼节、音乐、电影、建筑、运动和购物等在内的多项内容。"他曾经愤然离开他的工作岗位，声称曼德尔逊不能达到那些很高的标准。我们很可能看到的是一个游乐场和热忱说教的混合体。一个八岁大的男孩最近被委任为这个委员会提出关于推荐展品的意见。[51]

简短地说，这个大规划已经由政府和理查德·罗杰斯事务所的领导层起草制定，其中还包括英国一些最著名的建筑师。在一定程度上，它将会把从基尤（Kew）至格林威治的平民百姓吸引到这个节日庆典上来，同时它也将塑造21世纪的伦敦。主要的吸引点有伦敦眼（London Eye）或千年轮（Millennium Wheel），以及诺尔曼·福斯特爵士（Sir Norman Foster）的人行天桥。这个人行天桥被称作"光之翼"（blade of light），是用来让游客穿越泰晤士河到新泰特现代美术馆（Tate Modern）的，但现在这座桥由于过度摇晃而被关闭了。[52]因此，在新伦敦我们"感受到了政府官员尽力去娱乐国民的煞费苦心……在过去，皇家朝廷则不必为此而担心。他们会请亨德尔（Handel）来为他们的烟花会作曲，会乘坐皇家游艇在泰晤士河漂游，以此炫耀皇室。而在人民首相的民主时期，这些都不会出现"。[53]

或许从大英图书馆教训中得到启发，《经济学人》杂志希望得到一个喜人的结果："布莱尔先生严厉地批评了那些怀疑者们，因

图 52　正在建设之中的英国格林威治千禧穹顶，摄于 1998 年

为他们似乎囊括英国所有地方的大部分压力，布莱尔先生把他们称作为对'世界美好愿望'悲观了的、胡说八道的'愤世嫉俗者'。使怀疑者们困惑的是，英国的千年计划也许会证明是一个极大的成功。好的宴会往往是没有预料的那一个。"[54]冷酷的詹金斯(Jenkyns)在他的成年时期也喜欢游乐场，但他却说"这个东西对我来说是不是有点太孩子气了"。[55]

　　早在2000年，当这个"灾难性的开张典礼"在新年除夕举行之后，詹姆斯·芬顿（James Fenton）发现他自己被孤立在千禧穹顶里了。"我独自一人在工作区域、在学习区域、信念区域以及祷告室。心智区域和身体区域（那里有精子在顶上的阴道内跳舞的影片）都是寥无人影。"这些问题的产生主要是来自这样一个事实，即千禧穹顶的"专题报告节目"的录像完全没有内涵："在生活中去学习是关键。我们正处于一个瞬时万变的时期。我们一直在向着下一个难关迈进。那就必须祈祷。"谁需要一个说教式的游乐园？詹姆斯·芬顿认为它是"一个失败的作品"。[56]它的墓志铭已经被安德烈亚斯·惠塔姆·史密斯（Andreas Whittam Smith）写下："千禧穹顶将很快关闭。来自官方的看法也认为它现在是一场灾难。关于事情的来龙去脉的调查已经开始了。但是我不相信这里能够发现什么重大秘密，因为我们其实已经知道了它的原因：那就是狂妄自大。不论是梅杰政府还是布莱尔政府都太自以为是了。"[57]

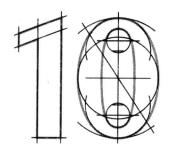

第 10 章
加宽城市的
大门

简·雅各布斯的《美国大城市的生与死》作为当代最具有影响力的书籍之一被广泛地流传。它的成就主要在于揭露了总体规划师的狂妄自大，并且直接关注于一些显而易见平凡的问题，诸如城市为何更需要旧建筑、混合功能应用的地区和有活力的街道更胜于需要城市中心的嘉年华游乐场。雅各布斯认为一个成功的城市必须行使不止一个基本功能，两个以上则更适宜。这些功能应当保证人们可以在不同时间外出，在不同的地点各行其是，但又可以共用众多的公共设施。[1]理想地说，在城市里应该有高密度的人口，新建筑应当遵循于旧建筑的风格，居住功能和商业功能应交织起来，而不是愚蠢地被分离。

考虑到雅各布斯这本书公认的影响力，《美国大城市的生与死》的某些方面内容在它出版以来的40年中一直被普遍地忽视就显得很奇怪。其中一个是她对城市里的大学正风行的"草皮保护"倾向的谴责。雅各布斯引用了芝加哥大学实行的策略（有人相信，这是长期放任的）例子："每个晚上放任警犬在校园里巡逻，人们经常被围攻"，虽然这是个较极端的例子，但却是事实。雅各布斯认为即使他们的政策在本质上是善意的,大学在城市里哪怕只是一种纯粹的物质形态存在,也往往会破坏城市的活力。因为作为一种单一功能的地区,他们所产生的城市与学校的边缘地带简直把一个城市撕裂成碎布。[2]她认为至少在20世纪60年代早期她写书的那个时候,大学是忽视这种问题的。"只要是我能看到的一些大型的大学,都是没有考虑或想像过这种独立存在的方式对城市的影响。"较有代表性的做法是他们要求隐居起来或者在一些乡村风味的地方,充满怀旧情绪地否认他们的迁移,或者他们要求在一些办公楼内自成一统(当然,他们两者都没有做到)。[3]

很难解释这种问题被忽视的原因。极端者会怀疑当代大学对土地、金钱和权利的强烈嗜好会使他们对学院的学术研究产生所谓的冷却效果。然而假如美国人来到大学的领地,[4]他们就会丧失设想选择少数占优势的原型的能力。这众多原型中包括诸如有特色的牛津修道院,杰斐逊先生在夏洛茨维尔(Charlottesville)的"学院村",奥姆斯特德(Olmsted)的斯坦福,或者是我们当代光辉城市的校园都追求的是与他们所在城市明显的互融性,而不是将校园自成一体来考虑。于是,对一个近600年历史的苏格兰大学——圣安德鲁斯(St. Andrews)大学经验的对比考察就显得十分有意义,它力求实际上与所在城镇具有同一性,完全不主张另外建立校园模式。[5]

当基督教传播入大不列颠岛时,在苏格兰法夫王国(今法夫郡)临近北海的福斯湾(Firth of Forth)和泰湾(Firth of Tay)之间一个名为吉瑞蒙特(Kilrymont)的渔村获得了初步的立脚点。自然而然地,这个小镇日后在苏格兰境内必将具有与坎特伯雷[6](中世纪英国的宗教胜地)同等地位,它有着简单的小椭圆形结构,三条街道贯穿于小镇的东西。"狭窄的小巷[7]将小镇各处一个个的串联起来,会聚于教堂,即小镇的中心。南径、集市小径和北径(现在用英语转化为南街、集市街和北街)成为了宽阔的大道;第四条为驿道,始于邻近城堡。"[8]

吉瑞蒙特第一次出现于历史记载中是在6世纪末期,当时一个名为圣雷古勒斯(St. Regulus)或者圣儒勒(St. Rule)的爱尔兰传教士逐渐使当地人转变了信仰。虔诚的圣儒勒并非注定成为苏格兰人的守护圣人。因为"在732年至761年之间的某个时候，阿卡主教（一位诺森伯兰郡人）被迫逃离赫克瑟姆（Hexham），带着他重要的财产向北逃亡到法夫王国的皮克茨，这些东西是最初传道者圣安德鲁斯的臂骨和一些指骨"。[9]在吉瑞蒙特的库尔迪（Culdees）人承担了保护神圣遗物的职责，在12世纪，这个小镇再次为圣安德鲁斯举行了洗礼。

从精神层面上说，圣安德鲁斯大学建立于1411年，根据坎特（R.G.Cant）记载，大学在1413年获得了教皇训谕的认可。大学的规模略大于位于能眺望到海的柯克（Kirk）山上的一个修道院的范围。[10]但是，正如阿兰·B·科班（Alan B. Cobban）认为的，中世纪大学的发展与欧洲社会的城市化紧密联系在一起。[11]因此，其作为苏格兰第一所大学并不建造在圣萨尔瓦托（St.Salvator）教堂附近与教堂混合，而是在城镇里，这具有重要的意义。根据詹姆斯·肯尼迪（James Kennedy）主教的意图，圣萨尔瓦托教堂将尽量靠在整个学院的最前沿，教堂的通道也宽阔地通往城市[12]。其整个的意图在于能邀请市民进来，因为这不仅仅是大学的小礼拜堂，更是一个上帝辉煌的建筑，在这儿可以进行基督教的圣餐，聆听牧师的说道和学习如何确立信仰。[13]

图53 苏格兰圣安德鲁斯大学，将大学校门向城镇敞开，图为从大学的街道上看到的城镇的圣萨尔瓦托教堂（左边）

这种主张大学体系结构融入社会的方法从苏格兰影响到了欧洲大陆的大学，特别是巴黎大学。保罗·韦纳布尔·特纳（Paul Venable Turner）解释到，英语概念里把大学当作他们内部的团体，倾向于回归到城市中去。与之相对应的是，"苏格兰大学则增强了城市特性，或者至少削弱了他们城市环境的优势地位。这种现象的部分原因（也因为对欧洲教育模式的强烈依赖）是由于苏格兰的大学的学院比英格兰要少，因为英格兰那种严格管束学院团体的理念还没有动摇。苏格兰的学生自由生活在城镇而非在他们的学院，而按这方式他们的生活更加像那些欧洲大陆的学生。在建筑上，这意味着更少需要学院的房子。"[14]

这个有大学慢慢生长于此的城镇最初是由木材建造的。柯克（Kirk）写到："圣安德鲁斯大学早期的房屋是大量的木制住宅或由涂抹油漆的木构架建造的。直到法夫（Fife）地区木材逐渐变为稀缺，教堂和修道院建筑采用一种便利的石质原料的时候，圣安德鲁斯大学才有了坚固的石质房屋，即现在展现的样子。"[15] 城内最古老的建筑是圣儒勒塔（St.Rule's Tower）———座古老教堂的钟塔（这所教堂以后被一所大教堂所取代)。其神秘的废墟延续下来一直成为柯克山上吸引人的主要景物。另外遗留下来的一些古迹包括一个沉闷的城堡；几个城门，特别是西面的通道；集市街东部末端的市场；圣玛丽（St.Mary）学院内的方庭；黑僧侣（Blackfriar）的小礼拜堂；一个以鲁登区（Louden's Close）而闻名的地区，那儿修饰过的路缘、墙灯、波形瓦的屋顶和老虎窗都记录了古老城镇的特征。[16]

其他的学院仿效了圣萨尔瓦托学院。圣莱昂纳德（St.Leonard）学院，作为一个小修道院的附属部分在16世纪中期成为比较流行的关注点。[17] 圣玛丽学院由詹姆斯·比顿（James Beaton）大主教创建于1538年。这些学院有助于为物质性现实主义时期的大学打下基础（中世纪的大学都趋向于虚空的非物质性)，但他们都降低了大学作为整体的意义。[18]

在早期，苏格兰国王詹姆士一世曾打算把大学移到珀斯（Perth）——他意向中的首都，这种想法正如我们即将看到的那样被展现出来。到1437年，詹姆士去世的时候，这个城市"已处于其繁荣的颠峰。三条主要的街道和一些狭巷、死胡同里都聚集了高密度的人口；在那儿有一个市政厅（包含了海关办公室和监狱小房)，在集市广场内有一个十字形路口，在北街的末端教堂附近也有一个鱼市口，是渔民集聚的地方。一些舰船如肯尼迪（Kennedy）大主教称为圣萨尔瓦托的大游轮停靠在圣安德鲁斯码头。一些坚固的城门保卫着城镇的入口"。[19] 过路收费亭成为了异教徒被官员执行死刑的地方，这些官员同时行使了教会和世俗的权力。这种对异端的压制并不是成功的。事实上，圣莱昂纳德（St.Leonard）学院在16世纪早期善于接纳革新的学说，以至于以后"饮用圣莱昂纳德学院的井水"成了接受和超越圣莱昂纳德学院的新教教义的代名

图54 1580年圣安德鲁斯鸟瞰图。审视从柯克山俯瞰港口（在右边，或者说是小镇的东面）所见的蕴涵宗教意味的景观，包括了大教堂，圣儒勒塔和相邻的小修道院。另外的地标包括城堡（中心，顶部），收费处和城镇的教会（两者都靠近市场，城镇中心），天主教多明我会和圣方济会的修道院（城镇的西边）和三个学院：圣萨尔瓦托（在北街），圣莱昂纳德和圣玛丽

词。[20]几乎没有人能确定约翰·诺克斯（John Knox）是否在大学里学习过，但正是在神圣三位一体教堂中（城镇的教会）他与正统派争论自己的观点。到1560年，新教获得了胜利，如果要用单一的影像来展现苏格兰宗教改革运动的本质，那么这将可能成为一个城市的形象：诺克斯狂热的信徒们正穿过圣安德鲁斯的大街去摒弃天主教的大教堂。

这个小型的罗马天主教大学在新教改革中决不会被毁灭。[21]到1617年王室成员视察该地区的时候，大学的一股强大力量使圣安德鲁斯再一次成为苏格兰教会的首府。同时，通过王室命令的颁布，也成为了整个国家教育的首要中心。[22]有趣的是，作为新教改革的一个结果，学者和市民更要求集拢在一起，而不是分散："从那时起，在学院里旧的团体礼拜仪式被遗弃了。白天和夜晚虽然祈祷者还是在举行仪式，但对于公众来说，圣萨尔瓦托学院和圣玛丽学院都参加在镇的教会里举行的日常礼拜仪式，虽然圣莱昂纳德学院的成员仍然在其自己学院教会里举行礼拜仪式，但他们这样做主要是

因为这个教会也是他们教区的教堂。"[23]

在1638年危机时期，"除极少数之外，大学和城镇都被劝说签署'国家盟约'"。在后来的改革中规定学生"在学院和大街上都应穿长袍。日常谈话也要说拉丁文。高尔夫球和箭术等合法的娱乐活动被提倡，但掷骰子和打纸牌则是被禁止的。此外，还颁布了学校高层可以结婚的指令，使后来很多教师结婚并在城镇里安居。这种安排与后来摈弃把大学居住系统作为整体的想法是有很大的关系的"。[24]

1689年的革命给圣安德鲁斯带来了持续的、几乎灾难性的后果。就在荷兰国王威廉三世（William of Orange）登陆英格兰前夕，该大学和苏格兰的主教们一起，发表了一篇赞颂詹姆士七世国王的演说辞作为报复，1690年新政权的第一步行动之一就是"突袭了圣安德鲁斯大学，肃清了大学里几乎所有的高层成员"。城市内的大主教和重要的神职人员都被立即清除。尽管如此，大学却喜欢这种没有特权待遇的状态，正如他们愿意在革命者和盟约者的共同统治下。[25]

不论某些体育活动带来多少相互间的乐趣，城镇与大学之间的关系仍然会恶化。[26]一件发生在1690年某天下午的特殊事件揭露了内情，一位市民受到了一名大学仆人的袭击。在随后发生的骚动中，一位名叫约翰的绅士[图利巴丁（Tullibardine）伯爵，大臣]重提早先詹姆士一世激进的建议，将大学迁往珀斯镇。图利巴丁伯爵的主张并不是对珀斯镇品行的表彰，却是对圣安德鲁斯大学缺陷的批评。坎特的著作详细地介绍了城镇居民与大学之间近乎偏执的故意："其他城市不可能存在比这里更夸张的对大学的诬蔑和抨击。这是一个边远的穷乡僻壤，供应非常的稀少，其他的必需品也很难获得，水资源并不充足，而且水质也不是很好，空气稀薄且刺骨以至于来此的老人会立刻死去。而年轻人也好不了多少，因为街道上到处是鲱鱼的内脏和乱丢弃的垃圾，瘟疫十分流行。最糟糕的是，居民十分野蛮，好吵架，肆无忌惮，对学习和有学问的人十分厌恶。"[27]这个故事最值得回味的地方是虽然珀斯市提供极为慷慨的供应承诺，但最终还是被圣安德鲁斯大学的高层所拒绝。他们不仅需要珀斯能提供相当的配套设施，而且也希望它能使圣安德鲁斯[28]构建出的完整的大学传统文化形态在珀斯再现,将大学和城镇自然的结合,其实也是要求建立一个新的珀斯城。

在1715年詹姆士二世党人起义期间,[29]大学的"忠诚更显得复杂化。圣莱昂纳德学院被认为是虔诚的辉格党人暴乱的温床"。[30]汉诺威政权预示性的作出反应:爱丁堡和格拉斯哥的大学都将受到政府的奖赏,而惟独忽视了圣安德鲁斯大学。这个世纪的后期,约翰逊博士在他的《苏格兰西岛游记》中关于圣安德鲁斯写道:"大学衰退了,学院被转让了,教堂亵渎了神明,加速走向末路。"[31]在书中被转让的学院就是圣莱昂纳德学院:"1754年,学院在小修道院的一部分场所被转让给了在邓莫尔(Dunmoor)的威廉·伊姆里(William Imrie),到1772年,学院的主要场所,包括学院的建筑物和花园也被联合学院的教授们用200英镑出售给了一位名叫罗伯特·华生(Robert Watson)的同事,一年的税费只需10英镑。华生教授认为这是一个很合算的买卖,用这么便宜的价格买下一个完整的学院这样的事情并不是经常有的。"[32]

到18世纪末期,大学的高层"抱怨虽然学院的房间近来已经修缮,适合学生居住,但大多数学生还是选择在城镇内寄宿"。[33]1820年学校公共餐桌被放弃了[34],学生们别无选择只有求助于私人;这就形成了一个所谓的"铺位"机构。坎特谨慎地作出结论,"学生选择私人寄宿可能会更舒服些。"[35]

"在启蒙运动期间,城镇本身也逐渐衰退下去。人口一度减少到中世纪时总人口的1/6;大学的精神和物质都被耗尽了;贸易在减少;渔业则已经消失了35年。"[36]各种盛会庆典、露天表演和城市内的宗教仪式,曾经象征着公共生活的共享的中世纪精神的痕迹在逐渐地衰减。[37]例如具有一定游行性质的射箭比赛在1754年也被取消了。[38]到了1807年,即使是每年一度的猫赛跑比赛也失去了其吸引力。[39]到19世纪后期,大学的高层成员感觉到他们不得不停止凯特·肯尼迪(Kate Kennedy)庆典了,因为权威人士认为在城镇街道举办这种玩闹表演是公众和学院的丑闻。[40]

大学对高尔夫运动网开一面,"它同箭术一样,从来不属被禁之列"[41],市民和师生分享着对这项当时称为高瓦夫(gowff)的运动的狂热。威廉四世的到访对圣安德鲁斯来说是一种幸事，他打算对建立于18世纪中叶的高尔夫俱乐部进行革新，使其从圣安德鲁斯的最底层的爱好场所[42]摇身一变成为皇族和古典运动中心。城镇在发展蔓延，增加了一些与优雅的乔治亚艺术风格的交流。然而，城市的发展也绝非一帆风顺的，在休·莱昂·普莱费尔少校（Major Hugh Lyon Playfair）1842年当选教务长后就尤其如此，他一上任就体现出惊人的决心，"要把事情顿饬一番"[43]。按柯克的记载，普莱费尔推翻了哥特式的门廊，铺设了鹅卵石的街道，拆毁了旧式市镇大厅，对圣萨尔瓦托教堂前的中世纪建筑提出了挑战，清除了渔民聚集区和具有维多利亚特点的街巷。[44]普莱费尔就好像是苏格兰的罗伯特·摩西（Robert Moses）。

19世纪80年代早期旅游业的繁荣为大学的复兴创造了条件。通过1858年国会法案，大学得到了彻底改造。尽管如此，到1876年只有130名学生登记入学。各种计划的安排都具有目的性，"能再次启用学院的住宿设备，吸引那些早先在圣安德鲁斯大学就读，现在却到其他英国古老大学就读的苏格兰社会的上层人物的孩子们能重返圣安德鲁斯大学求学。"[45]两大改革措施对大学的复兴具有重大的贡献。[46]一个是允许妇女就读，最先颁发名为L.L.A.的学位证书（文学艺术女学士）。另一个是创办邓迪（Dundee）学院即女王的学院作为大学的基础。提供了各种领域的职业培训，其中包括了医学。[47]圣安德鲁斯大学得到了再一次的蜕变。从20世纪早期开始，大学如同曾经依靠罗马天主教会或苏格兰王权一样，非常依赖安德鲁·卡耐基（Andrew Carnegie）和英国国会的慷慨资助。

詹姆斯·科洪·欧文（James Colquhoun Irvine）于1921年至1952年期间任职圣安德鲁斯大学的校长。在他离职的时候，大学已经比他创办时壮大很多，[48]虽然一位古典主义学者肯尼斯·多弗爵士（Sir Kenneth Dover）在他声名狼藉的论文集中写到许多人把欧文当作是恶劣的"英国化"[49]的代理人。但无论如何，大量的宿舍建造起来了，到20世纪50年代时，学生的人数超过了2000，其中800多人在邓迪女王学院入学。然而，两个校园的关系一直没有被满意地解决，从而在1967年无情地导致了邓迪（Dundee）学院脱离出来，成为了独立的邓迪大学。这或许并不是一个巧合，失去邓迪学院的时候正值圣安德鲁斯大学计划要在学校边缘建造一幢空前规模的建筑物。[50]

这个建筑群的大部分是建在诺斯霍夫（North Haugh），靠近一条古老道路的 67 英亩的地块上。数学、物理和化学的教学安排在这个新建筑内，还包括了安德鲁·梅尔维尔厅（Andrew Melville Hall）[51]——一幢男女生混住的倒霉的宿舍。诺斯霍夫（North Haugh）只是一个只有学生居住不见其他人，低密度的校园。在城镇的这个区块中，没有商业活动，没有工业生产。它不引人注意，雅各布斯称其为晦暗的枯萎病[52]是比较恰当的。总之，诺斯霍夫（North Haugh）否决了肯尼迪（Kennedy）主教关于要将大学的门向城市敞开的初衷——这个政策不仅有助于大学的生存，而且解释了大学过去兴衰变迁史。如今，大约有 2/3 的圣安德鲁斯大学学生过着宿舍生活，其中大部分在诺斯霍夫校园。[53]

把这个现代主义的校园放到城市规划领域里用数学模型来研究，则揭示出圣安德鲁斯大学越来越向树状结构发展，而半开放式的格栅状结构则逐渐消失。克里斯托弗·亚历山大（Christopher Alexander）解释到树状结构是一种过于简单的结构，"每个单元之间没有联系，除了通过作为整体的那个单元充当中间媒体。"亚历山大相信大学校园被孤立起来就是由于具有树状观念的结果，与城市的联系仅有一条线连接，以致"大学与城市的边界分得很清，这个区域内的万物都是大学的，而除此之外则不是"。[54]亚历山大认为复杂重合的半开放式的格栅状结构模式是一种更为可取的办法。[55]

以剑桥大学为例。从某种程度上，圣三一（Trinity）大街从表面上几乎与圣三一学院没有明显的区分。在大街上的一条步行天桥其实就是学院的一部分。沿大街的建筑物，虽然底层容纳了商店、咖啡吧和银行，而楼上则是大学生的寓所。在许多实例中，沿街建筑目前的结构已融入到古老的学院建筑物结构中来，从而彼此不分你我。

校园生活和城市生活互相交迭成许多活动体系：泡吧、品咖啡、电影和到处游逛。在某种意义上，整个院系也可能积极地参与到城市居民的生活中去（有附属医院的医学学校就是一个例子）。在剑桥，这个大学与城市逐渐共同自然发展的的城市里，各种物质单元相互融合，因为这些物质单元就是城市系统和大学系统相互交迭的产物。[56]

肯尼斯·多弗爵士观察到在圣安德鲁斯市民和师生关系的融洽度要明显好于牛津。在前者的制度中，"具有苏格兰特色的谦恭和诙谐的平等主义精神溶解了一种目前牛津还坚持保持着社会阶级界限的'胶水'"。同时，多弗爵士还详细地描述了"圣安德鲁斯宽松氛围（和较低的规格，如果你愿意）"，把牛津巴利奥尔（Balliol）学院贵宾席的排外性和圣安德鲁斯大学的职员俱乐部做了对照，"圣安德鲁斯这个俱乐部不仅服务于大学职员，他们的配偶在俱乐部中也是具有同等地位的成员。"[57]然而，多弗爵士认为牛津和圣安德鲁斯不同文化反映了民族特性的差别。奇妙的是整个事实和具有对比性的物质形态培育有关——即牛津和圣安德鲁斯的不同文化特色与牛津修道院提倡并表现出的排他主义倾向和圣安德鲁斯大学式的"不完全格状"模式中提倡在边缘地带相互渗透的理论有关。

然而全面地衡量，圣安德鲁斯大学被认为仍存在一些"失误"[58]，未能像苏格兰牛津大学[59]一样成为正统罗马天主教的壁垒，[60]后又成为二世党人的代表。在国家将权利下放到地方的时代，圣安德鲁斯大学未能成为英国的公共机构，像大部分苏格兰学校一样进行新的试验。[61]或许它会利用2001年秋季威廉（William）王子录取入学的机遇；官方发言人报道了在威廉（William）王子入学圣安德鲁斯大学促使美国女学生蜂拥来此求学。

能够在骚乱和忧伤的岁月中幸存近600多年的机构必定有其坚持的东西。这些东西是城镇和圣安德鲁斯大学一致明确认可的。那就是"大学校门应对城市敞开"的原则——在建筑上圣萨尔瓦托教堂是如此，在教义上圣莱昂纳德学院也是如此要求的——在改革时期有助于大学避免了毁灭。同样，王朝复辟后，取消在学院内做礼拜仪式，而去参加城镇的教会活动，与它日常事务中很大程度上未受到"占优势地位的主教制或长老制"[62]的影响有着一定的关系。至于大革命后大学迁移到珀斯的计划流产,这个奇怪的事件可能就是因为大学留恋老市镇的结果。因为,尽管对所谓抗拒理性主义、肮脏的鲱鱼狭巷有着诸多的抱怨,但大学的主管领导认为他们在珀斯的支持者自愿会把圣安德鲁斯大学内在的办学宗旨照搬过去的荒谬想法,其实简单而不可理喻地反映出他们保存着对于城镇深刻的眷恋。另一方面,同样的愚昧也许是圣安德鲁斯大学未能很好地处理20世纪的邓迪学院适当发展的根源。20世纪圣安德鲁斯大学向邓迪真正的扩展就和早在两个世纪前向珀斯迁移一样显得不可思议。

至于城镇,在它成为高尔夫球的麦加圣地之前,圣安德鲁斯除了捕渔业和高等教育,对高尔夫球的开发很少做出努力。可以清晰地回顾到市镇最幸运的一个时段是不得不忍受了长达200年之久的经济萧条,其中的一个结果是在19世纪早期圣安德鲁斯从迟钝中苏醒过来时,许多中世纪的废墟保存下来了,即使是普莱费尔少校也没有能够完全砸掉它们。现成老建筑的充足供给是长期经济停滞中隐性的好处。因为正如雅各布斯教给我们的:古老的建筑物可以利用住宅股份进行多样化投资,引入各种使用功能,甚至可以创造一个独特的要素;通过所有这些方法,古老的建筑物可以重新创造城市的活力。

在圣安德鲁斯富有生气的街道上,进行着一种"舞剧"——雅各布斯称之为"街道上的芭蕾舞剧",它上演着穿梭的行人、在一旁看风景的游客、正慢吞吞地走回教室的学生和赶着去银行或酒吧的教授。教堂、学校、健康福利的一些设施、剧院、影院和数不清的餐馆和酒吧在各种时段给民众提供了活动方式。非常感谢社会福利机构的存在,在市镇内没有特别华丽的地方,也没有城市特有的肮脏贫困的地方。这儿遗留着地方风俗的痕迹:圣安德鲁斯有伍尔沃思(Woolworth),但不是贝纳通(Benetton);在中国餐馆中,可以选择蒸米饭或炸土豆条的服务。在北街经常可以看到一个打高尔夫球的人大摇大摆地走来一条古老的

图55 圣安德鲁斯的皮埃尔步行路,可以看到圣儒勒塔和柯克山上的大教堂遗迹。承蒙圣安德鲁斯大学许可刊登

道路上，肩上挂着球袋，夹板在鹅卵石路面上拖曳发出哗啦的声音。在住宅的后面或附近甚至还有一些工业生产，主要是与高尔夫球有关的。[63]在某些仪式上，大学学生和教职工会被拉到大街上。例如，在周日教堂礼拜过后，在海港举行的仪式上要求大学生们危险地跳跃过一条延伸到大海的狭长码头，海浪冲击着码头两边，学生的红衣袍在风中飘荡。[64]

没人能设计出这样充满生命活力的舞蹈动作，尽管正如我们所看到的，用这样的方式来安排舞台。从这个可以看出城市空间是开放的，而不是孤立的。安德烈斯·杜安尼与伊丽莎白·普拉特夫妇以他们在海边城镇的经验为基础表明了，海岸是宝贵的自然资源。高尔夫球比赛也可以成为城市的特色。但它同样能够促进产生一所大学，特别是一个不热衷于成为一个壁垒，一个修道院，一个城市亮点，或者一个光辉城市，而人们希望与所在的城镇共享平凡的命运。

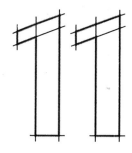

第11章
虚拟城市和我
们的城镇

许多年前，当罗伯特·卡罗（Robert Caro）写的罗伯特·摩西权威性的传记第一次出版时，我记得是带着复杂的情感阅读它的。[1]一方面，它强化了我在从事城市政策教学期间竭力宣传的内容；另一方面，它讲授得非常生动，以至于在某种程度上使我的传统教科书和讲稿看似不可救药地抽象并了无生气。惟一能做的就是扔掉老式的课本，把《权力掮客》(The Power Broker)作为讲课的重点，将纲要重新归类和整理。

很多年过去了，在20世纪90年代初，一位参加我讲授的城市规划历史课程的学生在课后问我，"您曾经玩过虚拟城市的游戏吗？"我想我听到了他的问题。他迅速直接地指出"虚拟城市"，而后又细心阐明并做了一个示范，这使我回忆起了卡罗的书。当我买回这个游戏的视窗版本时，我对自己说，现在我们再来一次。[2]

由威尔·赖特（Will Wright）创造的虚拟城市是一种电脑仿真，在用户手册中被描述为允许你"设计和管理、经营你梦想中的城市。"[3]这种虚拟主要是通过大量即时数字运算模拟了城市的真实社会，包括土地使用及其他决策的制定以及这些决定实施后的结果。正如保罗·斯塔尔（Paul Starr）所说的，虚拟城市的隐形流程就是对复杂系统的管理操纵，这些复杂系统是建立在对不断变化的信息流进行精明扫描的基础上的。[4]

虚拟城市大多是关于土地使用的内容，因此有必要认识到分区布局是首先和最基本的行动原则。土地可以被指定用于居住、商业或工业生产；现状的建筑物在软件内由"虚拟"（Sims）城市的居民所拥有。当各个地块划分到相当小的时候，就存在一种将小地块聚拢形成大面积具有单一功能的地块的趋势，但愿这仅仅是为了减少乏味的鼠标点击而采取的措施。然而这真实地模拟了现实的城市。分区布局曾经在20世纪的大多数时间被认为是一个进步性的观点，它否决了欧洲许多人赞赏的将土地划分成小块进行混合利用这种城市乌托邦的想法以及刘易斯·芒福德、简·雅各布斯和J·B·杰克逊（J.B.Jackson）在书中一再阐述的观点。正如我们所看到的，雅各布斯认为健康的城市体系是以高密度、复杂性和适应性为特征。而分区布局对这三项要求根本不予理睬。按照雅各布斯的说法，分区布局必然导致龙卷风似树立起的栅栏、安全警卫房、"红线标注"、以及其他带来社会分层和隔断的配备（但愿不会导致种族隔离）。在虚拟城市中区划制和土地平整的普遍存在给公共建设提供了一个一般来说单纯化（尽管是经典美国式）的方法，特别是对于城市更新。

此外，在虚拟城市内还有美国人喜爱的汽车。事实上，虚拟城市对道路是坚定不移地支持的，并且不管其起始和目的地在哪里都充分使用它们。这个软件游戏确认了多年前雅各布斯不赞成的一个原则：道路造到哪儿，汽车就开到哪儿。正如强尼·L·威尔逊（Johnny L.Wilson）所解释的："即使是一个偶尔参加虚拟城市游戏的玩家也很快就能了解到最近几十年来城市规划师们和交通工程师们一直发现的问题——加宽现状道路和修筑新的主次快速通道并不是一个有效解决交通拥挤问题的方法。道路的加宽和快速通道的建成只是给道路网络带来更多的交通流量。"[5]

汽车在虚拟城市广泛应用，这并不是虚拟游戏创建者乐意选择的交通模式。正如在现实社会中，市民热衷于拥有汽车，而规划师们则对大规模交通感到困扰。马克·肖恩（Mark Schone）指出威尔·赖特的本意是游戏主要以一些简单的假定为基础，诸如"大规模交通是一种好的措施"。[6]玩家很快就会意识到这点，并采取措施从起始点开始铺设轨道。对于游戏这是一种不错的策略，但它根本不现实。在现实社会中，特别是在美国，一些大城市花费大额费用建造了地铁系统——在某种程度上，采用地铁系统和将建筑推倒为大交通铺设道路成为了一种不得已而为之的有效方法。但是，只有大城市对大交通才有需求。

虚拟城市游戏有许多的优点，并不仅是因为它很好玩，游戏中的教学潜能也给许多评论员留下了很深的印象。在最初版本中的许多问题在其若干升级版本中得到了解决。比如在虚拟城市游戏2000版本中，区划变得更加精细微妙，允许土地能混合使用。你可以建造公交汽车站和高速公路。你可以设立大学、公园或码头。地方财政变得更加复杂先进，包括了股市的浮动和对利息支付的要求。如果你乐意，还可以通过向城市委员会提出申请获得合法性赌博经营权。你可以建造军用基地、隧道、初级学校，甚至是保罗·索莱里（Paolo Soleri）的"生态建筑"。你可以颁布法令用各种方式来提高生活品质。虚拟城市游戏中有自己的气候环境，天气预报可以从报纸中获悉："不同类型的报纸（一旦你的城市足够大，将会有更多的报纸类型）会从各种角度阐述事件，因此你需要多读各种报纸。"[7]总之，引用一位承认自己已经沉迷于这个游戏的评论员的话：

虚拟城市2000游戏有许多新的特色足够让玩家再次上瘾。现在，时间本身成为一个决定因素：因为诸如脱盐和熔解等新技术在不断地发明创造，使用工具会突然出现在你的工具箱里。完全可以编辑的地形上有了丘陵、村庄，你可以缩放和旋转它，并用三维立体模式看你的城市。你将不得不敷设管线和建造地铁。游戏中虚拟城市的居民需要教育和健康照料，如果你无法为他们建造足够多的图书馆和博物馆，那他们的智商就会下降。如果他们不喜欢你的决策，那他们会投票把你驱逐出政府机关或搬迁到邻近城市。[8]

在虚拟城市游戏中一个格外现实的特点是它与现实社会中的政治成就受到的局限具有相似性。虚拟城市游戏的初学者经常会把这种虚拟当作成比赛越快越好。其实则不然，虽然时间是在不断地推进。却并不是把赢得棋局或者获得某种垄断当作赢的标准，就像真实生活中那样。主要是通过维护城市适度的安全和繁荣水平,[9]对灾害的有效控制，从而获得通往城市的钥匙、雕塑或盛大游行，以此来加强对城市的经营。虚拟城市的市长，就应该像纽黑文市（New Haven）著名的李市长那样，满足于获得的极少数成就,[10]即使是不合格的成就产生了一些需要重新操作的问题。玩家重新创建了一个虚拟城市是否需要从头开始？成功玩出游戏的玩家是否需要一个更高的职务？或者是否玩家一直充当市长的角色直到管理失败为止？在现实社会中，政治成就也是如此难以捉摸和具有偶然性。

虚拟城市远未达到完美。首先，它复杂得让人恼火。正如肖恩在虚拟城市2000游戏的说明书中写到:"在虚拟程序中编入了更多的现实社会中的变量加大了游戏的难度。"[11]那将会产生"一种偏见，反对土地混合利用的开发";[12]市长仍是不现实的全能主宰;一些社会问题只是通过了一些不可救药的过于简单的手段来处理。例如犯罪率，由于警察局的建造，数据马上会下降下来。它就是这么简单。而且，还有一些仿真技术样式的内在问题，存在更多的困难需要解决以及其局限性抑制了游戏软件的教学潜能。综上所述，我总结了三点：在虚拟城市发展中夸大了政府规划的职能，忽视了美国城市生活的显著特点以及低估了与物质化相反的社会化的城市生活的尺度。

简而言之，虚拟城市夸大了政府的职能；例如，很难想像一个被更天真的统计学家的主张所左右的市长而不是开发商成为舞台的主角。更明确地说，在管理城市发展中政府职能被夸大了。正如肖恩写道:"赖特的玩具（也就是虚拟城市）夸大了城市规划师的重要性，而忽视了开发者、受管制的民众、环保主义者等等的作用。"[13]不可否认，当对私有企业实施严格控制时，城市的发展更具有规律性。正如我们在第8章看到的，在欧洲，新城运动保证了某种社区的成功创办，允许在早期进行昂贵的基础设施的投资。例如，在埃夫里新城的早期发展中，火车站的规模看起来是完全超出比例的，犹如在小人国世界中的一个巨像。而经过20多年的州域规划和津贴补助的发展已经证实当初的规划是有道理的，火车站已经成为埃夫里新城的臂膀，不可缺少的部分。

超前规划在很多方面上来说是很经济的，如果你的城市的成功是由国家保证的，既然供电线路所经过地点有被森林或沙漠掩盖、或者被大海吞噬的危险，为什么不把供电线路都深埋地下呢？为什么不建造一所核电站来代替煤？另外一个恰当的例子（这可能是威尔·赖特给我们的启示）是在斯德哥尔摩城外部的几个新的规划社区实行的气动废弃物运输系统（PRC）。[14] 当然，那些现实中的美国城市（城市可能会衰败）的建设者如果没有一概很奢华地将供电路线深埋或为轻轨系统铺路轨也许最经济。因为在美国，个别城市的成功是很少被保证的。在所有生命循环的阶段中，我们的城市都面对了市场的压力和要加入与别的城市激烈的竞争中。不管人们把这个视为健康资本主义社会的严酷现实或是功能不全的混乱喧嚣，结果是到处显露的。美国到处存在像新耶路撒冷和锡安山的景观。每个像堪萨斯城这样的城市有它自己的莱文沃思（Leavenworth）；每个像芝加哥这样的城市都有自己的威斯康星大学苏必利尔分校（Superior，Wisconsin）；[15] 每个塔楼城（Tower City）都有一个自己的湖滨火车站。

马克·肖恩确实有权解释为什么虚拟城市居然存在种族单一和缺乏少数民族这样最离奇和不现实的特色，他认为这归功于威尔·赖特的愿望即"避免争议"[16]，这对于资本家来说是一种有益的直觉。但是结果却使那些认为需要增强文化多样性、促进种族间的经济平等的玩家，以及认为不以种族和少数民族隔离来明显区别的住所应该是乌托邦绝对必要条件的玩家们觉得玩虚拟城市是徒劳的。因为虚拟城市仅仅表现出了一种种族的风情，没有地图能显示不同种族在城市中的分布，而且没有方法使种族和收入产生关联，总而言之，在罐装的灾难剧的剧本中不会有种族暴动。[17]

但是，这种不明确，即多种族的欠缺事实上损害了虚拟城市游戏作为仿真城市发展软件的声誉，而它本来是可以获益匪浅的。肖恩断言虚拟城市种族的单一性意味着模拟"内部城市衰败"是不可能的，他把这描述为是以"城市厌烦郊区"和"里根经济学"（Reaganomics）以及"不把城市当回事"[18]的意识形态为特点的，它们也许加剧了20世纪90年代初期的"白人大迁徙"（white flight）。但是这种假设（即指内城不会衰退）是虚拟城市游戏中建立在政府的开支比预算更多、必须增加税收基础之上的，而增税就意味着投资的下降和税基的腐蚀，并进一步导致失业的增加和政府压力的增加。那些没有选择的人们（即那些没有技能的人们）不得不结束在少数他们以前能住得起的定居集中点的生活开始逃离。于是那些地方变得"枯萎"了；在我对原始虚拟城市的说明中，枯萎的出现就像如同马唐草一样蔓延的锈色污点。这是一个危险的循环，完全归咎于在虚拟城市中没有任何种族差别的影响。那些相信种族差别是内城衰退主要起源的人们并没有忽视这部分电脑模拟失真的深刻涵义。比如，肖恩敏锐地观察到在20世纪70年代一些时候，原因模型被规划职业抛弃仅仅因为"他们不喜欢复杂的模型"。[19]

图56 一名导游在演示斯德哥尔摩郊外一个新城的气动废弃物运输系统（Pneumatic Refuse Conveying System）

我的直觉是很多职业规划设计师同很多学者一样，不是出于一种爱好和或多或少良好发展的一点美学敏感性来从事城市研究。我们中很多人对乌托邦的渴望，使大家极力要表现自己在建设上的想像力，就像简·雅各布斯所说的把城市当成完全机械的场地。可以确定，柏拉图雄辩地论证建设一个城市（但愿是从精神或语言上），需要寻求公正和善行。但是对于我们很多人来说，任何理想的城市，都需要用我们狂热的想像力去变魔术。像乌托邦（Eutopia）、阿姆罗特（Amaurote）、埃瑞璜（Erewhon）、奥兹（Oz），或广亩城市（Broadacre City）那样建设环境远多于建立法律、习俗或社会经济结构。对构造想像力能量的迷信使我们如此轻松地被误导，认为判断城市以及他们是否有利于居住才是必不可少的审美观念。但是我们对罗马帝国的估计应该建立在和卡利古拉（Caligula）把图拉真（Trajan）广场当作正式财产的态度同样的基础上。而且对萨沃纳罗拉（Savonarola）*佛罗伦萨文艺复兴观点的关注决不应少于对伯鲁乃列斯基（Brunelleschi）的。对于那些建筑形式决定论者(认为在后现代时期我们已超越了单一思想)，我会引用 J·B·杰克逊（J. B. Jackson）对在达拉斯、休斯敦、丹佛、俄克拉何马城和小石城等市中心都市再生的考虑："我有种感觉就是这种昂贵的面子工程对其他城市的影响很小。"建筑爱好者喜欢这结果，旅行者也喜欢，但是如果你是这城市的居民或仅仅是在上班的途中，你会看到不同的一面。[20] 即使简·雅各布斯（Jane Jacobs）对"美丽的放射状的花园城市"进行强有力的谴责，我们中间的大多数人依然认为城市就意味着天际轮廓线。[21]

城市不只是水泥砂浆和砖的堆砌，他们也不仅仅是跨越时代的水泥砂浆和砖的堆砌。刘易斯·芒福德在他看待中世纪城市这个问题上才华横溢地阐明了观点，他强调："最重要的是，在其繁忙的混乱生活中，中世纪城市是教堂仪式的一个阶段。"[22]我们已经看到幸存的遗迹遍布各处，比如圣安德鲁斯的皮埃尔步行街。但这种观点在做必要修正的情况下，对于现代美国城市也是适用的。比如维托尔德·雷布钦斯基（Witold Rybczynski）提醒我们对场所的感觉，即我们"对物质归属的实际感觉，主要不是靠建筑和城市设计，而是靠每天每周或每个季节共同分享的事件来界定的，也就是说，这是一种时间的感觉……空间不仅仅是由它们的自然特性定义的，还是发生事件的场所。有人可能会说，根据杰克逊（Jackson）所说的，回家玩游戏比去体育馆更要紧，狂欢游行比街道更要紧，展览会比露天游乐场更要紧"。[23] 当然，从建筑的证据来解读这些事件的意义并非总是那样容易，特别是涉及古代或遥远的文明的时候，正如我们在第1章和第2章中所述。后代对于我们的评价如果仅仅建立在考古发现的证据(也许都是些聚苯乙烯泡沫塑料)的基础上显然也是不公平的。这样的观点在戴维·麦考利（David Macaulay）的《汽车旅馆的神秘事件》有十分著名和令人捧腹的描述。[24]

除了它的"复杂的宏大建筑"，虚拟城市还假设当人们试图建造

---

* 萨沃纳罗拉（Savonarola），1452—1498 年，意大利基督教宣教士、宗教改革家和殉教士。——译者注

他们梦想中的城市时，他们有从勾勒草图开始的自由选择。但在现实生活中，就如我们反复发现的，城市在一定程度上是非物质的，是文化的，甚至是精神的建造，而且我们没有只靠点击空白状态(tabula rasa)图标就能抛弃我们文化遗产的自由选择。事实上，我更倾向于伟大的城市场所是开始于适应，而不是清除过去文化的碎片。我也认为，这是一些世界上最美丽最成功的城市的秘诀，而且我同意刘易斯·芒福德的观点，他坚持美学的力量，他认为城市终究应该是艺术的作品。甚至雅各布斯描述的城市街道上的芭蕾也认可了很多这样的秘诀，无论她是否明确地意识到。

如同在芒福德批评雅各布斯的"女学生式的咆哮"的文章中首次引用到的，佛罗伦萨被普遍地认为是一个文艺复兴城市。事实上，我们大多数人第一次认识托斯卡纳(TUSCANY)是因为它15世纪的辉煌。我们的导游增强了我们对它的偏见，他指引我们去欣赏文艺复兴时期大师最辉煌的成果，包括在乌菲齐美术馆(Galleria degli Uffizi)、巴尔杰洛博物馆(Museo del Bargello)的油画和雕塑，还有建筑艺术如伯鲁乃列斯基的圆顶。终于，我们发现了诸如圣西马·安农齐亚塔(Santissima Annunziata)广场这样令人激动的城市景观。但是在沿路的一些地方我们发现正是一些中世纪的自治村，"他们拟定准确的关系用来处理公共和私人空间，管理街道和限制房屋的高度和投影。"[25]迟早我们都会得出这样的结论：文艺复兴大师和他们的作品的伟大之处不是由于他们否认任何的中世纪的形式，恰恰是对它的一种延续。我们又想起芒福德试图教育我们的一课："16世纪新城市规划时的意志不仅仅是约束和简朴，而是使新的和旧的达到最好的统一。"[26]最终，我们把佛罗伦萨当成一个有着文艺复兴时期装饰风格的、有着中世纪城市构造（罗马人称其为佛罗伦萨镇）的绘有古代方格坐标的羊皮纸一样珍爱，而它并不符合我们所普遍接受的詹森(Janson)或冈布里奇(Gombrich)的年代划分表。这反而让我们想起芒福德对文艺复兴的定义的质疑："我们称这些15世纪和16世纪的改变为'新生'是对这个运动的驱动力和结果的误解。我们以一种几何学的定义方式来解释一种延续了很多代的文化精神，事实上可以发现这不是批发式的变化方式，而是对历史城市的逐块的修正和适应。"[27]

一个很好的例子是兰齐凉廊（Loggia dei Lanzi），它面对着也被称为市政广场的希诺利亚广场（Piazza della Signoria），并且部分的框架围绕着这个城市最重要的公共广场。我们的导游指南告诉我们这是一个"优雅的建筑"，日耳曼持矛的卫士（a guard of German Lancers）用它来做他们公众庆典的防御物，而且在里面我们看到很多重要的雕塑，比如本韦努托·切利尼（Benvenuto Cellini）著名的珀修斯（Perseus）砍下女蛇妖梅杜沙（Medusa）头颅的青铜雕像。我们称这个建筑为"三个崇高的半圆形拱"，它"预示了文艺复兴"。[28]但芒福德告诉我们："佛罗伦萨的兰齐凉廊……是在1387年建成的。尽管年代上表明这是属于中世纪的，但在形式上是完全的'新生'的——它开放、宁静、有三个半圆形拱还有经典的圆柱列。它是新生的？不，它是一个净化。它试图找回起点，就像一个画家可以用颜色覆盖了污浊的颜色，打乱画布上的形式来找回最初草图的线条。"这就是为什么芒福德坚持"没有新生的城市"，只有"新生秩序的碎片"。[29]这也就是为什么R·W·B·刘易斯（R.W.B. Lewis）能公正地断言兰齐凉廊"变成莱昂·巴蒂斯塔·阿尔伯蒂（Leon Battista Alberti）所说的每个凉廊都应成为那种东西……：是广场主要的装饰品，这些广场也因此成为城市主要的装饰品"。[30]

另一个更好的例子就是新圣母玛利亚教堂(Santa Maria Novella)。同样，我们可以从我们的导游指南中得知这是一个巴西利卡式的十字形的教堂，就是说有两边侧廊，每边有其专属的屋顶，位于教堂中厅的侧面，那里有更高的山墙构造的屋顶。它本身的结构是在1348年完成的，但是建筑物的正面是大约1300年开始建造的，折腾了一个半世纪。1456年，这项工程由乔瓦尼·贝尔蒂尼（Giovani Bertini）遵照阿尔伯蒂的设计继续下去。在导游手册乏味的特征介绍中，我们得知"用若干拱券来连接教堂中厅和侧廊是一个新发明，它通过大量地运用在巴洛克式建筑中而变得被熟知"。[31]

比巴洛克风格的观点重要得多的一个事实是以古典主义风格闻名的阿尔伯蒂并非自信过度。多明我会曾经委托他建造一些罗马式穹顶教堂和一些与近来因哥特式而被嘲笑的法国风格接近的建筑。在建筑材料中,新圣母玛利亚教堂采用了流行的托斯卡纳色调,如绿色、粉色和白色石材。阿尔伯蒂展示了一个大师怎样在传统的压制下创作,他不是召集一队中世纪的推土机来开辟一片干净的石板地基进行全新的建筑。相反他并未弃用先辈们中世纪的建筑语汇,而是借鉴它们,然后用一种类似庆祝古典理想的方式使用它们。那些涡旋形、卷形,在正面山墙的角上,连接顶线和较低的一层,它们以一种完全新奇的方式介绍了一种新的理念:在装饰这个圣三一教堂的时候,把人类和神明,真理和神秘,权力和宗教的激情巧妙地并列在一起。

整个佛罗伦萨城市散发出这样一种精神。最终,我们得知,在佛罗伦萨城市形态背后的天才不是某个文艺复兴的名家,而是相对不太为人所知的阿诺尔福·达·坎比奥(Arnolfo da Cambio)。在阿诺尔福的指导下,或根据他的建议,13世纪后期,佛罗伦萨城市建造了第五圈围墙,在希诺利亚广场上建造了一个新的市政厅,并重新定位了城市中心。一个称为百花圣母大教堂(Santa Maria del Fiore)的新的主教堂将建在古老洗礼堂边上,主教堂将紧靠乔托(Giotto)钟塔而建,然后是因为伯鲁乃列斯基著名的穹顶[32]而超越

图 57 佛罗伦萨的新圣母玛利亚教堂,阿尔伯蒂在前人的基础上对建筑正立面的创新,决不是对前人理念和感性认识的否定

它的高度。莱昂纳多·贝内沃洛（Leonardo Benevolo）有详细说明如下：

> 两个新的广场展现在眼前：多姆（Duomo）广场即主教广场是靠拆毁洗礼堂对面的旧宫殿而建立的，而希诺利亚广场（Piazza della Signoria）的位置是在由于保王党（Ghibellines）的失败被摧毁的乌贝托（Uberto）家族房屋的原址上。这两个中心靠卡尔查依欧利大道（Via dei Calzaioli）连接在一起，随后在14世纪又扩大了规模，1290年阿诺尔福沿着它的路的一半建造了市场角凉廊（loggia of the cornmarket），现在是奥尔·圣麦可教堂（modern Or San Michele）。1287年沿着河的右河堤建造了郎格诺（Lungarno）河滨街道，1294年万圣教堂（Ognissanti）的草地成为公共大道，1292年新规划城市的行政区和教区范围边界被确定了。[33]

佛罗伦萨的美丽直接得益于它愿意在不否认文化遗产的基础上进行改革。阿诺尔福的城市是一个有活力的艺术的成果，是动态的而不是静态的，象征着城市自豪和傲慢之间的巨大差别。

阿诺尔福和他的接班人的这种精神正是当代社会中最需要的。我们对城市规划的概念是巴洛克风格式管制和展示的残余痕迹，是对城市秩序的破坏，它使我们对城市里那些居民最需要知道的事情疏远了。一直以来我们想像着我们自己在干净的石板地上建造乌托邦（就像虚拟城市游戏自以为是的奇想那样），一直以来我们不知道为什么斯巴达不需要城墙；为什么威尼斯依然固执地依赖着他们的潟湖；为什么"当用最糟糕的词语来形容罗马城时，人们在后面还是要加上一句：最终依然爱着这个城市"。[34]一直以来，我们很热切地投入到那些能唤醒我们最高尚的城市原动力的最新建设规划中，即使是带着神秘的敬畏，看着这些自吹自擂的辉煌大规划毁掉我们的城市景观。

注 释

谢辞

事实上，丹尼尔·伯纳姆（Daniel Burnham）1912年去世之后，他的朋友和传记作者们共同对他的不朽名言进行了补充。参见查尔斯·穆尔（Charles Moore）的《丹尼尔·H·伯纳姆，城市建筑师与规划师》（Daniel H. Burnham, Architect, Planner of Cities）第二卷（波士顿，Houghton Mifflin，1921年）。关于对"制定大规划"（Make no little plan）这句名言的质疑，参见亨利·H·塞勒（Henry H. Saylor）在这篇文章中的说明："'制定大规划'：丹尼尔·H·伯纳姆思考过它，但他谈起过它吗？（Make No Little Plans: Daniel Burnham Thought It, but Did He Say It?)"，《美国建筑学会期刊》（Journal, American Institute of Architects）第27期（1957年3月），第95—99页，以及参见托马斯·S·汉斯（Thomas S. Hines）的《芝加哥的伯纳姆：建筑师和规划师》（Burnham of Chicago: Architect and Planner）（芝加哥，University of Chicago Press，1979年），第401页。

导言

1. 刘易斯·芒福德（Lewis Mumford），《城市发展史》（The City in History）（纽约：Harcourt, Brace and World，1961年），第172页。

2. 例如，参见罗伯特·A·卡罗（Robert A. Caro）在《幕后操纵者：罗伯特·摩西与纽约的衰落（The Power Broker: Robert Moses and the Fall of New York)》（纽约：Vintage，1975年）第895—919页。罗伯特·A·卡罗指出，罗伯特·摩西认为刘易斯·芒福德不仅是一位怪人，而且也是"一位直爽的改革家"（an outspoken revolutionary）。这种说法或多或少是正确的。

3. 刘易斯·芒福德，《城市发展史》，第521页。

4. 简·雅各布斯（Jane jacobs），《美国大城市的生与死》（The Death and Life of Great American Cities）（纽约：Vintage，1961年）。

5. 参见罗伯特·文丘里（Robert Venturi）、丹尼斯·斯科特·布朗（Denise Scott Brown）和史蒂文·艾泽努尔（Steven Izenour）的《向拉斯韦加斯学习：建筑形式中被遗忘的象征主义》（Learning from Las Vegas: The Forgotten Symbolism of Architectural Form）（坎布里奇：MIT Press，1972年）。海伦·莱夫科维茨·霍罗威茨（Helen Lefkowitz Horowitz）认为，约翰·布林克霍夫·杰克逊（John Brinckerhoff Jackson）16年之后才领悟到罗伯特·文丘里对拉斯韦加斯的见识。参见约翰·布林克霍夫·杰克逊的《看得见的景观：观察美国》（Landscape in sight: Looking at America），霍罗威茨（Horowitz）编辑（纽黑文：Yale University Press，1997年），第xxv页。

6. 肖伯纳（George Bernard Shaw）给予这位田园城市运动创始人的著名的墓志铭。

7. 刘易斯·芒福德，《城市的前景》（The Urban Prospect）（纽约：Harcourt, Brace and World，1968年），第189页。参见唐纳德·L·米勒（Donald L. Miller）《刘易斯·芒福德：生活》（Lewis Mumford: A Life）（纽约：Weidenfeld and Nicolson，1989年）第473—477页中对这个非常逼真的比喻所进行的描述。

8. 刘易斯·芒福德，《城市的前景》，第194页。刘易斯·芒福德没有提及他在纽约50年的大部分时间是在哈得孙河流域的小山村阿美尼亚（Amenia）和利兹韦尔（Leedsvill）度过的。

9. 同上，第198页。

10. 同上，第203页。

11. 简·雅各布斯，《美国大城市的生与死》，第30页。有一句叙述类似思想的古阿卡德谚语："如果城市街道让人们感到不安，那城市的神将会给予他慈悲。"参见《如果城市建设在高地：古阿卡德预言集Alu ina Mele Sakin (If a City Is Set on a Height: The Akkadian Omen Series Summa Alu ina Mele Sakin)》，萨利·M·弗里德曼（Sally M. Freedman）主编，第一卷碑文1—21（费城：Occasional Publications of the Samuel Noah Kramer Fund，1998年），第31页。

12. 简·雅各布斯，《美国大城市的生与死》，第30、60—61页。许多年以来，主流派城市规划师和建筑师一直拒绝《美国大城市的生与死》的警示。但是这种情况正得以改变，通过2000

年 11 月 11 日国家建筑博物馆把文森特 · 斯卡利 (Vincent Scully) 奖授予简 · 雅各布斯这一点就可以得到证实。

13. 刘易斯 · 芒福德,《城市的前景》, 第 190 页。

14. 刘易斯 · 芒福德,《城市发展史》, 第 296 页。

15. 简 · 雅各布斯,《美国大城市的生与死》, 第 95—96 页。

16. 沃尔夫冈 · 布劳弗尔斯 (Wolfgang Braufels),《西欧的城市设计: 制度与建筑, 900—1900 年》(Urban Design in Western Europe: Regime and Architect, 900—1900), 肯尼思 · J · 诺思科特 (Kenneth J. Northcott) 译 (芝加哥: University of Chicago Press, 1988 年), 第 368 页。

17. 同上。

18. 约翰 · 布林克霍夫 · 杰克逊,《看得见的景观》, 第 224 页。

19. 刘易斯 · 芒福德,《城市发展史》, 第 296 页。

20. 沃尔夫冈 · 布劳弗尔斯,《西欧的城市设计: 制度与建筑, 900—1900 年》, 第 368 页。

21. 如果人类看起来似乎在程序化地创造和毁灭大规划的话, 那么这可能是由于他们 "天生就不愿接受已成现实的现实"。参见段义孚 (Yi-Fu Tuan) 的《逃避现实》(Escapism) (巴尔的摩, Johns Hopkins University Press, 1998 年), 第 6 页。

22. 亚历山大 · I · 索尔仁尼琴 (Aleksandr I. Solzhenitsyn),《1918—1956 年的古拉格群岛: 文学研究上的经验 I—II》(The Gulag Archipelaga, 1918—1956: An Experiment in Literary Investigation, I—II), 托马斯 · P · 惠特尼 (Thomas P. Whitney) 译 (纽约: Harper and Row, 1973 年), 第 69—70 页。

23. 约翰 · 布林克霍夫 · 杰克逊,《看得见的景观》, 第 246 页。

24. 沃尔夫 · 冯 · 埃卡特 (Wolf Von Eckardt),《回到制图板!》(Back to the Drawing Board!) (华盛顿: New Republic Books, 1978 年), 第 67 页。

25. 引自德克 · 赖特 (Dirk Wright) 的网站:
http://www.kreative.net/wright/hickoryclusterweb/hczintro.html

26. 洛伊丝 · M · 巴伦 (Lois M. Baron), "基于多方法的重建社区" (A Rebuilding Community, in Many World),《华盛顿邮报》(Washington Post), 2000 年 1 月 15 日。

27. 杰米 · 甘布里尔 (Jamey Gambrell), "苏联社会的奇迹" (The Wonder of the Soviet World),《纽约图书评论》(New York Review of Books) 第 41 期 (1994 年 12 月 22 日), 第 30、31 页。

28. 伊塔洛 · 卡尔维诺 (Italo Calvino),《看不见的城市》(Invisible Cities), 威廉 · 韦弗 (William Weaver) 译 (圣迭戈: Harcourt Brace Jovanovich, 1974 年), 第 32 页。

29. 内奥米 · 罗杰斯 (Naomi Rogers),《垃圾与疾病: F · D · 罗斯福之前的少儿麻痹症》(Dirt and Disease: Polio before FDR) (新不伦瑞克, 纽约: Rutgers University Press, 1992 年)。

第 1 章 通往图拉真广场的滑稽事件

1. 詹姆斯 · E · 帕克 (James E. Packer),《伟大的奥斯蒂亚的核心》(The Insulae of Imperial Ostia), 罗马美国学院论文集, 第 31 期 (罗马, 1971 年)

2. 乔治娜 · 梅森 (Georgina Masson),《福德版罗马导游》(Fodor's Rome: A Companion Guide) (第二版) (纽约: David McKay Co., 1971 年), 第 373 页。

3. 詹姆斯 · E · 帕克,《罗马的图拉真广场: 关于纪念碑的研究》(The Forum of Trajan in Rome: A Study of the Monuments), 第 5 卷 (伯克利: University of California Press, 1997 年), 第一部分第 xxii 页。该书在建筑学上由凯文 · 李 · 萨尔林 (Kevin Lee Sarring) 和詹姆斯 · E · 帕克进行的重编, 并添加了吉尔伯特 · 戈尔斯基 (Gilbert Gorski) 创作的艺术品。也可参见詹姆斯 · E · 帕克的 "图拉真广场的重建" (Trajan's Glorious Forum),《考古学》(Archaeology) 第 51 期 (1998 年 1、2 月版), 第 32—41 页。

4. 引自彼得 · 莫纳伊汉 (Peter Monaghan), "重建图拉真广场" (Reconstructing Trajan's Forum),《高等教育纪事周刊》(Chronicle of Higher Education), 1997 年 6 月 6 日。

5. 约瑟夫 · 雷科沃特 (Joseph Rykwert), "图拉真商业中心" (Trajan's Mall),《洛杉矶时报》(Los Angeles Times), 1997 年 5 月 25 日。

6. 阿米亚诺斯 · 马尔切利诺斯 (Ammianus Marcellinus), 摘自詹姆斯 · E · 帕克的《罗马的图拉真广场：关于纪念碑的研究》，第一部分第 xxiii 页。

7. 约瑟夫·雷科沃特，"图拉真商业中心"。

8. 加里·威尔斯（Garry Wills），《罗马的图拉真广场：关于纪念碑的研究》（作者：詹姆斯·E·帕克）的评论，《保存》（Preservation）第 49 期（1997 年第 5、6 月版），第 119 页。

9. 彼得·莫纳伊汉，"重建图拉真广场"。虚拟现实的模型是一个建立在因素识别的城市模拟系统上的、交互式的虚拟现实系统，它有着实时执行动态的、健全的能量。参见迪亚娜·法夫罗（Diane Favro）与迪安·阿伯内西（Dean Abernathy），"一个纵向的体验：图拉真广场的虚拟现实"（A columnar Experience：Virtual Reality of Trajan's Forum），《CRM》第 21 期（1998 年），第 23 页。

10. 詹姆斯·E·帕克，"重现图拉真广场：21 世纪早期的一个三维方法"（Restoring Trajan's Forum：A Three-Dimensional Approach for the Early Twenty-first Century）的演讲概要，该演讲发表于 1997 年 12 月 3 日国家美术院的观赏艺术发展研究中心。

11. 沙伦·韦克斯曼（Sharon Waxman），"古罗马废墟的再现"（Rebooting Ruins of Ancient Rome），《华盛顿邮报》，1998 年 1 月 11 日。

12. 这是詹姆斯·E·帕克的风格，引自沙伦·韦克斯曼的"古罗马废墟的再发掘"。

13. 同上。

14. 帕克也解释说计算机模型是一个有用的搜索工具，并且他还显示了模型是怎么让他理解一些棘手的关键性问题。

15. 沙伦·韦克斯曼，"古罗马废墟的再发掘"。

16. 詹姆斯·E·帕克，《罗马的图拉真广场：关于纪念碑的研究》，第 1 部分第 259、260、272-273 页。

17. 同上，第 1 部分第 274 页。

18. 沙伦·韦克斯曼，"古罗马废墟的再发掘"。

19. 同上。

20. 引自《柏拉图的理想国》（The republic of Plato）的解释性评论，艾伦·布卢姆（Allen Bloom）译（纽约：Basic Books，1968 年），第 402 页。

21. 肯尼思·伯克（Kenneth Burke），《动机的修辞》（A Rhetoric of Motives）（伯克利：University of California Press，1969 年），第 87 页。

22. 乔治娜·马森，《福德版罗马导游》，第 373-374 页。

23. 相对于广场来说，图拉真集市的情况要好一点，因为在有些地方集市被人非法占有。另外，由于需服务于历史古迹保护的缘故，这类"让人们从事劳动"（making do）的地方曾经"缓解了从 5 世纪至 10 世纪（在罗马，至 15 世纪）之间的贫困和简陋"。参见刘易斯·芒福德，《城市发展史》，插图 15。

24. 乔治娜·马森，《福德版罗马导游》，第 116 页。

25. 同上。

26. 莱昂纳德·巴坎（Leonard Barkan），《发掘过去：关于文艺复兴时期文化形成的考古学和美学》（Unearthing the Past：Archaeology and Aesthetics in the Making of Renaissance Culture）（纽黑文：Yale University Press，1999 年），第 30 页。

27. 乔治娜·马森，《福德版罗马导游》，第 116 页。

28. 同上，第 347 页。

29. 伊夫林·沃（Evelyn Waugh），《旧地重游：查尔斯·雷德大尉神圣的、与亵渎神圣的回忆》（Bredeshead Revisited：The Sacred and Profane Memories of Captain Charles Ryder）（波士顿：Little，Brown，1944 年），第 226 页。

30. 在这个方面，没有一本书能够比 R·W·B·刘易斯（R.W.B.Lewis）的《佛罗伦萨市》（The City of Florence）（纽约：Henry Holt，1995）有更大的影响力。

31. 简·雅各布斯，《美国大城市的生与死》，第 150-151 页。

32. 沙伦·韦克斯曼，《罗马的图拉真广场：关于纪念碑的研究》，第 1 卷，第 5 章。

33. 同上，第 268、276 页。

34. 本节的引文来自新闻稿件："盖蒂中心——建筑的表现"（The Getty Center——Architectural Description），发表在盖蒂的网页 http://www.getty.edu/，也可以参见马丁·菲勒（Martin Filler）的"大岩糖山"（The Big Rock Candy Mountain），《纽约图书评论》第 46 期（1997 年 12 月 18 日），第 29-34 页。

第 2 章 古代北美洲 "消逝的城市"

1. H·M·布拉肯里奇（H. M. Brackenridge），《路易斯安那评论与 1811 年密苏里河航行日志》（Views of Louisiana, together with a Journal of a Voyage up the Missouri River in 1811）（匹兹堡：Cramer, Spear and Eichbaum, 1814 年），第 187 页。

2. 罗杰·G·肯尼迪（Roger G. Kennedy），《消逝的城市：古代北美文明的发现与消失》（Hidden Cities：The Discovery and Loss of Ancient North American Civilization）（纽约：Free Press, 1994 年）。罗杰·G·肯尼迪是美国公园管理局的前任领导者。

3. 卡霍基（Cahokia）是一个被广泛研究的地方。关于土台史迹的一些非常重要的研究是来自梅尔文·L·福勒（Melvin L. Fowler），例如，他的 "密西西比河上的古哥伦比亚城市中心"（A Pre-Columbian Urban Center on the Mississippi），《科学美国人》（Scientific American）第 233 期（1975 年），第 92-101 页；"卡霍基地图册：卡霍基考古历史地图"（The Cahokia Atlas：A Historical Atlas of Cahokia Archaeology），《伊利诺伊州的考古研究》（Studies in Illinois Archaeology）第 6 期（斯普林菲尔德：Illinois Historic Preservation Agency, 1989 年）；"72 号土台和卡霍基的早期密西西比河"（Mound 72 and Early Mississippi at Cahokia），James B. Stoltman 主编，《卡霍基的新观察：来自周边的评论》（New Perspectives on Cahokia：Views from the Periphery），世界考古论文集第 2 集（麦迪逊：Prehistory Press, 1991 年）。在城市问题研究上杰出的有帕特里夏·J·奥布赖恩（Patricia J. O'Brien），"城市化，卡霍基和中密西西比人"（Urbanism, Cahokia and Middle Mississippian），《考古学》（Archaeology）第 25 期（1972 年），第 188-197 页。由帕特里夏·J·奥布赖恩作出的、关于许多问题的比较中肯的说明在以下文章中有所提及：乔治·R·米尔纳（George R. Milner），《卡霍基酋长国：密西西比社会的考古学》（The Cahokian Chiefdom：The Archaeology of a Mississippian Society）（华盛顿：Smithsonian Institution Press, 1998 年）。

4. 最重要的非建筑类人工建造物是位于俄克拉何马州斯派罗（Spiro）的卡多安（Caddoan）遗址，它被认为是东部美国国王图坦卡曼[Tutankamen(原文如此——译者注)]的坟墓。参见威廉·N·摩根（William N. Morgan），《东部美国的史前建筑》（Prehistoric Architecture in the Eastern United States）（坎布里奇：MIT Press, 1980 年），第 102 页。

5. 斯图亚特·J·菲德尔（Stuart J. Fiedel）的估计是容纳了 3 万人。参见其《美洲史前史》（Prehistory of the Americas）（第 2 版）（坎布里奇：Cambridge University Press, 1992 年），第 254 页。但是，其他人则作出了较为谨慎的估计，例如摩尔赫德的明尼苏达国立大学里尼塔·达兰（Rinita Dalan）认为接近于 3000 人。里尼塔·达兰和她的同事们正准备通过一种景观方法来对卡霍基进行研究，这种景观方法涉及到卡霍基的土丘联合体与其他文明的公共建筑之间的比较。

6. 《卡霍基：太阳之城》（Cahokia：City of the Sun）（克林斯威尔，伊利诺伊州：Cahokia Mounds Museum Society, 1992 年）第 19 页，第 66 页。但是也有人认为，利用现有的资料是足以建立一个社会结构较简单的代替模型，这个社会并不是众所周知的那样政治上集中、经济上分化、有着过密的人口、进行着侵略性扩张。参见乔治·R·米尔纳，《卡霍基酋长国：密西西比社会的考古学》，第 176 页。

7. 单词 "广场"（plaza）和 "村庄"（pueblo）一样，尽管包含西班牙语的涵义，但都在使用，因此有时会引起一定程度的混淆。因此，除非特别注明，这两个单词在本书中均被认为是本土的城市形态，而不是西班牙留给北美的殖民遗产。

8. 威廉·巴特拉姆（Willian Bartram），《威廉·巴特拉姆游记》，弗朗西斯·哈珀（Francis Harper）编辑（1791 年；纽黑文：Yale University Press, 1958 年），第 331 页。

9. 詹姆斯·安德森（James Anderson），《卡霍基栅栏的排列》（A Cahokia Palisade Sequence），梅尔文·L·福勒主编，《卡霍基考古研究》，伊利诺伊考古调查第 7 期报告（乌巴马：Illinois Archaeology Survey, 1977 年），第 89-99 页。随着卡霍基向成熟的密西西比酋长领地的演变，那些通常以庭院为中心、四周排列的住宅开始越来越多地沿着土丘和广场来进行布置。这一点显示，卡霍基的社会阶层正在不断增加。

10. 蒂莫西·R·波基塔特（Timothy R. Paukerat），《酋长地位的提高：土著北美的卡霍基与密西西比政治》（The Ascent of Chiefs：Cahokia and Mississippi Politics in Native North America）（塔斯卡路萨：University of Alabama Press, 1994 年），第 87 页。

11．沃伦·L·维特利 Warren L. Wittry，"美洲的圆木柱"（The American Woodhenge），梅尔文·L·福勒主编，《卡霍基考古研究》，第43—48页。

12．斯图亚特·J·菲德尔，《美洲史前史》，第257页。

13．参见加埃塔诺·莫斯卡（Gaetano Mosca），《统治阶级》（The Ruling Class），汉娜·D·卡恩（Hannah D. Kahn）译（纽约：McGraw-Hill，1939年）。

14．勒·佩奇·迪·普拉兹（Le Page du Pratz），《路易斯安那的历史，或弗吉尼亚和卡罗来纳的西部历史，两卷本》（The History of Louisiana, or of the Western Part of Virginia and Carolina, in Two Volumes）（伦敦：T. Becket and P. A. DeHondt，1768年），第221页。关于与纳彻兹部族以及其他印第安人有着联系的、不寻常的、有较强的洞察力的、不带感情色彩的欧洲人的批评，参见乔恩·马勒（Jon Muller），《密西西比的政治经济学》（纽约：Plenum Press，1997年），第55—116页。

15．勒·佩奇·迪·普拉兹，《路易斯安那的历史，或弗吉尼亚和卡罗来纳的西部历史，两卷本》，第147页。弗朗西斯·詹宁斯（Francis Jennings）曾经建立了一个非常异端的理论，认为历史上的纳彻兹部族实际上是在公元700—900年之间入侵的托尔特克殖民者（Toltec Colonizers，10—12世纪在墨西哥占统治地位的印第安人——译者注）的后裔，孙（Sun）首领自身也是从墨西哥的提奥其瓦坎入侵居住的西班牙后裔。参见他的《美洲创造者：印第安人是怎样发现土地，怎样开辟土地和怎样创造古文明的；怎样由于被入侵和被征服而陷入黑暗时代的；怎样复苏的》（The Founder of America：How Indians Discovered the Land, Pioneered in It, and Created Great Classical Civilization；How They Were Plunged into a Dark Age by Invasion and Conquest；and How They Are Reviving）（纽约：W. W. Norton and Co.，1993年），第64页。

16．这位备受关注的勒·佩奇·迪·普拉兹在报告中指出，纳彻兹部族"养成了对君主的绝对服从；由凌驾在他们上面的王储们所组成的政府拥有绝对的专制，其程度只有土耳其帝国一世可以与其相媲美"。参见他的《路易斯安那的历史，或弗吉尼亚和卡罗来纳的西部历史》，第184页。当然，18世纪的法国人也可能曾经是一位帝国专制主义的信奉者。类似地，马勒半开玩笑地称，英国的研究者们经常描述印第安人的统治制度，竟然把它称为议会制度。乔恩·马勒，《密西西比的政治经济学》，第271页。

17．约翰·A·沃索尔（John A. Walthall），《东南地区的史前印第安人：亚拉巴马和中南地区的考古学》（Prehistoric Indians of the Southeast：Archaeology of Alabama and the Middle South）（塔斯卡路萨：University of Alabama Press，1980年），第216页。

18．有趣的是，在奥里诺科河中游和玻利维亚内亚马逊河的洪水泛滥平原，也能够察觉出居住用土丘之间的土堤道，这一点已经被安娜·C·罗斯福（Anna C. Roosevelt）注意到。参见安娜·C·罗斯福的《亚马逊的土台》（The Mounds of the Amazon），布莱恩·费根（Brian Fagan）主编，《牛津考古学手册》（The Oxford Companion to Archaeology）（牛津：Oxford University Press，1996年），第484页。

19．威廉·N·摩根，《东部美国的史前建筑》，第32页。

20．斯图亚特·J·菲德尔，《美洲史前史》第2版，第260—261页。

21．琳内·塞巴斯蒂安（Lynne Sebastian），《查科的阿纳萨基文明：史前西南地区社会政治的进化》（The Chaco Anasazi：Sociopolitical Evolution in the Prehistoric Southwest）（坎布里奇：Cambridge University Press，1992年），第9页。

22．斯蒂芬·莱克森（Stephen H. Lekson），《查科现象》（Chacoan Phenomenon），布莱恩·费根主编，《牛津考古学手册》，第129页。乔纳森·E·雷曼（Jonathan E. Reyman）提出了一个有说服力的事例，"在普埃夫洛·博尼托（Pueblo Bonito），两个朝向室外的窗口被使用作为纪录冬至的日出"，这个论断一定程度上来自于他对民族志的研究。参见乔纳森·E·雷曼，《天文学、建筑和在普埃夫洛·博尼托的应用》（Astronomy, Architecture, and Adaptation at Pueblo Bonito），《科学》（Science）第193期（1976年9月），第961页。

23．斯图亚特·J·菲德尔，《美洲史前史》第2版，第217页。

24．同上。

25．查尔斯·L·雷德曼（Charles L. Redman），"社会复杂性的比较关系"（The Comparative Context of Social Complexity），帕特里夏·L·克朗（Patricia L. Crown）和W·詹姆斯（W. James）编辑，《查科与霍霍卡姆人：美洲西南的史前地域系统（Chaco and

Hohokam：Prehistoric Regional Systems in the American Southwest)》（圣达菲：School of American Research Press, 1991 年），第 289—290 页。

26. 琳内·塞巴斯蒂安，《查科的阿纳萨基文明：史前西南地区社会政治的进化》，第 20 页。

27. 斯图亚特·J·菲德尔，《美洲史前史》第 2 版，第 218 页。

28. 约翰·M·弗里茨（John M. Fritz），"今日古心理学：史前的概念系统与人的适应"（Paleopsychology Today：Ideational Systems and Human Adaptations in Prehistory），查尔斯·L·雷德曼编辑，《社会考古学：生存条件的超越与时代的确定》（Social Archaeology：Beyond Subsistence and Dating）（纽约：Academic Press, 1978 年），第 37—59 页。约翰·M·弗里茨也是一位参与编写有关印度王城维杰亚那伽纳（Vijayanagara）的书的作者。该王城充满着由曼陀罗（佛教中供奉菩萨像的清静之地——译者注）所构成的几何图形，并且按照重要方位被布局，同时与天体物，如太阳、月亮和行星的移动保持协调。约翰·M·弗里茨和乔治·米切尔（George Mitchell），《胜利城：维杰亚那伽纳》（City of Victory：Vijayanagara），由约翰·戈林斯（John Gollings）提供图片（纽约：Aperture，1991 年），第 15 页。

29. 查尔斯·L·雷德曼，《社会复杂性的比较关系》，第 280—281 页。

30. 参见斯图亚特·J·菲德尔，《美洲史前史》第 2 版，第 219—221 页中的讨论。

31. 琳内·塞巴斯蒂安，《查科的阿纳萨基文明：史前西南地区社会政治的进化》，第 129、130 页。

32. 同上，第 131 页。

33. 刘易斯·芒福德认为，正是家庭间的竞争才使得圣吉米利亚诺（San Gimignano）、卢卡（Lucca）和博洛尼亚（Bologna）城（均为意大利城市——译者注）成为"混乱的、有冲突的城市"。参见刘易斯·芒福德，《城市发展史》，第 378 页。

34. 琳内·塞巴斯蒂安注意到，在最近的 13 世纪有一些新的、大规模的小型构筑物，其中位于查可拉梅萨（Chacra Mesa）的这些构筑物的大部分在外观上看均具有防御功能。参见琳内·塞巴斯蒂安，《查科的阿纳萨基文明：史前西南地区社会政治的进化》，第 140 页。有趣的是，尼尔·索尔兹伯里（Neal Salisbury）注意到，甚至在卡霍基的最盛期 12 世纪晚期和 13 世纪早期之间，"劳动者们还在构筑卡合克亚的主要土木工程以防攻击"。参见尼尔·索尔兹伯里的"印第安人的古老世界：土著美洲人与欧洲人的到来"（The Indians' Old World：Native Americans and the Coming of Europeans），《威廉与玛丽季刊》（William and Mary Quarterly）第 52 期（1996 年 7 月），第 445 页

35. 希瑟·普林格尔（Heather Pringle），"北美洲战争"（North America's Wars），《科学》，第 279 期（1998 年 3 月 27 日），第 2040 页。

36. 参见斯图亚特·J·菲德尔，《美洲史前史》第 2 版，第 209—210 页。

37. 保罗·R·菲什（Paul R. Fish），"霍霍卡姆人：索罗兰沙漠千年史前史"（The Hohokan：1000 Years of Prehistory in the Sonoran Desert），林达·S·科德尔（Linda S. Coedell）与乔治·J·古梅尔曼（George J. Gumerman）编辑，《西南地区历史动态》（Dynamics of Southwest History）（华盛顿：Smithsonian Institution Press, 1989 年），第 21 页。

38. 戴维·A·格列高利（David A. Gregory），"霍霍卡姆人居住地模式的形成与多样性"（Form and Variation in Hohokam Settlement Patterns），帕特里夏·L·克朗（Patricia L. Crown）和 W·詹姆斯（W. James）编辑，《查科与霍霍卡姆人：美洲西南的史前地域系统》，第 166 页。

39. 戴维·R·威尔克斯（David R. Wilcox）与查尔斯·斯滕伯格（Charles Sternberg），《霍霍卡姆人的球场及其解说》（Hohokam Ballcourts and Their Interpretation），亚利桑那国立博物馆考古学系列第 160 期（图森：University of Arizona, 1983 年）

40. 戴维·A·格列高利，《霍霍卡姆人居住地模式的形成与多样性》，第 167 页。

41. 同上。

42. 戴维·R·威尔克斯（David R. Wilcox），"霍霍卡姆人的社会复合体"（Hohokam Social Complexity），帕特里夏·L·克朗与 W·詹姆斯编辑，《查科与霍霍卡姆人：美洲西南的史前地域系统》，第 267 页。

43. 戴维·A·格列高利，《霍霍卡姆人居住地模式的形成与多样性》，第 167 页。

44. 希瑟·普林格鲁，《北美洲战争》，第 2038 页。

45. 同上。

46. 尼尔·索尔兹伯里，"印第安人的古老世界：土著美洲人与欧洲人的到来"，第435–458页。尼尔·索尔兹伯里，《神在地球上的短暂时间：霍霍卡姆人的编年史》(The Short Swift Time of Gods on Earth：The Hohokam Chronicles) (伯克利：University of California Press, 1994年)，尼尔·索尔兹伯里的这本著作得到唐纳德·巴尔 (Donald Bahr) 等人的协助。

47. 例如，可参见劳伦斯·基利 (Lawrence Keeley)，《文明社会之前的战争》(纽约：Oxford University Press, 1996年)。

48. 参见A·吉本 (A. Gibbon)，"考古学家再次发现食人者"，《科学》第277期，1997年8月1日，第635–637页。也可参见林恩·弗林 (Lynn Flinn)、克里斯蒂·G·特纳 (Christy G. Turner) 和阿兰·布鲁 (Alan Brew)，"西南地区的食人现象的追加证据：拉美4528号事例"(Additional Evidence for Cannibalism in the Southwest：The Case of LA 4528)，《古老的美洲遗产》(American Antiquity) 第41期 (1976年7月)，第308–318页。

49. 根据斯图亚特·J·菲德尔的观点，"俄亥俄流域的阿德纳文化 (Adena culture) 被转变成霍普维尔文化"(Hopewell Culture)，参见斯图亚特·J·菲德尔，《美洲史前史》，第240页。

50. 同上，241页。

51. 威廉·N·摩根，《东部美国的史前建筑》，第20页。

52. 参见克拉伦斯·H·韦伯 (Clarence H. Webb)，"波弗蒂角文化"(The Poverty Point Culture)，《地球科学与人类》(Geoscience and Man)，第17卷，(巴吞鲁日：Louisiana State University School of Geoscience, 1982年)；乔恩·L·吉布森 (Jon L. Gibson)，《波弗蒂角：第一个北美洲酋长国》(Poverty Point：The First North American Chiefdom)，《考古学》第27期，1974年，第97–105页。约翰·马勒，《东南地区》(The Southeast)，J. D. 詹宁斯 (Jennings) 编辑，《古代北美洲》(Ancient North Americans) (圣弗朗西斯科：Freeman, 1983年)，第73–419页；凯瑟琳·M·拜德 (Kathleen M. Byed) 编辑，"波弗蒂角文化：地区状况、生活习惯与阶层网络"(The Poverty Point Culture：Local Manifestations, Subsistence Practices, and Trade Networks)，《地球科学与人类》第29期(巴吞鲁日：Louisiana State University School of Geoscience, 1991年)；乔恩·L·吉布森，《波弗蒂角：密西西比河下游流域的末期原始文化》(Poverty Point：A Terminal Archaic Culture of the Lower Mississippi Valley) (第二版) (巴吞鲁日：Louisiana Archaeological Survey and Antiquities Commission, 1996年5月)。

53. 乔恩·L·吉布森发表了在广场西部存在有可能是"圆木柱"的证据。参见乔恩·L·吉布森的《波弗蒂角：密西西比河下游流域的末期原始文化》(第二版)。

54. 参见布莱恩·M·费根，《古代北美：大陆考古学》(Ancient North America：The Archaeology of a Continent) (第二版) (伦敦：Thames and Hudson, 1995年)，第440页。也可参照约翰·马勒，《密西西比的政治经济学》，第273–275页。

55. 克拉伦斯·H·韦伯，《波弗蒂角文化》，第19页，第12页。

56. 同上，第12页，第67页。

57. 布莱恩·M·费根，《古代北美：大陆考古学》，第396页。

58. 参见乔·W·桑德斯 (Joe W. Saunders)、瑟曼·艾伦 (Thurman Allen) 与罗杰·T·索西耶 (Roger T. Saucier)，"四个是古代的吗？路易斯安那西北地区的土丘联合体"(Four Archaic? Mound Complexes in Northeast Louisiana)，《东南地区考古学》(Southeastern Archaeology) 第13期，1994年冬季版，第134–135页。

59. 乔·W·桑德斯等，《5000–5400年前路易斯安那的土丘联合体》(A Mound Complex in Louisiana at 5400–5000 Years before the Present)，《科学》第277期，1997年9月19日，第1796页。

60. 同上，1798–1799页。

61. 威廉·N·摩根，《东部美国的史前建筑》，第4页。关于对贝冢进行的首次系统研究的有趣说明，可以参见布鲁斯·G·特雷格尔 (Bruce G. Treigger) 的《南美洲的天然贝壳土台：早期研究》(Native Shell Mounds of North America：Early Studies) (纽约：Garland, 1986年)。

62. 斯图亚特·J·菲德尔，《美洲史前史》，第96页，第76页。

63. 当然，这是超过刘易斯·芒福德曾经所想像的。在《城市发展史》的总共567页文章中，只有4页是涉及到这块古老的新大陆，并且它们也仅仅是论说中美洲和秘鲁。

64. 参见V·戈登·蔡尔德（V. Gordon Childe），《人类制造人类自身》(Man Makes Himself)（伦敦：Watts and Co.，1936年）；布鲁斯·G·特雷格尔，《戈登·蔡尔德：考古学的变革》(Gordon Childe: Revolutions in Archaeology)（伦敦：Thames and Hudson，1980年）。也可参见罗伯特·麦考密克·亚当斯（Robert McCormick Adams），《城市社会的变革》(The Evolution of Urban Society)（芝加哥：Aldine，1966年）第1—37页中有关"城市变革"概念的评论，能够起到一定参考价值。

65. 帕特里夏·J·奥布赖恩，《城市化，卡霍基和中密西西比人》，第189页。

66. 同上，第196、197页。

67. 刘易斯·芒福德，《城市发展史》，第5页，第93页。当然，刘易斯·芒福德认为卡霍基与他的出生地纽约市有着同样高的水准，他把这种水准称为"大都市圈(conurbation)"——这是他对病态的、城市过度发展的概括。

68. 引自戴维·J·梅尔策(David J. Meltzer)在《密西西比河流域的古代纪念性建筑》(Ancient Monuments of the Mississippi Valley)中的序言，该书作者伊弗雷姆·G·斯奎尔(Ephraim G. Squier)与埃德温·H·戴维斯(Edwin H. Davis)，(1848年；华盛顿：Smithsonian Institution Press，1998年)，第69页。

69. 同上，第80页。

70. 威廉·N·摩根，《东部美国的史前建筑》，第12页。

71. 同上。

72. 参见CERHAS（历史遗迹电子化复原中心）网站的遗迹复原：<http://www.earthworks.uc.edu>。

73. 埃斯特·帕斯里(Esther Pasztory)，《特奥蒂瓦坎：一种生存经验》(Teotihuacan: An Experiment in Living)（诺曼：Oklahoma University Press，1997年），第26页。

第3章 城市美化运动中的克利夫兰

1. 约翰·W·雷普斯（John W. Reps），《都市型美国的形成：美国城市规划的历史》(The Making of Urban America: A History of City Planning in the United States)（普林斯顿：University Press，1965年），第15—19页。

2. W·A·莫里斯（W. A. Morris），《十户连保制系统》(The Frankpledge system)（纽约：Longman's, Green and Co.，1910年）。

3. 约翰·R·斯蒂尔格（John R. Stilgoe），《1580年至1845年美洲的一般景观》(Common Landscape of America, 1580 to 1845)（纽黑文：Yale University Press，1982年），第12、13页。约翰·R·斯蒂尔格写道，景观是"形状化的土地，是为了人类的永久占有、为了人类的居住、农业、工业、行政组织、宗教和娱乐而被改造了的土地"。

4. 事实上，有着白墙板的住宅、教堂和沿着乡村草地排列的城镇会馆，被认为是典型的新英格兰地区城镇，它与其说是中世纪欧洲的产物，不如说是19世纪早期重商主义的产物（以及受到浪漫主义的影响）。参见约瑟夫·S·伍德（Joseph S. Wood），《新英格兰地区的乡村》(The New England Village)（巴尔的摩：Johns Hopkins University Press，1997年），该书得到了迈克尔·P·斯泰尼茨（Michael P. Steinitz）的协助。与传统观念相反，约瑟夫·S·伍德认为（第115页），"从17世纪20年代后期移民开始之后的任何时期，新英格兰地区的人们都避免了聚集居住的方式"。

5. 肯尼思·A·洛克里奇（Kenneth A. Lockridge），《一座新英格兰城镇：第一个100年》(A New England Town: The First Hundred Years)（纽约：W. W. Norton and Co.，1970年）。

6. 约翰·布林科霍夫·杰克逊，《看得见的景观》，第83—84页，第85—86页。

7. 约翰·R·斯蒂尔格，《1580年至1845年美洲的一般景观》，第44页。

8. 哈伦·哈奇（Harlan Hatcher），《西部保留地：俄亥俄州的新康涅狄格事件》(The Western Reserve: The story of New Connecticut in Ohio)（克利夫兰：World Publishing Co.，1949年）。

9. 约翰·R·斯蒂尔格，《1580年至1845年美洲的一般景观》，第45页。

10．大量的事例已经由海勒姆地区研究学院中心（the Hiram College Center for Regional Studies）进行了研究。

11．约翰·W·雷普斯，《都市型美国的形成：美国城市规划的历史》，第227-239页。

12．伯克·阿伦·欣斯达尔（Burke Aaron Hinsdale），《古代西北地区》(The Old Northwest) （纽约：T. MacCoun, 1888年），第390页。

13．至少，西部特别保留地也被出让给类似于威廉·拉里默（General Willian Larimer）和乔治·弗朗西斯（George Francis）将军的人，这些人是操纵土地信贷的幕后黑手。参见查尔斯·N·格拉德（Charles N. Glaad）与A·西奥多·布朗（A. Theodore Browm），《美国城市史》(The History of Urban America)（第二版）（纽约：Macmillan, 1976年），第99-119页。

14．威廉·冈松·罗斯（William Ganson Rose），《克利夫兰：城市的形成》(Cleveland: The making of a City)（克利夫兰：World Publishing Co., 1950年），第88-220页。

15．理查德·霍夫斯塔特（Richard Hofstadter），《变革时代》(The Age of Reform)（纽约：Alfred A. Knopf., 1995年）。

16．彼得·威特（Peter Witt），《圣彼得之前的克利夫兰：少数专家》(Cleveland before St. Peter: A Handful of Hot Stuff)（克利夫兰，1899年）。

17．罗伯特·L·布里格斯（Robert L. Briggs），《俄亥俄州克利夫兰的成长期：汤姆·L·约翰逊的管理经营，1901—1909年》(The Progressive Era in Cleveland, Ohio: Tom L. Johnson's Administration, 1901-1909)（芝加哥：University of Chicago Press, 1961年）。也可参见汤姆·L·约翰逊的《我的故事》(My Story)（纽约：B. W. Huebsh, 1913年）。

18．托马斯·爱德华·费尔特（Thomas Edward Felt），《马克·汉纳的发迹》(The Rise of Mark Hanna)（博士论文，Michigan State University, 1960年）。

19．该表述主要来自于流行的术语"拉锯性战争"(the traction war)，参见乔治·E·康登(George E. Condon)的《克利夫兰：被严封的秘密》（纽约：Doubleday and Co., 1967年），第152-176页。事实上，乔治·E·康登被严格限制到3美分车票还在使用的时代的埃尔罗伊·麦肯德里·埃弗里（Elroy Mckendree Avery，他能与Mayor Johnson相媲美）作对比，也拒绝和"带着成为俘虏的国王及王子们，让他们一起坐他的列车从战场上回来的凯撒大帝作对比，或者和……把被杀害的埃克托尔（Hector，《伊利亚特》中的一勇士——译者注）的尸体沿着古特洛伊（Troy，小亚细亚西北部古城——译者注）城墙拖三圈的阿基里斯"作对比。他拒绝与"通过巴塞罗那拥挤的街道、走向正在等待的费迪南德(Ferdinand)和伊莎贝拉(Isabella)"时候的哥伦布作比较。参见埃弗里（Avery）的《克利夫兰及其周边地区的历史》(A History of Cleveland and Its Environs)第1卷（芝加哥：Lewis Publish Co., 1918年），第101页。

20．彼得·G·法林（Peter G. Filene），《'革新运动'的死亡报告》(An Obituary for The Progressive Movement)，《美洲季刊》(American Quarterly)第22期（1970年），第20-34页。阶级最近重新返回到学术界；对克利夫兰政治进行阶级分析的应用，可以参见谢尔顿·斯特伦奎斯特（Shelton Stromquist），"严峻的阶级考验：成长时期的克利夫兰政治与市政改革的起源"(The Crucible of Class: Cleveland Politics and the Origins of Municipal Reform in the Progressive Era)，《城市历史杂志》(Journal of Urban History)第23期（1997年1月），第192-220页。

21．"美国城市的政府机构"(The Government of American Cities)，《公开讨论》(The Forum)第10期（1890年12月），第357-372页。

22．彼得·威特（Peter Witt）致威廉·埃伦·怀特（Willian Allen White）的信（1908年8月24日），参见彼得·威特的论文：《西部保有地的历史社会》(Western Reserve History Society)，克利夫兰。

23．约瑟夫·林肯·斯蒂芬斯（Joseph Lincoln Steffens），《自治政府的斗争》(The Struggle for Self-Government)，戴维·W·诺贝尔（David W. Noble）主编（1906年；纽约：Johnson Reprint Corporation, 1968年），第183页。

24．威廉·甘逊·罗斯，《克利夫兰：城市的形成》，第681页。

25．坎达丝·惠勒（Candace Wheeler），"一个梦幻城市"(A Dream City)，《哈巴杂志》(Harper's Magazine)第86期（1893年5月），第832页。

26. 关于这段"引用文"的背景情况，请参见托马斯·S·汉斯的《芝加哥的伯纳姆：建筑师和规划师》，第 401 页。

27. 弗雷德里克·C·豪 (Frederic C. Howe)，《一位改革者的告白》(The Confessions of a Reformer) (纽约：Charles Scribner's Sons, 1925 年)，第 113-114 页。

28. 约翰·布林科霍夫·杰克逊的《看得见的景观：观察美国》，第 239 页。

29. 除了参见托马斯·S·汉斯的《芝加哥的伯纳姆：建筑师和规划师》第 158-173 页中关于克利夫兰的"进步性建筑的反论"的描述之外，还可参见埃里克·约翰内森 (Eric Johannesen)，《克利夫兰的建筑，1876-1976 年》(Cleveland Architecture, 1876-1976) (克利夫兰：Western Reserve Historical Society, 1979 年)，第 71-76 页。关于城市美化运动的、有参考价值的讨论也可在理查德·E·佛格勒松 (Richard E. Foglesong) 的《资本主义城市的规划：20世纪20年代为止的殖民时代》(Planning the Capitalist City: The Colonial Era to the 1920s) (普林斯顿：Princeton University Press)，第 5 章；以及威廉·H·威尔逊 (William H. Wilson)，《城市美化运动》(The City Beautiful Movement) (巴尔的摩：Johns Hopkins University Press, 1989 年)。

30. 《克利夫兰市公共建筑的组团规划》(The Group Plan of the Public Buildings of the City of Cleveland) (纽约：Cheltenham Press, 1903 年) 第 1 页。它是由丹尼尔·H·伯纳姆 (Daniel H. Burnham)、约翰·M·卡雷尔 (John M Carrere)、阿诺尔德·W·布伦纳 (Arnold W. Brunner) 和管理部起草的、向尊敬的汤姆·L·约翰逊 (Tom L. Johnson) 市长和尊敬的公共服务部提供的一份报告。权威性的研究来自后起之秀沃尔特·C·利迪 (Walter C. Leedy)，"克利夫兰为得到认同所作出的抗争：美学、经济学和政治学" (Cleveland's Struggle for Self-Identity: Aesthetics, Economics and Politics)，由理查德·盖伊·威尔逊 (Richard Guy Wilson) 与 (悉尼·K·鲁滨逊 (Sidney K. Robinson) 主编，《美国的现代建筑：视觉效果与更新》(Modern Architecture in America: Visions and Revisions) (埃梅兹：Iowa State University Press, 1991 年)，第 74-105 页。

31. 弗雷德里克·C·豪，"为了城市美化的规划" (Plans for a City Beautiful)，《哈巴周刊》(Harper's Weekly) 第 48 期 (1904 年 4 月 23 日) 第 626 页。弗雷德里克·C·豪是一位革新主义者，当然决不是一位无聊的研究者。著名的《标准石油公司SOCAL的历史》(纽约：McClure Phillips and Co., 1905年) 的作者伊达·M·塔贝尔 (Ida M. Tarbell) 曾经是他在宾夕法尼亚州密多维尔市的星期天学校老师。实际上，弗雷德里克·C·豪是汤姆·L·约翰逊的主要宣传人员之一。关于弗雷德里克·C·豪针对组团规划提出的1000万至1500万美元的价格，威廉·甘逊·罗斯推算在1946年大约相当于41631075美元 (威廉·甘逊·罗斯，《克利夫兰：城市的形成》，第 630 页)。在 20 世纪60 年代早期大发展之前，至少花费了 1700 万美元。关于拿破仑三世，据说伯纳姆一直在支持他，拥护奥斯曼 (Haussmann) 的巴黎规划。参见乔治·克烈尔 (George Kriehl)，"城市的美化" (The City Beautiful)，《城市事务》(Municipal Affairs) 第 3 期 (1899 年 12 月)，第 594 页。

32. 《克利夫兰市公共建筑的组团规划》，第 3 页。

33. 坎达丝·惠勒，《梦幻城市》，第 832 页。

34. "英多斯组团规划构想" (Indorse Group Plan Scheme)，《老实人报》(Plain Dealer)，1903 年 8 月 19 日；"没有要解说的" (Hanve Little to Say)，《老实人报》，1903 年 8 月 19 日。

35. 参见第 4 章的一个非常简短的解说。这个解说在很大程度上是依据于伊恩·S·哈伯曼 (Ian S. Haberman) 的《克利夫兰的范·斯威林根公司：一个帝国的传记》(The Van Sweringens of Cleveland: The Biography of an Empire) (克利夫兰：Western Reserve History Society, 1979 年)。也可参见沃尔特·C·利迪在《克利夫兰为得到认同所作出的抗争：美学、经济学和政治学》中的解说。

36. 刘易斯·芒福德，《田园城市的理想和现代规划》(The Garden City Idea and Modern Planning)，埃比尼泽·霍华德 (Ebenezer Howard) 的《明日的田园城市》(Garden Cities of Tomorrow) (伦敦：Faber and Farber, 1945 年) 的一个介绍，第 37 页。

37. 约瑟夫·L·万格 (Joseph L. Wanger) 与克里斯蒂娜·J·因德拉 (Christine J. Jindra)，"被作为海厄特公司用地的汉纳喷泉商业中心" (Hanna Fountains Mall Proposed as Hyarr Site)，《老实人报》，1980 年 2 月 14 日。

38. 约翰·布林科霍夫·杰克逊,《看得见的景观:观察美国》,第19—29页。

39. 甚至沃尔特·C·利迪(他高度评价组团规划,把它作为"成功的城市形象怎样才有效"这一学校课程的内容)也承认,"由于在商业中心的多数建筑都把它们的主要入口朝向两边的街道,由于商业中心自身令人震撼的、巨大的规模,以及由于它的立地,它反而影响到克利夫兰住民的生活"。参见沃尔特·C·利迪在《克利夫兰为得到认同所作出的抗争:美学、经济学和政治学》,第100、101页。

40. 简·雅各布斯,《美国大城市的生与死》,第185页。

41. 摘自简·雅各布斯,《美国大城市的生与死》,第173页。

42. 约翰·布林科霍夫·杰克逊,《看得见的景观:观察美国》,第38页.

43. 简·雅各布斯,《美国大城市的生与死》,第169页。

44. 参见<http://www.universitycircle.org/shape/book/>中《塑造未来:制作一个城市特别区》(Shaping the Future: Making an Urban District Extraordinary)。

45. 简·雅各布斯,《美国大城市的生与死》,第258、259、261页。

第4章 草坪边疆的乌托邦理想

1. 《平静的谢克村》(Peaceful Shaker Village)(克利夫兰:Van Sweringen Co., 1927年),无页码。

2. 《谢克人的遗产》(The Heritage of the Shakers)(克利夫兰:Van Sweringen Co., 1923年),第48页。

3. 《平静的谢克村》。

4. 伊恩·S·哈伯曼的《克利夫兰的范·斯威林根公司:关于一个帝国的传记》。

5. 埃里克·约翰内森,《克利夫兰的建筑,1876~1976年》,第177-183页。也可参见"城市内的新城"(New City within a City),《老实人报》,1930年6月29日;H·D·朱厄特(H. D. Jouett),"克利夫兰铁路致力于组合型车站"(Cleveland Railroads Dedicate Union Terminal),《土木工程》(Civil Engineering)第1期(1930年11月),第77-82页。

6. 布鲁斯·E·林奇(Bruce E. Lynch),《区域规划中的一个研究:美国的田园郊区谢克海茨》(A Study in Regional Planning: Shaker Heights, the Garden Suburb in America)(硕士论文,Illinois University, 1978年),第63页。

7. 《谢克人的遗产》,第48页。

8. 约瑟夫·G·布莱克(Joseph G. Blake),《克利夫兰的范·斯威林根的发展》(The Van Sweringen Development in Cleveland)(学士论文,Notre Dame University, 1968年),第19页。也可参见帕特里夏·J·福尔加克(Patricia J. Forgac),《谢克海茨的实体形态的发展》(The Physical Development of Shaker Heights)(硕士论文,Kent State University, 1981年),第20-28页。

9. 根据谢克海茨市的遗产负责人福尔加克的说法,这一点从来就没有被证实过。另外一个没有被证实的说法是:由于在城镇规划上的一个失败的操作,范·斯威林根派遣加里莫尔(Gallimore)去了英格兰。不管怎么说,利迪已经发现在19世纪90年代的欧几里德海茨(Euclid Heights)存在着使用英国地名的实例。

10. 摘自约翰·W·雷普斯,《都市型美国的形成:美国城市规划的历史》,第410页。奥姆斯特德(Olmsted)在伊利诺伊州的里韦塞德(Riverside)完成的项目中,塔科玛(Tacoma)是一个例外。参见维托尔德·雷布金斯基(Witold Rybczynski)的《远处的开阔地带:弗雷德里克·罗·奥姆斯特德与19世纪的美国》(A Clearing in the Distance: Frederick Law Olmsted and America in the Nineteenth Century)(纽约:Scribner, 1999年)的第40章。认为规划曲线道路是不可理解的菲利浦·兰顿(Philip Langdon)曾经写道,一位芝加哥的建筑师断言如果你问任何一位在芝加哥的人他是否去过利维塞德(Riverside),他将会回答"就去过一次——但我迷路了"。参见菲利浦·兰顿的《一个居住的好地方:重塑美国郊区》(阿默斯特:University of Massachusetts Press, 1994年),第39页。

11. 埃比尼泽·霍华德,《明日的田园城市》,由F·J·欧斯波恩(F. J. Osborn)编辑,刘易斯·芒福德撰写引言(1898年;坎布里奇:MIT Press, 1965年),第52页。关于对田园城市景象的精彩概括,可参见罗伯特·菲什曼(Robert Fishman)的《20世纪的城市乌托邦主义：埃比尼泽·霍华德、弗兰克·苏埃德·赖特与勒·柯布西耶》（Urban Utopias in the Twentieth Century：Ebenezer Howard, Frank Lloyd Wright, and Le Corbusier）（纽约：Basic Book，1977年），第23-88页。关于美国区域规划协会支持的思想，参见刘易斯·芒福德的《木头和石头：关于美国建筑与文化的研究》（Sticks and Stones：A Study of American Architecture and Civilization）（纽约：W. W. Norton and Co.，1924年），第4章。

12. 在彼得·武伊托维奇（Peter Wojtowicz）的《刘易斯·芒福德与美国现代主义：建筑与城市的乌托邦理论（Lewis Mumford and American Modernism：Eutopian Theories for Architecture and Urban Planning)》（坎布里奇：Cambridge University Press，1996年）第四章中，关于这个话题有一个有趣的讨论。

13. 《平静的谢克村》

14. 同上。

15. 同上。

16. 伊恩·S·哈伯曼的《克利夫兰的范·斯威林根公司：一个帝国的传记》，第16-17页。有些人说到目前为止合并仍未成功。

17. 《平静的谢克村》

18. 《谢克人的遗产》，第33页。简·雅各布斯，甚至希拉里·罗德汉姆·克林顿（Hillary Rodham Clinton）都不曾表示过社区在提高儿童数量上能够起到多么较好的作用。另外，简·雅各布斯提倡"看得到的街道"（streets with eyes）这一概念，它要求高密度的人口、低矮的住宅、狭窄的街道——所有的这些对郊区来说都是难于接受的。

19. 《谢克村的标准》（第二版）（克利夫兰：Van Sweringen Co.，1928年），第5页。

20. 布鲁斯·林奇，《区域规划中的一个研究：美国的田园郊区谢克海茨》，第69页。

21. 范·斯威林根公司不动产使用权限制条款，Western Reserve Historical Society，第1、2、4、6、12条。

22. 约瑟夫·G·布莱克，《克利夫兰的范·斯威林根的发展》，第28-29页。

23. 范·斯威林根公司不动产使用权限制条款，第5条。

24. 约瑟夫·G·布莱克，《克利夫兰的范·斯威林根的发展》，第29-30页。

25. 这为封闭社区提供了一个特别的压力。参见埃德华·J·布莱克利（Edward J. Blakely）与玛丽·盖尔·施奈德（Mary Gail Snyder）的《美国要塞：美国的封闭社区》（Fortress America：Gated Communities in the United States）（华盛顿：Brookings Institution，1997年）。

26. 尤金妮亚·拉德纳·伯奇（Eugenie Ladner Birch），"拉德伯恩与美国的规划运动：一种理念的存在"（Radburn and the American Planning Movement：The Persistence of an Idea），《美国规划协会学报》（Journal of the American Planning Association）第46期，1980年10月，第433页。

27. 参见菲利浦·兰顿的《一个居住的好地方：重塑美国郊区》，第91页。

28. 弗雷德里克·施泰纳（Frederick Steiner），《新镇规划的政策：纽菲尔德斯，俄亥俄的故事》（The Politics of New Town Planning：The Newfields, Ohio Story）（雅典：Ohio University Press，1981年），第6页。

29. 约翰·布林科霍夫·杰克逊，《看得见的景观：观察美国》，第222页。

第5章 城市更新：臭虫都扫清了

1. 在大萧条时期，他们失去了财富。

2. 《美国的住房计划》（A Housing Program for the United States），美国国家住房事务委员会欧内斯特·J·博恩（Ernest J. Bohn）委员长的演讲稿，发表于1934年10月9日，巴尔的摩协调会的开幕仪式上。该份资料收藏于凯斯西部保留地大学图书馆的欧内斯特·J·博恩资料集。

3. 《地方政府的一个新举措：住房建设与贫民区的撤除》（A New Deal in Local Government：Housing and Slum Clearance），国家广播公司1934年8月28日采访美国国家住房事务委员会欧内斯特·J·博恩委员长与皇家建筑协会前任会长雷蒙德·昂温（Raymond Unwin）先生的手稿，由美国国家自治区联盟出版，欧内斯特·J·博恩资料集。

4. 《克利夫兰城市规划委员会 1963 年年度报告》（Annual Report of the Cleveland City Planning Commission），由西奥多·霍尔（Theodore Hall）编写（克利夫兰：城市规划委员会，1963 年），第 4 页。

5. 市民联合住房建设评议委员会的主席欧内斯特·J·博恩的在 WHK 广播电台的演讲稿，1932 年 9 月 2 日，得到美国建筑师协会的赞助。参见欧内斯特·J·博恩资料集。

6. 参见约翰·T·霍华德（John T. Howard），《在克利夫兰最首要的是做什么？》（What's Ahead for Cleveland）（克利夫兰：Regional Association of Cleveland，1941 年），第 22—23 页。

7. 《市长顾问委员会关于规划管理部门的报告》（Report of the Mayor's Advisory Committee on Planning Organization），这是委员会沃尔特·L·弗洛里（Walter L. Flory）主席向克利夫兰市尊敬的弗兰克·J·劳希（Frank J. Lausche）市长提出的报告，1942 年，第 1 页。

8. 同上，第 iii 页。

9. 参见梅尔维尔·C·布兰奇（Melville C. Branch），"城市规划师的不合常理"（Sins of City Planners），《公共管理回顾》（Public Administration），1982 年 1、2 月刊，第 4 页。

10. 《克利夫兰的今天……明天：克利夫兰的总体规划》（克利夫兰：City Planning Commission，1949 年）。也许在这篇文件中最重要的事情是，它没有预测到在随后的 30 年间克利夫兰少了将近 35 万人口，城市人口仅仅 90 万人略多，有 1/5 的土地空闲。在 1949 年人们考虑这些数据目标的时候更多的是在追求一种虚荣。

11. 戴维·R·戈德菲尔德（David R. Goldfield）与布赖恩·A·布劳内尔（Blain A. Brownell），《城市型美国：从城市中心街走向非城市地区》（Urban America：From Downtown to No Town）（波士顿：Houghton Mifflin，1979 年），第 361 页。

12. 艾伦·B·雅各布斯（Allan B. Jacobs），《伟大的街道》（Great Streets）（坎布里奇：MIT Press，1996 年），第 311 页。

13. "商业中心模型中行列的快速排列：操作说明中的线条组合"（Quick to Queue at Mall Models：Lines Throng at Operation Demonstrate），《老实人报》，1955 年 10 月 12 日。

14. "规划师们静视得到美国援助的、10 年内消失的贫民区"（Planners See Slums Ended in Ten Years with U.S. Aid），《克利夫兰报》（Cleveland Press），1955 年 6 月 9 日。

15. "是青少年犯罪吗？住房建设是第一个答案"（Juvenile Delinquency? Housing Is No. 1 Answer），《克利夫兰报》社说，1954 年 12 月 31 日。

16. "放弃公共住宅计划为时尚早"（It's Too Early to Abandon the Public Housing Program），《克利夫兰报》社说，1956 年 5 月 14 日。然而，似乎有些人必须不断地得到租客。"查尔斯·瓦尼克（Charles Vanik）下院议员昨晚在同朗伍德（Longwood）的居民谈论城市更新发展计划指出，在针对城市更新发展计划上有些人提出了异议，这有可能妨碍整个国家的这项计划。这个看法已经被欧内斯特·J·博恩所强调"，参见"朗伍德人谈论抱怨的危险"，《老实人报》，1959 年 2 月 14 日。

17. 回过头来看，在公共住宅建设这个项目上，它的天真烂漫的标准确实让人吃惊。例如，一个最近的研究显示，到 1965 年为止，有两篇发表在权威刊物上的文章对公共住宅建设提出了批评。参见"'特殊家庭的混入'：公共住宅建设与民众的议论，1950—1990 年"（Tarred with the Exceptional Family：Public Housing and Popular Discourse，1950—1990），《美国研究》（American Studies）第 36 期（1995 年春季刊），第 31—52 页。

18. 关于花园谷（Garden Valley）故事的可怕细节，参见托德·西蒙（Todd Simon），"城市正在制造新的贫民区，议员的谴责"（City Is Just Making New Slums，Councilman Charges），《老实人报》，1955 年 11 月 29 日；理查德·穆韦（Richard Murway），"花园谷规划中的邓洛普"（Dunlop Set on Garden Valley Plans），《克利夫兰报》，1956 年 4 月 11 日；"建设者 20 年看不见利益"（Builder Sees No Profit for Twenty Years），《老实人报》，1956 年 5 月 4 日；"花园谷的租金在升高，住房不再被建设"（Garden Valley Rent Rises，Homes Aren't Even Built），《克利夫兰新闻》（Cleveland News），1956 年 5 月 18 日；理查德·穆韦，"访问花园谷的家庭"（Interview Families for Garden Valley），《克利夫兰报》，1957 年 1 月 4 日；恩格内·西格尔（Eugene Segal），"梦想成为现实：古老的矿渣堆场现在是住房——第一家向花园谷迁入的家庭"（Dreams True；Old Slag Pile Is Now Home—First Family to Move to Garden Valley），《老实人报》，

1957年2月23日；鲍勃·西格尔（Bob Siegel），"城市问题：何处安置拆除贫民区所带来的7000人口？"（City's Problem：Where to Put 7000 from Razed Slum?），《克利夫兰报》，1957年3月2日；鲍勃·西格尔，"花园谷是首批租房者的天堂"（Garden Valley Is Paradise to First Tenants），《克利夫兰报》，1957年3月5日；"这里的建设者对批评提出异议"（Builder Here Lashes Back at Critics），《老实人报》，1957年3月20日；鲍勃·西格尔，"曾经辉煌的花园谷是眼中钉"（Once-Proud Garden Valley Is Eyesore），《克利夫兰报》，1959年7月8日。

19. 拉尔夫·S·洛克（Ralph S. Locher）市长在美国下院的住房建设特别委员会、住房银行通货委员会上发表的《关于克利夫兰城市更新计划的陈述》（Statement on Cleveland's Urban Renewal Program），1963年10月24日，第2页。

20. 《埃瑞维欧，克利夫兰，俄亥俄州：中心街克利夫兰的城市更新规划》（Erieview. Cleveland, Ohio: An Urban Renewal Plan for Downtown Cleveland）（纽约：I. M. Pei and Associates，1961年），第2页。

21. 同上，第26页。

22. 同上，第1、2、18页。

23. 同上，第2、4页。

24. 同上，第16页。

25. 美国联邦城市更新局特派员威廉·L·斯莱顿（William L. Slayton），《关于埃利叶韦的陈述》（Statement on Erieview），它由是约翰·斯帕克曼（John Sparkman）上议员在1963年9月12日制作美国上院纪录的一部分。

26. 俄亥俄州克利夫兰的城市更新与住宅建设局局长詹姆斯·M·利斯特（James M. Lister）在1963年10月24日发表于美国下院的住房建设特别委员会、住房银行通货委员会的陈述。第1页。

27. 美国总审计长写给美国上院议长和下院议长的信，1963年6月28日，第1页。

28. 美国总审计长，《对城市更新管理局、住宅建设与住宅金融机构做出的、俄亥俄州克利夫兰埃利叶韦市更新工程I的大范围调整的不成熟支持》（Premature Approval of Large Scale Demolition for Erieview Urban Renewal Project I, Cleveland, Ohio, by the Urban Renewal Administration, Housing and Home Finance Agency），它是向美国国会提出的报告。1963年6月，第23、29、30页。

29. 马丁·安德森（Martin Anderson），《联邦政府的威胁者：1949—1962年城市更新的批评性分析》（The Federal Bulldozer: A Critical Analysis of Urban Renewal, 1949—1962）（坎布里奇：MIT Press，1964年）。这本书显示，城市更新所毁坏的低收入家庭住房比它所建造的还要多。为什么会出现如此令人吃惊、令人意想不到的现象，实在是难于理解。在1901年，肖·伯纳认为，非法存在的贫民区意味着"大量无家可归的人们被赶上街头。你想为这些人造福，但对于他们来说，难道你认为这种改革真的是受到他们的欢迎吗？"。以上可参见罗伯特·菲什曼的《20世纪的城市乌托邦主义：埃比尼泽·霍华德、弗兰克·劳埃德·赖特与勒·柯布西耶》。

30. 赫伯特·J·甘斯（Herbert J. Gans），"城市更新的失败"（The Failure of Urban Renewal），詹姆斯·Q·威尔逊（James Q. Wilson）主编，《城市更新：记录与争论》（Urban Renewal: The Record and the Controversy）（坎布里奇：MIT Press，1966年），第539页。

31. 唐纳德·萨巴思（Donald Sabath），"霍夫贫民区的争论开始平静"（Hough Slum Battle Still at a Standstill），《老实人报》，1966年7月26日。霍夫被《时代周刊》（Time）描述成这样一个地区："有约6万黑人……他们拥挤在占地2平方英里（合5.1平方公里）的、非法建设的集合式住宅和按房间居住划分了的独立式住宅内"。参见"无业游民的露宿地与城市"，《时代周刊》第88期（1966年7月29日），第2页。在那些时候，像"无业游民的露宿地"（jungle）与"拥挤的居住区"（warren）这样的单词是充斥于《时代周刊》，就像他们充斥于霍夫一样。

32. 《克利夫兰城市规划委员会1968年年度报告》（克利夫兰：City Planning Commission，1968年），第16页。

33. 约翰·布林科霍夫·杰克逊，《看得见的景观：观察美国》，第246页。

34. 《埃瑞维欧，克利夫兰，俄亥俄州：中心街克利夫兰的城市更新规划》，第1页。

35. 关于这个变通方法的一个较为有用的参考，可参见戴维·苏赫尔 (David Sucher)，《城市的舒适度：怎样建设一个城市内的小村落》(City Comforts：How to Build an Urban Village) (西雅图：City Comforts Press, 1995 年)

36. 乔治·E·卡顿，"规划使市政厅混乱" (Plans Clutter City Hall)，《老实人报》，1966年7月27日。

37. "midway"，被理解为进行狂欢或者表演路边杂耍和其他娱乐活动的一个场所的同义词，它也是在芝加哥举行的哥伦比亚世博会的一个课题；奥姆斯特德认为，这个娱乐区是纪念馆 (The Court of Honor) 的糟糕的一面。参见维托尔德·雷布尔斯基的《远处的开阔地带：弗雷德里克·罗·奥姆斯特德与 19 世纪的美国》，第 398 页。

38. 《城市展望 2000 年与将来》(Civic Vision 2000 and Beyond) 第一卷《概况》(An Overview) (克利夫兰：Cleveland Tomorrow, 1998 年)，第 28 页。

39. 弗兰克船长 (Cap'n Frank's) 是一个靠近市体育馆的简陋鱼店，许多年以来满足了印第安爱好者能够发现的一点乐趣。

40. 丹尼斯·R·贾德 (Dennis R. Judd) 与苏珊·S·法因斯坦 (Susan S. Fainstein) 编著，《旅游城市》(The Tourist City) (纽黑文：Yale University Press, 1999 年)。伊丽莎白·斯特罗姆 (Elizabeth Strom)，"让我们来表演！在纳华克表演艺术和城市再生" (Let's Put On a Show! Performing Arts and Urban Revitalization in Newark)，《城市事件杂志》(Journal of Urban Affairs) 第 21 期 (1999 年)，第 423-436 页。

41. 南·埃琳 (Nan Ellin)，《后现代城市主义》(Postmodern Urbanism) (纽约：Princeton Architectural Press, 1999 年)，第 84 页。

42. 布莱尔·卡明 (Blair Kamin)，"湖畔的再开发" (Reinventing the Lakefront) 的第一部分 "构筑河岸线" (To Shape the Shoreline)，《芝加哥人权》(Chicago Tribune)，1998 年 10 月 26 日。

43. 同上。

44. 同上。

45. 参见爱德华·C·班菲尔德 (Edward C. Banfield) 的过时的、但仍臭名远扬的《不是天堂的城市》(The Unheavenly City) (波士顿：Little, Brown and Co., 1968 年)。

46. 简·雅各布斯，《美国大城市的生与死》，第 291-317 页。

47. 威廉·克莱本 (William Claiborne)，"住宅与城市开发局，芝加哥签署重建公共住宅" (HUD, Chicago Ink Deal to Reconstruct Public Housing)，《华盛顿邮报》，2000 年 2 月 6 日。

第 6 章 倡导性规划的奇特历程

1. 《埃瑞维欧，克利夫兰，俄亥俄州：中心街克利夫兰的城市更新规划》(纽约：I. M. Pei and Associates, 1961 年) 第 1 页。无论根据何种计算方法，在 20 世纪 50—60 年代克利夫兰都是在萎缩，而不是在发展。

2. 约翰·T·霍华德 (John T. Howard)，摘自梅尔·斯科特 (Mel Scott)，《1890 年以来的美国城市规划》(American City Planning since 1890) (布雷克勒：University of California Press, 1969 年)，第 481 页。

3. 保罗·E·彼得森 (Paul E. Peterson)，《城市边界》(City Limits) (芝加哥：University of Chicago Press, 1981 年)，第 25 页。

4. 梅尔·斯科特，《1890 年以来的美国城市规划》，第 615-616 页，第 617 页。

5. 《克利夫兰政策规划报告》(克利夫兰：City Planning Commission, 1975 年)。该项报告部分得到来自住宅与城市开发局的综合规划补助金的经费提供。

6. 同上，第 9 页。

7. 诺尔曼·克鲁姆霍尔茨 (Norman Krumholz)，"1969-1979 年克利夫兰公平规划的回顾性评论" (A Retrospective View of Equity Planning, Cleveland, 1969-1979)，《美国规划协会期刊》(Journal of the American Planning Association) 第 48 期 (1982 年春)，第 165、166 页。

8. 作者访问莱顿·K·沃什伯恩 (Layton K. Washburn) 时的纪录，1982 年 6 月 30 日。

9. 诺尔曼·克鲁姆霍尔茨，"1969-1979 年克利夫兰公平规划的回顾性评论"，《美国规划协会期刊》第 48 期 (1982 年春) 第 166、168 页。

10. 同上，第168页。

11. 《新城的申请议案：俄亥俄州沃伦岭》（克利夫兰：City of Cleveland, 1971年）。

12. 诺尔曼·克鲁姆霍尔茨，"1969~1979年克利夫兰公平规划的回顾性评论"，《美国规划协会期刊》第48期（1982年春）第170、171、172、173页。

13. 迈克尔·D·索尔金（Michael D. Sorkin），圆桌会议中讨论"城市与郊区"的发言，参见《哈华德杂志》（Harvard Magazine）第102期（2000年1、2月刊），第56页。

14. 艾伦·B·雅各布斯与唐纳德·阿普尔亚德（Donald Appleyard），"走向城市设计宣言"（Toward an Urban Design Manifesto），《美国规划协会期刊》第53期（1987年冬季刊），第112-120页。艾伦·B·雅各布斯与唐纳德·阿普尔亚德坚持认为，"在社会科学的实证主义影响下"，城市规划师"已经丢失了他们的信念"。

15. 卡尔文·特里林（Calvin Trillin），"密苏里州堪萨斯市一位普通的报道者"（A Reporter at Large, Kansas City, Mo.），《纽约人》（The New Yorker），1983年9月26日，第57页。

16. 马克·F·伯恩斯坦（Mark F. Bernstein）认为，虽然克利夫兰雄伟的雅各布斯运动场也许被分成各个运动项目售出，但以下的事情可能是不太被人知道：提供债务担保的古亚何卡县已经花费了2300万美元以上的资金来支付滞纳金，并且根据巴伦（Barron's）的观点，古亚何卡县不得不要再追加7000万美元以上的资金来支付下个16年。参见马克·F·伯恩斯坦的"运动场的废弃"（Sports Stadium Boondoggle），《公众利益》（The Public Interest）第132期（1998年夏季刊），第51页。

17. 理查德·莫（Richard Moe）与卡特·威尔基（Carter Wilkie），《更换场所：在城市向外蔓延发展的时代重建社区》（Changing Places：Rebuilding Community in the Age of Sprawl）（纽约：Henry Holt and Co., 1997年），第70页。

18. 在约翰·霍普金斯大学的研究者们对下一观点表示赞同：20世纪90年代像克利夫兰与巴尔的摩这样的城市如果能够再生简直是个神话。参见"政策学学生展示城市更新的神话"（Policy Students Debunk the Myth of Urban Revival），《网上公报》（The Gazette Online）：<http://www.jhu.edu/~gazette/1999/dec1399/13debunk.html>。

第7章 对"蔓延发展"的两次欢呼

1. 爱德华·贝拉米（Edward Bellamy），《回首往事（2000-1887年）》（Looking Backward, 2000-1887）（1888年；克利夫兰：World Publishing Co., 1945年）。

2. 罗伯特·菲什曼，《20世纪的城市乌托邦主义：埃比尼泽·霍华德、弗兰克·劳埃德·赖特与勒·柯布西耶》，第32-33页。

3. 同上，第32页。

4. 依照刘易斯·芒福德在《城市发展史》第475页的看法，伯恩维尔（Bournville）与太阳港（Port Sunlight）两个城镇，"在舒适度上可以与最新的最好的郊区相媲美"。

5. 亨利·乔治（Henry George），《进步与贫穷》（Progress and Poverty）（纽约，1879年）。

6. 罗伯特·菲什曼，《20世纪的城市乌托邦主义：埃比尼泽·霍华德、弗兰克·劳埃德·赖特与勒·柯布西耶》，第46页。

7. 埃比尼泽·霍华德的《明日的田园城市》（伦敦，1902年）。

8. 刘易斯·芒福德，《城市发展史》，第515页。

9. 罗伯特·菲什曼，《20世纪的城市乌托邦主义：埃比尼泽·霍华德、弗兰克·劳埃德·赖特与勒·柯布西耶》，第44页。

10. 刘易斯·芒福德，《城市发展史》，第515页。

11. 罗伯特·菲什曼，《20世纪的城市乌托邦主义：埃比尼泽·霍华德、弗兰克·劳埃德·赖特与勒·柯布西耶》，第24页。

12. 这些是"城镇—农村磁铁"的引力。参考《明日的田园城市》中的著名的图形。

13. 记得有弗兰克·劳埃德·赖特。参见罗伯特·菲什曼，《20世纪的城市乌托邦主义》第89-160页中有关赖特的布罗达卡城（Broadacre）的描述。

14. 刘易斯·芒福德，《城市发展史》，第518页。

15. 同上，第519页。

16. 罗伯特·菲什曼，《20世纪的城市乌托邦主义：埃比尼泽·霍华德、弗兰克·劳埃德·赖特与勒·柯布西耶》，第57页。

17．刘易斯·芒福德，《城市发展史》，第 522 页。

18．罗伯特·菲什曼，《20 世纪的城市乌托邦主义：埃比尼泽·霍华德、弗兰克·劳埃德·赖特与勒·柯布西耶》，第 67—69 页。

19．参见刘易斯·芒福德，《城市发展史》，插图 20。

20．罗伯特·菲什曼，《20 世纪的城市乌托邦主义：埃比尼泽·霍华德、弗兰克·劳埃德·赖特与勒·柯布西耶》，第 74、75 页。

21．刘易斯·芒福德，《城市发展史》，第 519 页。

22．罗伯特·菲什曼，《20 世纪的城市乌托邦主义：埃比尼泽·霍华德、弗兰克·劳埃德·赖特与勒·柯布西耶》，第 62 页。

23．理查德·T．莱盖茨（Richard T. LeGates）与弗雷德里克·斯托特（Frederic Stout）主编，《城市读者》（The City Reader）（伦敦：Routledge，1996 年），第 433 页。

24．罗伯特·菲什曼，《20 世纪的城市乌托邦主义：埃比尼泽·霍华德、弗兰克·劳埃德·赖特与勒·柯布西耶》，第 80 页。

25．刘易斯·芒福德，《城市发展史》，插图 51。较有说服力的、反对拉德布恩的死胡同的表述参见菲利浦·兰顿的《一个居住的好地方：重塑美国郊区》第 2 章。

26．贝奇，"雷德伯恩与美国的规划运动：一种理念的存在"，第 424 页。

27．勒·柯布西耶，《明日的城市及其规划》，弗雷德里克·埃特切斯（Frederick Etchells）翻译（纽约：Payson and Clarke，1929 年），第 168 页。田园城市思想被勒·柯布西耶借用，并构成了他对明日城市展望的很大一部分内容。

28．贝奇，"雷德布恩与美国的规划运动：一种理念的存在"，第 437 页。

29．根据克拉伦斯·S·斯坦（Clarence S. Stein）的观点，图格维尔（Tugwell）"是真诚信任埃比尼泽·霍华德的田园城市的"，参见克拉伦斯·S·斯坦，《走向美国的新城镇》（Toward New Towns for America）（坎布里奇：Technology Press，1957 年），第 120 页。

30．同上，第 122 页。

31．德博拉·沙伊曼·施普伦茨（Deborah Sheiman Shprentz），"马里兰州的绿带：保存有规划的历史性的社区"（Greenbelt，Maryland：Preservation of a Historic Planned Community），《CRM》第 22 期（1999 年），第 53 页。

32．威廉·H·威尔逊，《时代的到来：城市型美国，1915—1945 年》（Coming of Age：Urban America，1915-1945）（纽约：John Wiley，1974 年），第 160 页。

33．同上。

34．克里斯托弗·亚历山大（Christopher Alexander），"城市不是一棵树"（A City Is Not a Tree），第 1 部分与第 2 部分，《建筑广场》（Architectural Forum）第 122 期，第 1 卷（1965 年 4 月），第 58—62 页；第 2 卷（1965 年 5 月），第 58—61 页；引用文摘自第 59 页。

35．威廉·H·威尔逊，《时代的到来：城市型美国，1915—1945 年》，第 159 页。

36．查尔斯·F·刘易斯（Charles F. Lewis），《布尔基金报告》（Buhl Foundation report），1955 年 6 月 30 日。

37．同上。

38．刘易斯·芒福德，《城市发展史》，图 43。

39．简·雅各布斯，《美国大城市的生与死》，第 64 页。

40．克拉伦斯·S·斯坦，《走向美国的新城镇》，第 80 页。

41．同上，第 85 页。

42．同上。

43．这个时期的一些批评认为郊区发展是从银行家和强盗型资本家的束缚中解脱出来的一种手段。很难想像出比弗兰克·卡普拉（Frank Capra）的电影《这是精彩人生》（It's a Wonderful Life）的思考方法有更好的。

44．《查塔姆村》（Chatham Village），由查塔姆村家庭合作社出版，提供给未来的访问者们的村庄指南。

45．这项独创性工作来自杰尔德·L·伯克（Gerald L. Burke），《荷兰城镇的形成：关于从 10—17 世纪的城市发展的研究》（The Making of Dutch Towns：A Study in Urban Development from the Tenth to the Seventeenth Centuries）（伦敦：Cleauer-Hume Press，1956 年）。

46. 参见彼得·霍尔 (Peter Hall)，《世界城市》(The World Cities) 第2版 (纽约：McGraw-Hill, 1977年)，第87-117页。

47. 《弗勒伍兰：事实与数据》(Flevoland：Facts and Figures) (Lelystad, 荷兰：Ijsselmeerpolders Development Authority, 无日期)，第26页。

48. 同上。也可参见康拉德·范·德·沃尔 (Coenraad van der Wal) 的两本书：《埃塞尔湖区 (Ijsselmeerpolders) 的村庄：从 Slootdorp 到 Zeewolde》(Villages in the Ijsselmeerpolders：From Slootdorp to Zeewolde) (Lelystad, 荷兰：Ijsselmeerpolders Development Authority, 1985年)；《对共识的赞赏：一般性规划：Ijsselmeerpolders 的形态规划历史》(In Praise of Common Sense：Planning the Ordinary：A Physical Planning History of the Ijsselmeerpolders) (鹿特丹：010 Publishers, 1997年)。

49. 南·埃琳，《后现代城市主义》，第61页。

50. 摘自 P·波帕姆 (P. Popham) 的"隧道空想家"(A Tunnel Visionary)，《独立杂志》(The Independent Magazine)，1994年。也参见埃斯培斯·克鲁瓦塞 (Espace Croise)，《尤拉里尔：新城市中心的形成》(Euralille：The Making of a New City Center) (纽约：Princeton Architectural Press, 1996年)

51. 彼得·纽曼 (Peter Newman)，"国际都市的混合利用与排外性"(Mixed Use and Exclusion in the International City)，安蒂·科普兰 (Andy Coupland) 主编，《城市的再生：混合利用的发展》(Reclaiming the City：Mixed Use Development) (伦敦：E & FN Spon, 1997年)，第257页。

52. 本杰明·福尔基 (Benjamin Forgey)，"呼吸古老城镇的空气"(A Breath of That Old Town Atmosphere)，《华盛顿邮报》，1999年3月13日。

53. 詹姆斯·霍华德·孔斯特勒 (James Howard Kunstler)，"无居所的家庭"(Home from Nowhere)，《大西洋月刊》(Atlantic Monthly) 第278期 (1996年9月)，第43页。

54. 彼得·卡尔索普 (Peter Calthorpe)，《下一个美国大城市：生态、社区与美国人的梦想》(The Next American Metropolis：Ecology, Community, and the American Dream) (纽约：Princeton Architectural Press, 1993年)，第16页。

55. 本杰明·福尔基，"呼吸古老城镇的空气"。

56. 菲利浦·兰顿的《一个居住的好地方：重塑美国郊区》，第108-109页。

57. 詹姆斯·霍华德·孔斯特勒，《无定所的地理：美国人造景观的成长与衰落》(The Geography of Nowhere：The Rise and decline of America's Man-Made Landscape) (纽约：Simon and Schuster, 1993年)，第126-127页。

58. 参见詹姆斯·霍华德·孔斯特勒在《无定所的地理：美国人造景观的成长与衰落》中对海边沙滩进行的富有想像力的处理。

59. 詹姆斯·霍华德·孔斯特勒，"无居所的家庭"，第61页。

60. 休·李曼 (Sue Leeman)，"查尔斯王子在乡村哈蒂建设理想村庄"，《标准时代》(Standard-Times)，1997年3月19日。

61. 新的城市规划师们的社区正在成为旅行者们的目的地。在克里尔 (Krier) 的海边住宅附近，克利尔立下了一块告示："很荣幸您有兴趣于建筑，但请不要妨碍我们的客人。"

62. 沃伦·霍格 (Warren Hoge)，"欢迎来到查利维尔，一个有相当生命力的规划 (Welcome to Charleyville, a Princely Living Plan)，《国际先驱论坛报》(International Herald-Tribune)，1998年6月18日。

63. 同上。

64. 休·李曼，"查尔斯王子在乡村哈蒂建设理想村庄"。

65. 沃伦·霍格，"欢迎来到查利维尔，一个有相当生命力的规划"。

66. 新城市主义更多的应归功于西特 (Sitte) 的工作。在他的著名的《都市计划》(Der Stadtebau) (1889年)，这位奥地利人"把他的主要精力集中在众多古老城市的非几何的、不断增加的城市纹理上，他的工作更多是增加对小范围徒步环境的鉴赏，强调对各种各样的形状的需要、对中断视野的需要、对私有圈地的需要。诺尔马·埃文森 (Norma Evenson)，《巴黎：变化的时代, 1878-1978年》(纽黑文：Yale University Press, 1979年)，第22页。

67. 文森特·斯卡利 (Vincent Scully)，"海边与纽黑文"(Seaside and New Haven)，亚历克斯·克雷格 (Alex Krieger) 主编，《安德烈斯·杜安尼与伊丽莎白·普拉特：城镇与城镇形成原则》（Andres Duany and Elizabeth Plater-Zyberk：Towns and Town-Making Principles）（纽约：Rizzoli，1991 年），第 20 页。

68．本杰明·福尔基，"呼吸古老城镇的空气"。他同时也主张，新城市主义仍然太局限于外部郊区，如此可能被人们认为它是在推进城市的摊大饼现象。参见文森特·斯卡利，"海边与纽黑文"。

69．彼得·卡尔索普，《下一个美国大城市：生态、社区与美国人的梦想》，第 16 页。

70．菲利浦·兰顿的《一个居住的好地方：重塑美国郊区》，第 209 页。

71．理查德·莫与卡特·威尔基，《更换场所：在城市向外蔓延发展的时代重建社区》，第 226 页。

72．刘易斯·芒福德写道，"工业生产开始把奢侈品作为展览来利用；大批量生产开始了，它们不是必需品，而是上层阶级的奢侈品的廉价仿造品，比如说 18 世纪伯明翰珠宝或者 20 世纪汽车的廉价仿造品"。刘易斯·芒福德，《城市发展史》，第 101 页。

73．理查德·莫与卡特·威尔基，《更换场所：在城市向外蔓延发展的时代重建社区》，第 30 页。

74．彼得罗·S·尼沃拉（Pietro S. Nivola），"为城市摊大饼提供方法（Make way for Sprawl）"，《华盛顿邮报》，1999 年 6 月 1 日。

75．根据新城市主义的一位批评家，这样的倒退是被众多的残酷事实所虐待的理论家们的声音。参见乔尔·加罗（Joel Garreau），《抵制城市摊大饼》（Up against the Sprawl），2000 年 5 月 7 日。

76．布拉德·埃德蒙森（Brad Edmondson），"移民国家"（Immigration Nation），《保存》第 52 期（2000 年 1、2 月合刊），第 32 页。

77．同上，第 31、32 页。

第 8 章 政府何时才敢有梦想

1．亚历克西斯·德·托克维尔（Alexis de Tocqueville），《旧制度与法国革命》（The Old Regime and the French Revolution）（纽约，田园城市：Doubleday Anchor，1955 年），第 73 页。

2．彼得·霍尔，《文明城市》（Cities in Civilization）（纽约：Pantheon，1998 年），第 24 章。

3．同上，第 717、725、726 页。

4．按照刘易斯·芒福德的提法，奥斯曼（Haussmann）针对空气污染和公众卫生的、大胆而巧妙的处理，"必须得到充分的敬意"。参见刘易斯·芒福德，《城市发展史》，第 478 页。这个赞词也展现了刘易斯·芒福德已经是一位彻底的、优秀的城市规划师。然而，简·雅各布斯对这件事的看法则不同，与常理相遇："理解城市与城市公园相互影响的关系的第一步是，抛弃实际存在的利用与想象中的利用之间的混淆——例如，'公园是城市的肺'这个无意义的科学幻想。吸收四个人因为呼吸、烹调和供热而产生的二氧化碳，需要花费 3 英亩（合 1.2 公顷）的树林。是我们周围的大气循环，而不是公园使得我们免于遭受窒息的环境。"简·雅各布斯，《美国大城市的生与死》，第 91 页。

5．唐纳德·J·奥尔森（Donald J. Olsen），《作为艺术作品的城市：伦敦、巴黎、维也纳》（The City as a Work of Art：London, Paris, Vienna）（纽黑文：Yale University Press，1986 年），第 44 页。

6．西格弗里德·吉迪恩（Sigfried Giedion），《空间、时间与建筑：新传统的发展》（Space, Time, and Architecture：The Growth of a New Tradition），第 5 版（坎布里奇：Harvard University Press，1967 年），第 775 页。

7．彼得·霍尔，《文明城市》，第 744 页。

8．同上，第 745 页。

9．作为管理的一种方法，与"非核心化"（decentralization）相比较，"分散"（deconcentration）被描述成为在手握榔头柄卡住之后，仍用同一个榔头去敲平。

10．彼得·霍尔，《世界城市》，第 53-86 页。

11．A·达马尼亚克（A. Darmagnac），《埃夫里》（Evry）（向 1976 年赫尔辛基国际住宅规划协会第 33 届大会提出的论文），第 34 页。就像 A·达马尼亚克指出的一样，"埃夫里工程被爽快地委任到这样一个目的：发现真实的城市生活"（参见第 29 页）。

12．詹姆斯·M·鲁宾斯坦（James M. Rubenstein），《法国新城镇》（The French New

Towns）（巴尔的摩：Johns Hopkins University Press，1978年），第151页。

13. 同样的思考方法使得耍杂表演师与吞火魔术师可以在蓬皮杜中心(the Pompidou Center)的外部广场进行表演。

14. A·达马尼亚克，"埃夫里"，第34页。

15. 詹姆斯·M·鲁宾斯坦，《法国新城镇》，第152页。

16. 同上。

17. 另一方面，这样的经验可以在打破对欧洲城市的幻想起到作用；就像勃格（Pogo）曾经提到过的一样，我们找到了范本，它们就是我们的范本。

18. 劳埃德·罗德文 (Lloyd Rodwin)，"关于城市规划师的幻想"(On the Illusions of City Planners)，劳埃德·罗德文主编，《城市和城市规划》(Cities and City Planning)（纽约：Plenum，1981年），第229页。

19. 刘易斯·芒福德，《城市发展史》，第364页。

20. 同上，第390页。

21. 理查德·克劳特海默 (Richard Krautheimer)，《亚历山大七世的罗马》(The Rome of Alexander VII)（普林斯顿：Princeton University Press，1985年），第114~125页。

22. 引自约翰·W·雷普斯，《美国城市的形成：美国城市规划的历史》，第257页。

23. 引自刘易斯·芒福德，《城市发展史》，第407页。

24. 对这个课题的权威性研究有：约翰·W·雷普斯的《划时代的华盛顿市：首都中心的规划与发展》(Monumental Washington：The Planning and Development of the Capital Center)（普林斯顿：Princeton University Press，1967年）。另外也可参见卡尔·阿波特 (Carl Abbott)，《政治范围：华盛顿特区，从滨海小镇到世界级大城市》(Political Terrain：Washington, D. C., from Tidewater Town to Global Metropolis)（查普尔西尔：University of North Carolina Press，1999年）。

25. 刘易斯·芒福德，《城市发展史》，第406页。

26. 林西·莱顿 (Lyndsey Layton)，"大都市的地下水"(Water in Metro's Basement)，《华盛顿邮报》，2000年7月13日。

27. 有人怀疑，走进列车就立即停下来的人是属于这样的人：他们一旦越过通向令人向往的郊外家园的吊桥时，他们就会立即把吊桥推倒。

28. M·克里斯蒂娜·鲍耶尔 (M. Christine Boyer)，《梦想理性城市：美国城市规划的神秘》(Dreaming the Rational City：The Myth of American City Planning)（坎布里奇：MIT Press，1983年）。

29. 弗朗西斯·福山 (Francis Fukuyama)，《大分裂：人类文化与社会秩序的再构筑》(The Great Disruption：Human Culture and the Reconstitution of the Social Order)（纽约：Free Press，1999年），第144页。

30. 同上。

31. 安托瓦内特·J·李 (Antoinette J. Lee)，《国家的建筑师们：监理建筑师事务所的盛衰》(Architects to the Nation：The Rise and Decline of the Supervising Architect's Office)（纽约：Oxford University Press，2000年），第149~155页。

32. 帕梅拉·斯科特 (Pamela Scott) 与安托瓦内特·J·李，《哥伦比亚区的建筑》(Buildings of the District of Columbia)（纽约：Oxford University Press，1993年），第170页。

33. 罗伯塔·布兰德斯·格拉茨 (Roberta Brandes Gratz)，《有生命力的城市：城市居民怎样通过避大求小的思考方法来再生美国住区和中心商业区》(The Living City：How Urban Residents Are Revitalizing Americas Neighborhoods and Downtown Shopping Districts by Thinking Small in a Big Way)（纽约：Simon and Schuster，1989年），第43页。

34. 帕梅拉·斯科特与安托瓦内特·J·李，《哥伦比亚区的建筑》，第170页。

35. 麦克·可勒利 (Mike Cleary)，"带有偏好的指令中止了老邮政办公楼分馆的转让"(Charges of Favoritism Halt Old Post Office Pavilion Negotiations)，《华盛顿邮报》1998年10月9日。

36. 华盛顿中心区是为耍杂表演师与吞火魔术师而准备的吗？

第9章 大英图书馆——从大规划灾难到尘埃落定

1. 彼得·霍尔，《大规划灾难》（伯克利：University of California Press，1982年）。

2. 也许即使是彼得·霍尔也没有能够想像到有像洛杉矶高速公路这样愚蠢的工程。参见罗杰·K·刘易斯（Roger K. Lewis），"洛杉矶高速公路的经验可能有助于让哥伦比亚特别区走向正轨"（L. A. Subway Experience Can Help Get D. C. on Track），《华盛顿时报》，2000年7月15日。

3. 彼得·霍尔，《大规划灾难》，第171页。

4. 同上，第176页。

5. 同上，第182页。

6. 同上，第183页。

7. 同上。

8. 一个归功于威尔逊的见解，参见罗伯特·维尼克（Robert Wernick），"书、书、书、我的主啊！"，《史密森协会会刊》（Smithsonian）第28期（1998年2月），第84页。

9. 《欢迎》（Welcome），由英国图书馆出版的一本指南。

10. 同上。

11. 《阅览室的利用》（Using the Reading Room），由英国图书馆出版的一本指南。

12. 柯林·圣约翰·威尔逊（Colin St. John Wilson），《英国图书馆的设计与建设》（The Design and Construction of the British Library）（伦敦：British Library，1998年），第7页。

13. 罗伯特·维尼克，"书、书、书、我的主啊！"。

14. 《欢迎》，由英国图书馆出版的一本指南。

15. 摘自罗伯特·维尼克，"书、书、书、我的主啊！"。

16. 同上。

17. 摘自温迪·劳-容（Wendy Law-Yone），"来自伦敦的信"（Letter from London），《华盛顿邮政图书世界》（Washington Post Book World），1998年3月1日。

18. 柯林·圣约翰·威尔逊，《英国图书馆的设计与建设》，第39—41页。

19. 马丁·费勒提醒我们，勒·柯布西耶也被远洋船上部构造的实用形式所迷住，认为他的航海资料成为迈耶的盖蒂（Meier's Getty）博物馆的重要历史纪录。马丁·费勒，"大洛库坎蒂山"，《纽约图书评论》第44期（1997年12月18日），第29页。帕欧罗·索勒里（Paolo Soleri）应该被加入到这个航海会，他认为远洋船就是"纯粹由规划而形成的城市（arcology）的祖先。它和城市的共同特征是：紧凑且又边界；作为一个有机体有着充分的功能，这个有机体即使不能满足人类几乎所有的要求，也能够满足其中大多数"。帕欧罗·索勒里，"纯粹由规划而形成的城市：人类想像中的城市"（Arcology：The City in the Image of Man），理查德·T·勒格特斯与弗雷德利克·施托特主编《城市读者》，第456页。

20. 柯林·圣约翰·威尔逊，《英国图书馆的设计与建设》，第41页。

21. 同上，第7页。

22. 布赖恩·朗（Brian Lang），"实体与虚拟：变化的图书馆"（Bricks and Bytes：Libraries in Flux），《代达罗斯》（Daedalus）第125期（1996年秋），第224页。

23. 同上。

24. 柯林·圣约翰·威尔逊，《英国图书馆的设计与建设》，第18页。

25. 同上，第30页。

26. 温迪·劳-容，"来自伦敦的信"，第15页。

27. 无论是有益还是有害，蓬皮杜中心都是一个震撼性的存在。马丁·费勒写道，"蓬皮杜中心自开馆以来的22年间，与其说它看起来是建筑标志——在马莱区（Marais quarter）的中心地段，炼油厂造型的超乎寻常的想像仍如以往一样让人感到不安——不如说是艺术博物馆向大众游乐场转变的一个纪念物"。马丁·费勒，"走钢丝"（High Wire Acts），《纽约图书评论》第46期（1999年2月4日），第27—32页。

28. 马克斯·佩奇（Max Page），"失乐园"（Paradise Lost），《保存》第51期（1999年5、6月合刊），第61页。

29. 马克斯·佩奇指出，英国图书馆的"红砖煤仓的外观使得它的邻居、即最后被保存下来的19世纪的火车站之一潘克拉斯（Pancras）路车站相形见绌"。参见同上。

30. 温迪·劳-容，"来自伦敦的信"，第15页。

31. 彼得·霍尔，《大规划灾难》，第184页。

32. 柯林·圣约翰·威尔逊，《英国图书馆的设计与建设》，第27页。

33. 克莱尔·唐尼（Claire Downey），"像一本打开的书一样阅读新巴黎图书馆"（The New Paris Library Reads Like an Open Book），《建筑实录》（Architectural Record）第183期（1995年12月），第19页。

34. 安·兰蒂（Ann Landi），"大图书计划"（Great Books Program），《艺术新闻》（Art News）第94期（1995年夏），第61。福尔杰·莎士比亚图书馆的沃纳·甘德谢玛（Werner Gundersheimer）馆长曾经写道：新的法国国家图书馆的功能"将主要取决于各种各样的、检验了的和未检验的技术。这些技术将必须在几乎所有的时候高效率地把某一特定的图书发送给需要它的读者"。《福尔杰新闻》（Folger News）（1996年秋），第2页。

35. 曼弗雷多·塔夫里（Manfredo Tafuri），《建筑的理论与历史》（Theories and History of Architecture）（纽约：Harper and Row，1976年），第96页。

36. 帕特里斯·伊戈内（Patrice Higonnet），"塞纳河上的丑闻"（Scandal on the Seine），《纽约图书评论》第38期（1991年8月15日），第32页；帕特里斯·伊戈内，"令人伤心的图书馆"（The Lamentable Library），《纽约图书评论》第39期（1992年5月14日），第43页。

37. 帕特里斯·伊戈内，"塞纳河上的丑闻"，第32页。

38. 引自帕特里斯·伊戈内，"令人伤心的图书馆"，第43页。

39. 克莱尔·唐尼，"像一本打开的书一样阅读新巴黎图书馆"，第19-21页。

40. 帕特里斯·伊戈内，"塞纳河上的丑闻"，第32页。

41. 同上。

42. 同上。

43. 克莱尔·唐尼，"像一本打开的书一样阅读新巴黎图书馆"，第21页。

44. 摘自安·兰蒂，"大图书计划"，第61页。

45. 同上。

46. 帕特里斯·伊戈内，"塞纳河上的丑闻"，第32页。

47. 一位敏感的评论家南·埃琳曾经写道，米特兰德（Mitterrand）工程可以追溯到一种根深蒂固的传统理念，即不考虑事物的上下关系、不考虑社会反响的传统理念。参见南·埃琳，《后现代城市主义》，第50页。

48. 虽然我的家乡在这次赌注中没有获得任何益处。建设不久将从在维吉尼亚州亚历山大市的伍德罗·威尔逊桥开始，它是位于纽约与佛罗里达之间的主要交通干道I－95关键节点上的一座吊桥，被设想用来解决这条干道的交通混乱。

49. 参见霍尔的《城市与文明》（Cities and Civilization）第908-916页关于在撒切尔改革中赫塞尔廷（Heseltine）所起的作用的论述。

50. "从零开始的庆祝"（Zero-Based Celebrations），《经济学家》（The Economist），1998年4月18-24日，第113页。

51. 理查德·詹金斯（Richard Jenkyns），关于《质询千年：通向准确倒计时的一个合理的指南》（Questioning the Millennium：A Rationalist's Guide to a Precisely Arbitrary Countdown）（这本书的作者为斯特芬·杰伊·考尔德Stephen Jay Gould）的评论，《纽约图书评论》第45期（1998年5月28日），第4页。

52. 亚当·谢尔文（Adam Sherwin），"摇摇晃晃中的步行队伍"（Crowds Queue for a Walk on the Wobbly Side），《时代周刊》，2000年6月12日。

53. 罗斯·科华德（Ros Coward），"孤独的穹顶"（Dome Alone），《保护者》（The Guardian），1999年12月21日。

54. "从零开始的庆祝"，第113页。

55. 理查德·詹金斯，关于《质询千年：通向准确倒计时的一个合理的指南的评论》，第4页。乔治·华尔登（George Walden），"规则冷漠无情的英国"（Cool Rules UK），《泰晤士报文学副刊》（Times Literary Supplement），第4967期（1998年6月12日），第14-15页。同时，围绕着千禧穹顶周围的开发，一项竞标被举行。参见《格林威治半岛：21世纪的调查》（Greenwich Peninsula：Investing in the Twenty-first Century）（伦敦：Greenwich Peninsula Development Office，无出版日期）；或者理查德·罗杰斯

(Richard Rogers),《小行星城市》(Cities for a Small Planet)(伦敦:Faber and Faber,1997年)。

56. 詹姆斯·芬顿(James Fenton),"伦敦的新左岸"(London's New Left Bank),《纽约图书评论》第47期(2000年7月20日),第26页。

57. 安德烈亚斯·惠坦·史密斯(Andreas Whittam Smith),《千禧穹顶关闭之前的傲慢》(The Pride That Came before the Fall of the Dome),《独立》(Independent),2000年11月13日。

第10章 加宽城市的大门

1. 简·雅各布斯,《美国大城市的生与死》,第150页。

2. 同上,第48—50、45、264—265页。主要干线道路、住宅工程与工业园区是属于引起周围地区出现了孤立地带的、其他的"大规模的特殊土地利用"(参见第265页)。

3. 同上,第267页。

4. 权威性的著作是保罗·维纳布尔·特纳(Paul Venable Turner)的《大学校园:美国的规划传统》(Campus:An American Planning Tradition)(平装本第2版)(坎布里奇:MIT Press,1995年)。翻阅保罗·维纳布尔·特纳的这本书,不去看校园本身,而是去注意由设计师们对它们构筑的关系——也就是说,不是看照片,而是看它们的框架——这将是令人愉快的工作。我的个人偏好是插图254,它是密斯·凡·德·罗为伊利诺伊州技术学院编制的规划图,实际上是一张布置在周边地块图片上的三维模型——巨石般的校园似乎对它周围的城市组成部分不会产生任何影响。像荷兰新镇奥尔梅·黑文(Almere-haven)一样,伊利诺伊州技术学院正在让莱姆·库哈斯(Rem Koolhaas)对它的校园进行重建。

5. 根据《大学指南》(Prospectus)(1996年版),圣安德鲁斯大学(St.Andrews)"不是一个校园式的大学"。

6. 鲁塞尔·柯克(Russell Kirk),《圣安德鲁斯》(伦敦:B. T. Batsford,1954年),第24页。圣安德鲁斯和坎特伯雷(Canterbury)拥有着教会城市的特殊地位,但是一个修道院成为中世纪城镇的核心并不是件普遍的事情。刘易斯·芒福德的一个著名的论点是,在10世纪之后的欧洲,修道院是促进城市化进程的一个独一无二的、最重要的动力。刘易斯·芒福德,《城市发展史》,第246—261页。

7. 简·雅各布斯认为,健康的城市有机体的一个标志是街道和路巷的成长趋势,它是一个典型的混合模式——如果它不是明显合理的模式——的结果。简·雅各布斯,《伟大的美国城市的生与死》,第185页。

8. 鲁塞尔·柯克,《圣安德鲁斯》,第29页。原被称为"Swallowgait"的小径现在作为"The Scores"为世人所知。

9. 同上,第24页。

10. 罗纳尔德·戈登·坎特(Ronald Gordon Cant),《圣安德鲁斯大学:短暂的历史》(The University of St. Andrews:A Short History)(圣安德鲁斯:St. Andrews University Library,1992年)。

11. 阿兰·B·科班(Alan B. Cobban),"中世纪英国大学:1500年之前的牛津与剑桥"(The Medieval English Universities:Oxford and Cambridge to c. 1500)(伯克利:University of California Press,1988年),第2页。

12. 同上,第30页。

13. 鲁塞尔·柯克,《圣安德鲁斯》,第71页。

14. 保罗·维纳布尔·特纳,《大学校园:美国的规划传统》,第3、15页。

15. 鲁塞尔·柯克,《圣安德鲁斯》,第30页。石头战胜木头这一胜利——英国人把它看作"伟大的建筑改进"(the Great Rebuilding)——来得太晚了。斯科特兰·J·B·杰克逊(Scotland J.B. Jackson)认为它是神的恩赐:"在处理房屋的不卫生的过程中,中世纪的农村住宅有着相当大的灵活性和可动性——它们不仅能够被拆卸然后在其他地方进行组装,而且它们能够很轻易地改变功能,改变租借人。如果它们的寿命短暂,经常性的替换将被允许。当旧房子被拆卸时,新的一个将可能更好更卫生。最后,住房的临时性、材料的廉价都有可能意味着在庄稼欠收时,在战争爆发时,在地主变得更加苛刻时,住房可以轻易地被放弃"。约翰·布林科霍夫·杰克逊,《看得见的景观:观察美国》,第215—216页。

16. 约翰·M·皮尔森（John M. Pearson），《圣安德鲁斯导游》（A Guided Walk round St. Andrews）（勒文，菲福：Levenmouth Printers，1992年），第39页。

17. 罗纳尔德·戈登·坎特，《圣安德鲁斯大学：短暂的历史》，第37页。

18. 大学的自律是一个跨越几个世纪的课题。例如，一个共同的大学图书馆的设立直到17世纪早期才得以实现。1747年，国会的一个条例使得圣萨尔瓦托（St. Salvator）学院和圣莱昂纳德（St. Leonard）学院组合成为一个"联合学院"，而圣玛丽（St. Mary）学院的神学系则成功地反对学院合并一直到最近的1953年。

19. 鲁塞尔·柯克，《圣安德鲁斯》，第85—86页。

20. 罗纳尔德·戈登·坎特，《圣安德鲁斯大学：短暂的历史》，第49页。

21. 保罗·维纳布尔·特纳认为，牛津和剑桥也"经历过教育的成长期"，保罗·维纳布尔·特纳的《大学校园：美国的规划传统》，第15页。

22. 罗纳尔德·戈登·坎特，《圣安德鲁斯大学：短暂的历史》，第74页。

23. 同上，第77页。

24. 同上，第78、80—81、82页。

25. 同上，第91、92页。

26. 例如，焚烧巫女的仪式（Witch Burnings）。鲁塞尔·柯克报道过，在菲福（Fife）的1643年数个月的短暂时期内，有大约40个女巫被烧死了，其中大部分是在圣安德鲁斯城。鲁塞尔·柯克，《圣安德鲁斯》，第125页。

27. 罗纳尔德·戈登·坎特，《圣安德鲁斯大学：短暂的历史》，第95页。

28. 同上，第96页。

29. 存留下来的大学和城镇之间的同一政府的模式被展现在一位学生的故事里。这位学生"同城镇居民以及大学里的人们"一起转向于支持斯图亚特暴动。"当暴动接近被镇压时，这位学生亚瑟·罗斯（Arthur Ross）有足够的解决方法来获得爱尔兰总督的指令，但是在城镇外围的小圣尼古拉斯城的浅滩，他把手枪指向政府的使者；他还是被希腊的教授判为遭受鞭打，并被驱逐出圣莱昂纳德学院和罚款12英镑"。鲁塞尔·柯克，《圣安德鲁斯》，第150页。

30. 罗纳尔德·戈登·坎特，《圣安德鲁斯大学：短暂的历史》，第100页。

31. 鲁塞尔·柯克，《圣安德鲁斯》，第153页。

32. 罗纳尔德·戈登·坎特，《圣安德鲁斯大学：短暂的历史》，第111—112页。

33. 同上，117页。

34. 有人猜测，这种情况部分是由于"居住空间中大厅的消退"。鲁塞尔·柯克，《圣安德鲁斯》，第158页。

35. 罗纳尔德·戈登·坎特，《圣安德鲁斯大学：短暂的历史》，第119页。以邓肯·迪尤尔（Duncan Dewar）为例来考察一下，他是一位1819—1827年的学生，"像他的时代的其他学生一样，他在城镇内租借了一间住房，廉价而且舒适，在6个月的就读期间（从10月底至第二年5月初）花费14英镑，并且得到免费的伙食。"参见同上，第124页。

36. 鲁塞尔·柯克，《圣安德鲁斯》，第148页。"1556年，圣安德鲁斯自治政府为土地税支付了410英镑，然而到1695年，则仅支付了72英镑"，并且这种情况仍然还没有达到最低额度。参见同上。

37. 同上，第157页。罗纳尔德·戈登·坎特哀叹："在圣安德鲁斯，再也看不到走向巴特斯（Butts）的威武雄壮的游行队伍、穿着传统华丽服装的射箭手，看不到更加热闹的凯旋、在拉拉队和对手的朋友们所在的房子外面进行的一齐放箭，看不到在胜利者的房间里所举行的庆功宴，他的银色奖杯本来将和他的其他奖品一起挂在箭的上面"。同上，第112页。

38. 约翰·布林科霍夫·杰克逊引用约翰·赫伊津哈（Johan Huizinga）的话，城市的射箭比赛通常是在一个神圣的地方举行，"周围用树篱围住，在里面有着特殊的竞赛规则，竞赛被神圣化"，约翰·布林科霍夫·杰克逊，《看得见的景观：观察美国》，第11页。

39. 鲁塞尔·柯克，《圣安德鲁斯》，第149页。关于这个奇怪的论题的权威性资料有罗伯特·达恩顿（Robert Darnton），《在法国文化历史上的猫虐待以及其他事件》（The Great Cat Massacre and Other Episodes in French Cultural History）（纽约：Basic Books，1984年）。

40. 罗纳尔德·戈登·坎特，《圣安德鲁斯大学：短暂的历史》，第142页。

41. 鲁塞尔·柯克，《圣安德鲁斯》，第168页。

42. 同上。

43. 同上。

44. 例如，他"把东布伦巷（East Brun Wynd）改建为修道院街（Abbey Street），把柯克巷（Kirk Wynd）改建为教堂街（Church Street），巴克斯特巷（Baxter Wynd）改建为巴克大道（Baker Lane），等等"。同上，第180页。

45. 同上，第140页。

46. 可能这更像是一个冲击。专业课程的导入是相当困难的，因为圣安德鲁斯大学总是致力于艺术和自然科学，致力于神学。事实上，支持先进教育的最雄辩的演说之一，是由当时的圣安德鲁斯大学校长约翰·斯图亚特·穆勒（John Stuart Mill）发表的："在成为律师、物理学家、商人、制造业者之前，人就是人，如果你把他们教育成有能力的、有智慧的人，他们将会使自己变成为有能力的、有智慧的律师或者物理学家。" 约翰·斯图亚特·穆勒，《在圣安德鲁斯大学的就任演说》（Inaugural Address Delivered to the University of St. Andrews），1867年2月1日（伦敦：Longmans，Green，Reader，and Dyer，1867年），第4页。

47. 在邓迪（Dundee）的既天才又年轻教员中，有帕特里克·格迪斯（Patrick Geddes）（后封为帕特里克），他是一位怪僻的生物学家，后来成为现代城市规划奠基人之一。参见海伦·梅勒尔（Helen Meller），《帕特里克·格迪斯：社会改革家和城市规划师》（Patrick Geddes: Social Evolutionist and City Planner）（伦敦：Routledge，1990年），在20世纪20年代期间他是年轻的刘易斯·芒福德的指导老师。

48. 罗纳尔德·戈登·坎特，《圣安德鲁斯大学：短暂的历史》，第169页。

49. 肯尼思·多弗（Kenneth Dover），《页边评论：一个回忆录》（Marginal Comment: A Memoir）（伦敦：Duckworth，1994年），第84页。

50. 罗纳尔德·戈登·坎特，《圣安德鲁斯大学：短暂的历史》，第180页。

51. 关于在安德鲁·梅尔维尔大楼（Andrew Melville Hall）开发中肯尼思·多弗自己所起的作用，肯尼思·多弗几乎没有告诉我们，除了说他的建筑师经历是"不愉快的"这一点之外。肯尼思·多弗，《页边评论：一个回忆录》，第98页。学生们似乎讨厌安德鲁·梅尔维尔大楼这个地方。

52. 作为比较，来看一下詹姆斯·霍华德·孔斯特勒（James Howard Kunstler）关于他的大学生活的评论，他的大学生活是在纽约州立大学布克泊特分校（SUNY-Brockport）度过的：在那里学生们"一个真正的城镇里所提供的东西给予了高度评价"。纽约州立大学布罗克泊特分校是按照人的尺寸，而不是按照汽车的尺寸来布置的。在它的共同利用社区里有着各种活动，舒适的感觉能够很轻易地被发现……我们热爱校园外我们的集体宿舍，它们是19世纪的房子，沿着树木成荫的街道排列或者建造在商业中心的店铺上层。我们喜欢在街上和人们交往，喜欢在走路或骑车上学的路上与朋友们会合。我们喜欢深夜小镇的平静与安宁。在这个小镇的生活经历中校园是第二位的——它仅仅是放在停车场这个海洋中的、人造的现代化的、用砖块砌成的一个盒子，一个神秘的孤岛。参见詹姆斯·霍华德·孔斯特勒，《无定所的地理：美国人造景观的成长与衰落》，第14-15页。

53. 《学校指南》，第35页。

54. 克里斯托弗·亚历山大，《城市不是一棵树》第二部分，第59页。

55. 关于"自然型城市"，克里斯托弗·亚历山大认为它们或多或少是自发型的城市（他指出有锡耶纳、利物浦等一些城市）。关于"人工型城市"，他举例有"勒比托唐（Levittown），昌迪加尔（Chandigarh）和英国新镇"之类的地方。同上，第一部分，第58页。

56. 同上，第二部分，第59页。

57. 肯尼思·多弗，《页边评论：一个回忆录》，第88、89页。

58. 罗纳尔德·戈登·坎特，《圣安德鲁斯大学：短暂的历史》，第100页。

59. 鲁塞尔·柯克认为，虽然这所大学没有像它被要求的那样在正统这一目的上做得更好，但是它成功地保持了圣安德鲁斯镇在宗教时代上的连续性——在正统上达到很高的成就。鲁塞尔·柯克，《圣安德鲁斯》，第68页。

60. 罗纳尔德·戈登·坎特，《圣安德鲁斯大学：短暂的历史》，第69页。

61. 1997年秋，政府在英国各大学采取了一项管理学费的政策，入学苏格兰大学的当地学生被免去一年的学费。根据《高等教育纪事周刊》（Chronicle of Higher Education），全国学生协会预计，这条政策将"让过多依赖外来学生的苏格兰的大学遭受挫折"，比如圣安德鲁斯大学。参见"公文递送箱"(Dispatch Case),《高等教育纪事周刊》,第21期(1997年11月21日)。

62. 罗纳尔德·戈登·坎特,《圣安德鲁斯大学:短暂的历史》,第89页。

63. 鲁塞尔·柯克,《圣安德鲁斯》,第169页。

64. 就像杰克逊曾经说过的一样,对一个地方的认知是在不断重复举行的活动中得以加强的。约翰·布林科霍夫·杰克逊,《地方的意义,时间的意义》(A Sense of Place, A Sense of Time)(纽黑文:Yale University Press, 1994年),第152页。

第11章 虚拟城市和我们的城镇

本章的一部分引自肯尼思·科尔森(Kenneth Kolson)的"虚拟城市的政治"(The Politics of SimCity),《PS:政治学与政治》(Political Science & Politics) 第29期(1996年3月),第43-46页。

1. 罗伯特·A·卡罗(Robert A.Caro),《幕后操纵者:罗伯特·摩西与纽约的衰落》(纽约:Vintage, 1975年)。

2. 虚拟城市是名叫Maxis的加州软件公司的一个产品。它的1994年版被取名为虚拟城市2000,销售量达到数百万份。《华盛顿时报》的一份调查总结了这份虚拟城市的吸引力有如下几条:"当孩子们长大已经不能满足于勒格公司(Lego,美国一玩具公司——译者注)的产品,开始理解到他们所处的社会是一个脆弱而复杂的生态系统时,这就是他们转向于虚拟城市的时候……虚拟城市的玩家作为一个城市的市长,对城市的每一个方面都有责任:规划建筑物、建设基础设施、决定政府的组织形式、设计住区、制定纳税政策……当你的孩子的价值观和目标被联系到各自的城市里面时,对于他们自己到底是谁和他们怎样才能适应周围的世界这些问题,他们就将得到一个较好的理解。"最新的版本是虚拟城市3000。虚拟城市有可能是美国人对机械的另一个嗜好。参见霍华德·西格尔(Howard Segal),《美国文化的技术乌托邦主义》(Technological Utopianism in American Culture)(芝加哥:University of Chicago Press, 1985年);彼得·培根·赫尔(Peter Bacon Hale),"冥想II:37街区的两种模型(Meditation II:Two Models for Block 37)",伯布·索尔(Bob Thall)主编,《完美城市》(The Perfect City)(巴尔的摩:Johns Hopkins University Press, 1994年)第15-31页。

3. 迈克尔·布雷默(Michael Bremer),《Windows版的虚拟城市,使用者手册》(SimCity for Windows, User Manual)(欧林达,加州:Maxis, 1989年),第6页。

4. 保罗·斯塔尔(Paul Starr),"虚拟的诱惑:作为模拟游戏的政策"(Seductions of Sim:Policy as a Simulation Game),《美国展望》(The American Prospect),第17期(1994年春),第25页。

5. 约翰尼·L·威尔逊(Johnny L. Wilson),《虚拟城市规划委员会手册》(The SimCity Planning Commission Handbook)(伯克利:Osborne McGraw-Hill, 1991年),第68页。

6. 马克·肖恩(Mark Schone),"在一天内建好罗马"(Building Rome in a Day),威尔·赖特(Will Wright)与弗莱德·哈斯兰(Fred Haslam)的《虚拟城市2000》的评论,《村庄之声》(The Village Voice), 1994年5月31日。

7. 迈克尔·布雷默,《虚拟城市2000使用者手册》(SimCity 2000 User Manual),(欧林达,加州:Maxis, 1993年),第116页。

8. 丽萨·西曼(Lisa Seaman),"取消我的任命——直到2000年"(Cancel My Appointments-'til the Year 2000),《Wired》第2期(1994年2月),第107页。

9. 马克·肖恩的想法则单刀直入:"如果你想让虚拟城市的市民为你举行一次游行,你只需要把土地价格抬得很高,以至于穷人们被起出城市",马克·肖恩,"在一天内建好罗马",第50页。虽然说法有点不中听,但马克·肖恩还是有点道理。

10. 罗伯特·达尔(Robert Dahl),《谁来统治?》(Who Governs?)(纽黑文:Yale University Press, 1961年)。

11. 马克·肖恩,"在一天内建好罗马",第50页。

12. 保罗·斯塔尔,"虚拟的诱惑:作为模拟游戏的政策",第20页。

13. 马克·肖恩,"在一天内建好罗马",第50页。

14. 废弃物通过大口径的钢管被气流以 20—25m/s 的速度所传输。参见《Kista、Husby 与 Akall：规划师、政治家和批评家的汇集》(斯德哥尔摩：Stockholm Information Board, 1976 年)。

15. 参见查尔斯·N·格拉德与 A·索德尔·布朗，《美国城市史》，以及约翰·W·雷普斯，《都市型美国的形成：美国城市规划的历史》。

16. 马克·肖恩，"在一天内建好罗马"，第 50 页。

17. 然而，在虚拟城市 2000 中，有因"枪击、犯罪和失业"或者长时间的停电所引起的暴力事件，这一点值得注意。参见迈克尔·布雷默，《虚拟城市 2000 使用者手册》，第 122 页。爱德华·C·班菲尔德对主要因爱好和利益所引起的暴力事件进行了反复思考，参见《非天堂的城市》第 9 章。很明显，虚拟城市的创造者们拒绝他的那些想法。

18. 马克·肖恩，"在一天内建好罗马"，第 50 页。

19. 同上。

20. 约翰·布林科霍夫·杰克逊，《地方的意义，时间的意义》，第 153 页。

21. 另外，天际线并非毫无意义。例如，可参见斯皮罗·科斯托夫 (Spiro Kostof) 的《城市造型：历史上城市的模式和意义》(The City Shaped：Urban Patterns and Meanings through History) (波士顿：Little, Brown and Co., 1991 年)，第五章。

22. 刘易斯·芒福德，《城市发展史》，第 277 页。

23. 维托尔德·麦考利 (Witold Macaulay)，"购物中心的神秘"(Mysteries of the Mall)，约翰·布林科霍夫·杰克逊的《地方的意义，时间的意义》的评论，《纽约图书评论》第 41 期 (1994 年 7 月 14 日)，第 31—32 页。

24. 戴维·麦考利 (David Macaulay)，《神秘的汽车旅馆》(Motel of the Mysteries) (波士顿：Houghton Mifflin, 1979 年)。

25. 莱奥纳多·贝内沃洛 (Leonardo Benevolo)，《城市的历史》(The History of the City) (坎布里奇：MIT Press, 1980 年)，第 443 页。

26. 刘易斯·芒福德，《城市发展史》，第 349 页。

27. 同上，第 348 页。

28. 奥尔塔·玛卡丹 (Alta MacAdam)，《蓝色指南：从阿尔卑斯山到罗马的北意大利》(The Blue Guides：Northern Italy from the Alps to Rome) (第七版) (芝加哥：Rand McNally and Co., 1978 年)，第 426 页。

29. 刘易斯·芒福德，《城市发展史》，第 348 页。

30. R·W·B·刘易斯的《佛罗伦萨市》，第 129 页。

31. 《蓝色指南：从阿尔卑斯山到罗马的北意大利》，第 456 页。

32. 作为大圣堂建筑队伍的指挥，阿诺尔福 (Arnolfo) 为教堂所做的竟然没有为公社所做的多，这一点很有意义。例如，他的一生可以免除服军役，免除城市税。乔托钟塔 (Giotto) "甚至更明显是这个城市的一名职员"。戴维·弗里德曼 (David Friedman)，《佛罗伦萨新镇：中世纪晚期的城市设计》(纽约与坎布里奇：Architectural History Foundation and MIT Press, 1988 年)，第 164 页。

33. 莱昂纳多·贝内沃洛，《城市的历史》，第 446 页。

34. 刘易斯·芒福德，《城市发展史》，第 238 页。

参考文献

THE NOTES CONTAIN COMPLETE REFERENCES TO THE PRIMARY AND
secondary sources that directly inform the text. The following works are recommended to those wishing to read further in the history and politics of urban form.

Abbott, Carl. *Political Terrain: Washington, D.C., from Tidewater Town to Global Metropolis.* Chapel Hill: University of North Carolina Press, 1999.

Alexander, Christopher, et al. *A Pattern Language: Towns, Buildings, Construction.* New York: Oxford University Press, 1977.

Altshuler, Alan. *The City Planning Process: A Political Analysis.* Ithaca, N.Y.: Cornell University Press, 1965.

Anderson, Martin. *The Federal Bulldozer: A Critical Analysis of Urban Renewal, 1949–1962.* Cambridge: MIT Press, 1964.

Argan, Giulio. *The Renaissance City.* New York: George Braziller, 1969.

Arkes, Hadley. *The Philosopher in the City: The Moral Dimensions of Urban Politics.* Princeton: Princeton University Press, 1983.

Bacon, Edmund N. *Design of Cities.* New York: Viking, 1974.

Banfield, Edward C. *The Unheavenly City Revisited.* Boston: Little, Brown and Co., 1974.

Barnett, Jonathan. *The Elusive City: Five Centuries of Design, Ambition, and Miscalculation.* New York: Harper and Row, 1986.

Bender, Thomas. *Toward an Urban Vision: Ideas and Institutions in Nineteenth-Century America.* Lexington: University Press of Kentucky, 1975.

Benevolo, Leonardo. *The History of the City.* Cambridge: MIT Press, 1980.

Birch, Eugenie Ladner. "Radburn and the American Planning Movement: The Persistence of an Idea." *Journal of the American Planning Association* 46 (October 1980): 424–39.

Blakely, Edward J., and Mary Gail Snyder. *Fortress America: Gated Communities in the United States.* Washington, D.C.: Brookings Institution Press, 1997.

Blau, Judith R, Mark La Gory, and John S. Pipkin, eds. *Professionals and Urban Form.* Albany: State University of New York Press, 1983.

Blowers, Andrew, and Bob Evans, eds. *Town Planning into the Twenty-first Century.* London: Routledge, 1997.

Boyer, M. Christine. *CyberCities: Visual Perception in the Age of Electronic Communication.* New York: Princeton Architectural Press, 1996.

———. *The City of Collective Memory: Its Historical Imagery and Architectural Entertainments.* Cambridge: MIT Press, 1994.

———. *Dreaming the Rational City: The Myth of American City Planning.* Cambridge: MIT Press, 1983.

Braunfels, Wolfgang. *Urban Design in Western Europe: Regime and Architecture, 900–1900.* Translated by Kenneth J. Northcott. Chicago: University of Chicago Press, 1988.

Broadbent, Geoffrey. *Emerging Concepts in Urban Space Design.* London: E & FN Spon, 1990.

Brown, Frank E. *Roman Architecture.* New York: George Braziller, 1976.

Buder, Stanley. *Visionaries and Planners: The Garden City Movement and the Modern Community.* New York: Oxford University Press, 1990.

Burke, Gerald L. *The Making of Dutch Towns: A Study in Urban Development from the Tenth to the Seventeenth Centuries.* London: Cleauer-Hume Press, 1956.

Byington, Margaret F. *Homestead: The Households of a Mill Town.* 1910. Pittsburgh: University Center for International Studies, University of Pittsburgh, 1974.

Calthorpe, Peter. *The Next American Metropolis: Ecology, Community, and the American Dream.* New York: Princeton Architectural Press, 1993.

Caro, Robert A. *The Power Broker: Robert Moses and the Fall of New York.* New York: Vintage, 1975.

Cherry, Gordon. *Cities and Plans.* London: Arnold, 1988.

Choay, Françoise. *The Modern City: Planning in the Nineteenth Century.* New York: George Braziller, 1970.

Collins, George R., ed. *Visionary Drawings of Architecture and Planning.* Cambridge: MIT Press, 1979.

Collins, George R., and Christiane Crasemann Collins. *Camillo Sitte: The Birth of Modern City Planning.* 1889. New York: Rizzoli, 1986.

Coupland, Andy, ed. *Reclaiming the City: Mixed Use Development.* London: E & FN Spon, 1997.

Cronon, William. *Nature's Metropolis: Chicago and the Great West.* New York: W. W. Norton, 1991.

Cullingworth, J. B. *The Political Culture of Planning: American Land Use Planning in Comparative Perspective.* New York: Routledge, 1993.

Daniels, Bruce C. *The Connecticut Town: Growth and Development, 1635–1790.* Middletown, Conn.: Wesleyan University Press, 1979.

de la Croix, Horst. *Military Considerations in City Planning.* New York: George Braziller, 1972.

Duany, Andres, Elizabeth Plater-Zyberk, and Jeff Speck. *Suburban Nation: The Rise of Sprawl and the Decline of the American Dream.* New York: North Point Press, 2000.

Ellin, Nan. *Postmodern Urbanism.* New York: Princeton Architectural Press, 1999.

Fairfield, John D. *The Mysteries of the Great City: The Politics of Urban Design, 1877–1937.* Columbus: Ohio State University Press, 1993.

Faludi, Andreas. *Planning Theory.* Oxford: Pergamon Press, 1973.

Fishman, Robert. *Bourgeois Utopias: The Rise and Fall of Suburbia.* New York: Basic Books, 1989.

———. *Urban Utopias in the Twentieth Century: Ebenezer Howard, Frank Lloyd Wright, and Le Corbusier.* New York: Basic Books, 1977.

Foglesong, Richard E. *Planning the Capitalist City: The Colonial Era to the 1920s.* Princeton: Princeton University Press, 1986.

Forester, J. *Planning in the Face of Power.* Berkeley: University of California Press, 1989.

Fowler, Edmund P. *Building Cities That Work*. Montreal: McGill-Queen's University Press, 1992.

French, Jere Stuart. *Urban Space: A Brief History of the City Square*. Dubuque, Iowa: Kendall/Hunt Publishing Company, 1978.

Friedman, David. *Florentine New Towns: Urban Design in the Late Middle Ages*. New York and Cambridge: Architectural History Foundation and MIT Press, 1988.

Friedmann, J. *Planning in the Public Domain: From Knowledge to Action*. Princeton: Princeton University Press, 1987.

Fustel de Coulanges, Numa Denis. *The Ancient City: A Study on the Religion, Laws, and Institutions of Greece and Rome*. 1864. Baltimore: Johns Hopkins University Press, 1980.

Galatay, Ervin Y. *New Towns: Antiquity to the Present*. New York: Braziller, 1975.

Gans, Herbert J. *People and Plans: Essays on Urban Problems and Solutions*. New York: Basic Books, 1968.

———. *The Levittowners: Ways of Life and Politics in a New Suburban Community*. London: Allen Lane, 1967.

Garreau, Joel. *Edge City: Life on the New Frontier*. New York: Doubleday, 1991.

Geddes, Patrick. *Cities in Evolution: An Introduction to the Town Planning Movement and to the Study of Civics*. 1915. London: Ernest Benn, 1968.

Giedion, Sigfried. *Space, Time, and Architecture: The Growth of a New Tradition*. 5th ed. Cambridge: Harvard University Press, 1967.

Girouard, Mark. *Cities and People: A Social and Architectural History*. New Haven: Yale University Press, 1985.

Glaab, Charles N., and A. Theodore Brown. *A History of Urban America*. 2d ed. New York: Macmillan, 1976.

Glazer, Nathan, and Mark Lilla, eds. *The Public Face of Architecture: Civic Culture and Public Spaces*. New York: Free Press, 1987.

Goodman, Paul, and Percival Goodman. *Communitas: Means of Livelihood and Ways of Life*. New York: Vintage, 1960.

Gratz, Roberta Brandes. *The Living City: How Urban Residents Are Revitalizing America's Neighborhoods and Downtown Shopping Districts by Thinking Small in a Big Way*. New York: Simon and Schuster, 1989.

Greenbie, Barrie B. *Spaces: Dimensions of the Human Landscape*. New Haven: Yale University Press, 1981.

Hall, Peter. *Cities in Civilization*. New York: Pantheon, 1998.

———. *Cities of Tomorrow: An Intellectual History of Urban Planning and Design in the Twentieth Century*. Oxford: Basil Blackwell, 1996.

———. *Great Planning Disasters*. Berkeley: University of California Press, 1982.

———. *The World Cities*. 2d ed. New York: McGraw-Hill, 1977.

Hardoy, Jorge E. *Pre-Columbian Cities*. Translated by Judith Thorne. 1964. New York: Walker and Co., 1973.

Harvey, David. *The Urban Experience*. Baltimore: Johns Hopkins University Press, 1989.

Hayden, Dolores. *The Power of Place: Urban Landscapes as Public History*. Cambridge: MIT Press, 1995.

———. *Seven American Utopias: The Architecture of Communitarian Socialism, 1790–1975*. Cambridge: MIT Press, 1976.

Hegemann, Werner, and Elbert Peets. *The American Vitruvius: An Architect's Handbook of Civic Art.* 1922. New York: Benjamin Blom, 1972.

Hines, Thomas S. *Burnham of Chicago: Architect and Planner.* Chicago: University of Chicago Press, 1979.

Hohenberg, Paul M., and Lynn Hollen Lees. *The Making of Urban Europe, 1000–1950.* Cambridge: Harvard University Press, 1985.

Howard, Ebenezer. *Garden Cities of To-morrow.* Edited by F. J. Osborn, introductory essay by Lewis Mumford. 1898. Cambridge: MIT Press, 1965.

Jackson, John Brinckerhoff. *Landscape in Sight: Looking at America.* Edited by Helen Lefkowitz Horowitz. New Haven: Yale University Press, 1997.

———. *A Sense of Place, A Sense of Time.* New Haven: Yale University Press, 1994.

Jackson, Kenneth T. *Crabgrass Frontier: The Suburbanization of the United States.* New York: Oxford, 1985.

Jacobs, Allan B. *Great Streets.* Cambridge: MIT Press, 1996.

Jacobs, Allan, and Donald Appleyard. "Toward an Urban Design Manifesto." *Journal of the American Planning Association* 53 (winter 1987): 112–20.

Jacobs, Jane. *The Death and Life of Great American Cities.* New York: Vintage, 1961.

Johnston, Norman J. *Cities in the Round.* Seattle: University of Washington Press, 1983.

Josephson, Paul R. *New Atlantis Revisited: Akademgorodok, the Siberian City of Science.* Princeton: Princeton University Press, 1997.

Judd, Dennis R., and Susan S. Fainstein, eds. *The Tourist City.* New Haven: Yale University Press, 1999.

Kirk, Russell. *St. Andrews.* London: B. T. Batsford, 1954.

Kostof, Spiro. *The City Assembled: The Elements of Urban Form through History.* Boston: Little, Brown and Co., 1992.

———. *The City Shaped: Urban Patterns and Meanings through History.* Boston: Little, Brown and Co., 1991.

Krieger, Alex, ed. *Andres Duany and Elizabeth Plater-Zyberk: Towns and Town-Making Principles.* New York: Rizzoli, 1991.

Krueckeberg, Donald A., ed. *Introduction to Planning History in the United States.* New Brunswick, N.J.: Center for Urban Policy Research, Rutgers University, 1983.

Krumholz, Norman. "A Retrospective View of Equity Planning, Cleveland, 1969–1979." *Journal of the American Planning Association* 48 (spring 1982): 163–74.

Krumholz, Norman, and J. Forester. *Making Equity Planning Work: Leadership in the Public Sector.* Philadelphia: Temple University Press, 1990.

Kunstler, James Howard. *The Geography of Nowhere: The Rise and Decline of America's Man-Made Landscape.* New York: Simon and Schuster, 1993.

Langdon, Philip. *A Better Place to Live: Reshaping the American Suburb.* Amherst: University of Massachusetts Press, 1994.

Le Corbusier. *The Radiant City.* 1933. New York: Orion Press, 1967.

———. *The City of To-morrow and Its Planning.* Translated by Frederick Etchells. New York: Payson and Clarke, 1929.

LeGates, Richard T., and Frederic Stout, eds. *The City Reader.* London: Routledge, 1996.

Lewis, R. W. B. *The City of Florence.* New York: Henry Holt and Co., 1995.

Lockridge, Kenneth A. *A New England Town: The First Hundred Years.* New York: W. W. Norton and Co., 1970.

Long, Norton E. "The Local Community as an Ecology of Games." *American Journal of Sociology* 64 (November 1958): 251–61.

Lynch, Kevin. *A Theory of Good City Form.* Cambridge: MIT Press, 1981.

———. *The Image of the City.* Cambridge: Technology Press, 1960.

Meller, Helen. *Towns, Plans, and Society in Modern Britain.* Cambridge: Cambridge University Press, 1997.

———. *Patrick Geddes: Social Evolutionist and City Planner.* London: Routledge, 1990.

Melosi, Martin V. *The Sanitary City: Urban Infrastructure in America from Colonial Times to the Present.* Baltimore: Johns Hopkins University Press, 2000.

Meyerson, Martin, and Edward C. Banfield. *Politics, Planning, and the Public Interest: The Case of Public Housing in Chicago.* Glencoe, Ill.: Free Press, 1955.

Miller, Zane L. *Boss Cox's Cincinnati: Urban Politics in the Progressive Era.* New York: Oxford University Press, 1968.

Mitchell, William J. *City of Bits: Space, Place, and the Infobahn.* Cambridge: MIT Press, 1996.

Moe, Richard, and Carter Wilkie. *Changing Places: Rebuilding Community in the Age of Sprawl.* New York: Henry Holt and Co., 1997.

More, Sir Thomas. *Utopia.* Translated by Robert M. Adams. 1516. New York: Norton, 1991.

Morgan, William N. *Prehistoric Architecture in the Eastern United States.* Cambridge: MIT Press, 1980.

Morris, A. E. J. *History of Urban Form before the Industrial Revolutions.* 3d ed. Harlow: Longman Scientific and Technical, 1994.

Mumford, Lewis. "Home Remedies for Urban Cancer." In *The Urban Prospect.* New York: Harcourt, Brace and World, 1968.

———. *The City in History.* New York: Harcourt, Brace and World, 1961.

Mundy, John H., and Peter Riesenberg, eds. *The Medieval Town.* Princeton: Van Nostrand, 1958.

Nivola, Pietro S. *Laws of the Landscape: How Policies Shape Cities in Europe and America.* Washington, D.C.: Brookings Institution Press, 1999.

O'Brien, Patricia J. "Urbanism, Cahokia and Middle Mississippian." *Archaeology* 25 (1972): 188–97.

Oldenburg, Ray. *The Great Good Place: Cafés, Coffee Shops, Community Centers, Beauty Parlors, General Stores, Bars, Hangouts, and How They Get You through the Day.* New York: Paragon House, 1989.

Olmsted, Frederick Law. *Public Parks and the Enlargement of Towns.* 1870. New York: Arno, 1970.

Olsen, Donald J. *The City as a Work of Art: London, Paris, Vienna.* New Haven: Yale University Press, 1986.

Open Space in Urban Design: A Report Prepared for the Cleveland Development Foundation, sponsored by the Junior League of Cleveland, Inc. Cleveland, 1964.

Packer, James E. *The Forum of Trajan in Rome: A Study of the Monuments,* with architectural reconstructions by Kevin Lee Sarring and James E. Packer, additional artwork by Gilbert Gorski. 5 vols. Berkeley: University of California Press, 1997.

Papadakis, Andreas, and Harriet Watson, eds. *New Classicism: Omnibus Volume.* New York: Rizzoli, 1990.

Peterson, Paul E. *City Limits.* Chicago: University of Chicago Press, 1981.

Pirenne, Henri. *Medieval Cities: Their Origins and the Revival of Trade.* Princeton: Princeton University Press, 1925.

Porter, Paul R., and David C. Sweet, eds. *Rebuilding America's Cities: Roads to Recovery.* New Brunswick, N.J.: Center for Urban Policy Research, 1984.

Rasmussen, Steen Eiler. *Towns and Buildings.* Cambridge: MIT Press, 1969.

Reps, John W. *Monumental Washington: The Planning and Development of the Capital Center.* Princeton: Princeton University Press, 1967.

————. *The Making of Urban America.* Princeton: Princeton University Press, 1965.

Robertson, Donald. *Pre-Columbian Architecture.* New York: George Braziller, 1963.

Rodwin, Lloyd. *Cities and City Planning.* New York: Plenum, 1981.

Rogers, Richard. *Cities for a Small Planet.* London: Faber and Faber, 1997.

Rosenau, Helen. *The Ideal City: Its Architectural Evolution in Europe.* 3d ed. London: Methuen and Co., 1983.

Rubenstein, James M. *The French New Towns.* Baltimore: Johns Hopkins University Press, 1978.

Rybczynski, Witold. *A Clearing in the Distance: Frederick Law Olmsted and America in the Nineteenth Century.* New York: Scribner, 1999.

————. *City Life: Urban Expectations in a New World.* New York: Scribner, 1995.

Rykwert, Joseph. *The Seduction of Place: The City in the Twenty-first Century.* New York: Pantheon, 2000.

Saalman, Howard. *Medieval Cities.* New York: George Braziller, 1968.

Sarin, M. *Urban Planning in the Third World: The Chandigarh Experience.* London: Mansell, 1982.

Scargill, Ian. *Urban France.* London: Croon Helm, 1983.

————. *The Form of Cities.* New York: St. Martin's Press, 1979.

Schaedel, Richard P., Jorge E. Hardoy, and Nora Scott Kinzer, eds. *Urbanization in the Americas: From Its Beginnings to the Present.* The Hague: Mouton Publishers, 1978.

Schaffer, Daniel. *Garden Cities for America: The Radburn Experience.* Philadelphia: Temple University Press, 1982.

————, ed. *Two Centuries of American Planning.* London: Mansell Publishing, 1988.

Schuyler, David. *The New Urban Landscape: The Redefinition of City Form in Nineteenth-Century America.* Baltimore: Johns Hopkins University Press, 1986.

Scott, Mel. *American City Planning since 1890.* Berkeley: University of California Press, 1969.

Scully, Vincent. *Architecture: The Natural and the Manmade.* New York: St. Martin's Press, 1991.

Sennett, Richard. *The Uses of Disorder.* New York: Vintage, 1970.

Spreiregen, Paul D., ed. *On the Art of Designing Cities: Selected Essays of Elbert Peets.* Cambridge: MIT Press, 1968.

Squier, Ephraim G., and Edwin H. Davis. *Ancient Monuments of the Mississippi Valley.* 1848. Washington, D.C.: Smithsonian Institution Press, 1998.

Stein, Clarence S. *Toward New Towns for America.* New York: Reinhold, 1957.

Stephenson, R. Bruce. *Visions of Eden: Environmentalism, Urban Planning, and City Building in St. Petersburg, Florida, 1900–1995.* Columbus: Ohio State University Press, 1997.

Stilgoe, John R. *Borderland: Origins of the American Suburb, 1820–1939.* New Haven: Yale University Press, 1988.

———. *Common Landscape of America, 1580 to 1845.* New Haven: Yale University Press, 1982.

Sucher, David. *City Comforts: How to Build an Urban Village.* Seattle: City Comforts Press, 1995.

Sutcliffe, Anthony. *Towards the Planned City: Germany, Britain, the United States, and France, 1780–1914.* New York: St. Martin's Press, 1981.

———, ed. *Metropolis, 1890–1940.* London: Mansell, 1984.

Tafuri, Manfredo. *Theories and History of Architecture.* New York: Harper and Row, 1976.

Tanghe, Jan, Sieg Vlaeminck, and Jo Berghoef. *Living Cities: A Case for Urbanism and Guidelines for Re-urbanization.* Oxford: Pergamon Press, 1984.

Thomas, Cyrus. *The Circular, Square, and Octagonal Earthworks of Ohio.* Washington, D.C.: Government Printing Office, 1889.

Tod, Ian, and Michael Wheeler. *Utopia.* New York: Harmony Books, 1978.

Tuan, Yi-Fu. *Escapism.* Baltimore: Johns Hopkins University Press, 1998.

———. *Space and Place: The Perspective of Experience.* Minneapolis: University of Minnesota Press, 1977.

Upton, Dell, and John M. Vlach, eds. *Common Places: Readings in American Vernacular Architecture.* Athens: University of Georgia Press, 1986.

van der Wal, Coenraad. *In Praise of Common Sense: Planning the Ordinary: A Physical Planning History of the IJsselmeerpolders.* Rotterdam: 010 Publishers, 1997.

———. *Villages in the IJsselmeerpolders: From Slootdorp to Zeewolde.* Lelystad, Netherlands: IJsselmeerpolders Development Authority, 1985.

Venturi, Robert. *Complexity and Contradiction in Architecture.* 2d ed. New York: Museum of Modern Art, 1977.

Venturi, Robert, Denise Scott Brown, and Steven Izenour. *Learning from Las Vegas: The Forgotten Symbolism of Architectural Form.* Cambridge: MIT Press, 1977.

Vitruvius. *The Ten Books on Architecture.* 1914. New York: Dover, 1960.

Von Eckardt, Wolf. *Back to the Drawing Board!* Washington, D.C.: New Republic Books, 1978.

Ward, Stephen V. *Planning and Urban Change.* London: Paul Chapman Publishing, 1994.

Ward-Perkins, J. B. *Cities of Ancient Greece and Italy.* New York: George Braziller, 1974.

Warner, Sam Bass. *Streetcar Suburbs: The Process of Growth in Boston, 1870–1900.* 2d ed. Cambridge: Harvard University Press, 1978.

Whyte, William H. *City: Rediscovering the Center.* New York: Doubleday, 1988.

———. *The Social Life of Small Urban Spaces.* Washington, D.C.: Conservation Foundation, 1980.

Wilson, James Q., ed. *Urban Renewal: The Record and the Controversy.* Cambridge: MIT Press, 1966.

Wilson, William H. *The City Beautiful Movement.* Baltimore: Johns Hopkins University Press, 1989.

Wojtowicz, Peter. *Lewis Mumford and American Modernism: Eutopian Theories for Architecture and Urban Planning.* Cambridge: Cambridge University Press, 1996.

Wood, Joseph S., with a contribution by Michael P. Steinitz. *The New England Village.* Baltimore: Johns Hopkins University Press, 1997.

Wright, Gwendolyn. *Building the Dream: A Social History of Housing in America.* Cambridge: MIT Press, 1983.

Zucker, Paul. *Town and Square: From the Agora to the Village Green.* New York: Columbia University Press, 1959.

插图致谢

ALL ILLUSTRATIONS ARE PHOTOGRAPHS BY KENNETH KOLSON, EXCEPT as noted.

Frontispiece: *Peaceful Shaker Village* (Cleveland: The Van Sweringen Company, 1927), n.p. Courtesy of the Western Reserve Historical Society.

Figure 1: From Braun & Hogenburg, *Civitates Orbis Terrarum*. By permission of the Folger Shakespeare Library. Quote is from *The City of Tomorrow and Its Planning*, trans. Frederick Etchells (New York: Payson and Clark, 1929), 91.

Figure 2: From Wolf Von Eckardt, *Back to the Drawing Board!* (Washington, D.C.: New Republic Books, 1978), p. 67.

Figure 4: From James E. Packer, *The Forum of Trajan in Rome: A Study of the Monuments,* with architectural reconstructions by Kevin Lee Sarring and James E. Packer, additional artwork by Gilbert Gorski, 5 vols. (Berkeley: University of California Press, 1997). Courtesy of Mr. Packer.

Figure 7: Photograph by John Stephens. Copyright © 2000 The J. Paul Getty Trust.

Figure 8: Courtesy of Cahokia Mounds Historic Site.

Figure 9: From William N. Morgan, *Prehistoric Architecture in the Eastern United States* (Cambridge: MIT Press, 1980), p. 114. Courtesy of Mr. Morgan.

Figure 11: From Ephraim G. Squier and Edwin H. Davis, *Ancient Monuments of the Mississippi Valley* (1848; Washington, D.C.: Smithsonian Institution Press, 1998). Courtesy of the Library of Congress.

Figure 12: Drawing by Jon L. Gibson. Courtesy of Mr. Gibson.

Figure 13: Courtesy of Alabama Museum of Natural History, Tuscaloosa.

Figure 14: Courtesy of the Western Reserve Historical Society.

Figure 15: From *The Group Plan of the Public Buildings of the City of Cleveland.* Report made to the Honorable Tom L. Johnson, Mayor, and to the Honorable Board of Public Service by Daniel H. Burnham, John M. Carrere, Arnold W. Brunner, Board of Supervision (New York: Cheltenham Press, 1903). Courtesy of the Western Reserve Historical Society.

Figure 16: Courtesy of the Cleveland Union Terminal Collection, Cleveland State University.

Figure 18: Drawing by Jim Anderson. Courtesy of Anderson Illustration Associates.

Figure 19: From *Peaceful Shaker Village*. Courtesy of the Western Reserve Historical Society.

Figure 20: From *Peaceful Shaker Village*. Courtesy of the Western Reserve Historical Society.

Figure 21: Ernest J. Bohn collection, Department of Special Collections, Kelvin Smith Library, Case Western Reserve University. Courtesy of Case Western Reserve University.

Figure 22: From Le Corbusier, *The City of To-morrow and Its Planning*.

Figure 23: From *Erieview, Cleveland, Ohio, An Urban Renewal Plan for Downtown Cleveland* (New York: I. M. Pei and Associates, 1961). Courtesy of the Western Reserve Historical Society.

Figure 24: From *Erieview, Cleveland, Ohio, An Urban Renewal Plan for Downtown Cleveland*. Courtesy of the Western Reserve Historical Society.

Figure 25: From *Cleveland Policy Planning Report* (Cleveland: City Planning Commission, 1975).

Figure 26: From *Cleveland Policy Planning Report*.

Figure 27: From John T. Howard, *What's Ahead for Cleveland?* (Cleveland: Regional Association of Cleveland, 1941). Courtesy of the Western Reserve Historical Society.

Figure 30: From John T. Howard, *What's Ahead for Cleveland?* Courtesy of the Western Reserve Historical Society.

Figure 32: From John T. Howard, *What's Ahead for Cleveland?* Courtesy of the Western Reserve Historical Society.

Figure 38: Photograph by Richard Sexton, © 2000. Courtesy of Mr. Sexton and Reva Lammers.

Figure 47: LC-BH8233-15. Courtesy of the Library of Congress.

Figure 48: Photograph by John Donat. Courtesy of Mr. Donat.

Figure 49: Photograph by Michael Freeman, © 1998. Courtesy of Mr. Freeman.

Figure 52: Courtesy of Chorley Handford Ltd.

Figure 53: Pen-and-ink drawing by John M. Pearson, from *A Guided Walk round St. Andrews*. Courtesy of Mr. Pearson.

Figure 54: John Geddy, *S Andre sive Andreapolis Scotiae Universitas Metropolitana*, circa 1580. Reproduced by permission of the Trustees of the National Library of Scotland.

Figure 55: Courtesy of the University of St. Andrews.

作者简介

    肯尼思·科尔森（Kenneth Kolson）出生于宾夕法尼亚州的布拉多克（Braddock），曾就读于阿勒格尼（Allegheny）大学和肯塔基（Kentucky）大学。最初在西塔姆（Hitam）大学和马里兰（Maryland）大学授课。1998年，他是伦敦大学美国研究学会约翰·亚当斯(John Adams Fellow at the Institute of United States Studies, University of London）会员和大英图书馆美国基督教研究中心(Eccles Centre for American Studies at the British Library)的成员。作为弗吉尼亚州亚历山大的居民，科尔森先生担任了美国国家人文基金会研究部的荣誉顾问。